新手学电脑

从入门到精通

NOVICE LEARNING COMPUTER

王艳平 / 金 颖 ◎编著

文匯出版社

图书在版编目 (CIP) 数据

新手学电脑从入门到精通 / 王艳平，金颖编著. —
上海 : 文汇出版社，2021.3

ISBN 978-7-5496-3451-4

Ⅰ. ①新… Ⅱ. ①王… ②金… Ⅲ. ①电子计算机 -
基本知识 Ⅳ. ① TP3

中国版本图书馆 CIP 数据核字 (2021) 第 031063 号

新手学电脑从入门到精通

著　　者 / 王艳平　金　颖
责任编辑 / 戴　铮
装帧设计 / 天之赋设计室

出版发行 / 文匯出版社
上海市威海路 755 号
（邮政编码：200041）
经　　销 / 全国新华书店
印　　制 / 三河市天润建兴印务有限公司
版　　次 / 2021 年 3 月第 1 版
印　　次 / 2023 年 10 月第 3 次印刷
开　　本 / 710×1000　1/16
字　　数 / 321 千字
印　　张 / 15.5

书　　号 / ISBN 978-7-5496-3451-4
定　　价 / 56.00 元

自序

在信息科技飞速发展的今天，电脑已经成为人们在日常生活、学习和工作中必不可少的工具之一，而电脑的操作水平也成为衡量一个人综合素质的重要标准之一。为了帮助读者快速提升电脑的应用水平，本书在内容涉及上主要以满足读者全面学习电脑知识为目的，帮助电脑初学者快速了解和应用电脑，以便在日常的学习和工作中学以致用。

本书根据电脑初学者的学习习惯来编写，采用由浅入深、由易到难的方式讲解，将最基础、最前沿的电脑知识编入其中，全书结构清晰、内容丰富，注重基础知识和实际应用相结合，操作性强，读者可以边学边练，从而达到最佳的学习效果。

本书全面讲解了使用电脑办公的各方面知识，图文并茂，并将主要操作界面图片配合详细的标注，读者阅读起来会更加轻松。

本书的主要内容包括办公自动化基础知识、Windows 系统基本操作、管理我的电脑、使用 Word 编排文档和制作表格、使用 Excel 制作工作表和处理分析数据、使用 PowerPoint 制作和美化幻灯片、常见办公设备的使用、网上办公、使用电子邮件收发资料、电脑安全和日常维护等多方面知识。

当您翻开本书时，您就获得了一个可以带领自己轻松从电脑使用入门者快速成为电脑使用高手的学习机会，并将体验到一种前所未有的互动学习过程。在享受轻松、愉快的学习乐趣的同时，还能实现对电脑应用技能从了解、熟悉到掌握的提高过程，感受立竿见影的学习效果。

鉴于编者水平有限，书中纰漏和考虑不周之处在所难免，热忱欢迎读者予以批评、指正，以便我们日后能为您编写更好的图书。

目 录
CONTENTS

第十章 使用 PowerPoint 2013 制作幻灯片

第十一章 电脑安全与病毒防范

第十二章 电脑组装教程

第一章
电脑的基本入门操作

时代在发展，科技在进步，我们的生活有了翻天覆地的变化。电脑的出现带动了全球信息化发展的进程，也使人们的生活水平达到高峰。在科技发展日新月异的当下，电脑如同蜘蛛网的每一个支点，通过网络将人们捆绑到同一张“网”上。

1.1 电脑基础知识

在这个时代，电脑已经成为每个人工作甚至是生活中必不可少的重要工具。对于现代人而言，学会使用电脑和原始人学会使用工具有着几乎相同的意义。接下来就从电脑的基础知识开始讲起，让大家更加清楚地了解电脑这个新时代的产物。

1.1.1 概述

电脑（图 1–1）是计算机的俗称，是一种具有数字计算、逻辑计算、信息存储等多种功能的现代电子机器，能够根据其配备的程序运行，快速处理大量的数据。常见的计算机类型包括超级计算机、工业控制计算机、网络计算机、个人计算机、嵌入式计算机、生物计算机、光子计算机、量子计算机等。

图 1–1 电脑

1.1.2 发展历程

和所有为人类所用的工具一样，电脑也经过了漫长的进化过程，从低级走向高级。计算机的诞生可以追溯至1889年。这一年，美国的科学家赫尔曼·何乐礼（Herman Hlerith，1860.2.29—1929.11.17，图1–2）发明了打孔卡制表机。这种机器依托电力，能够储存计算资料。

图1–2 赫尔曼·何乐礼

事实上，打孔卡制表机（图1–3）的问世是为了应对美国自1890年开始的人口普查。但它的出现不仅改变了美国的人口普查流程，也让人们对于信息处理有了不同的认识与做法，可以更加快速、准确地搜集和统计信息，大大提升该领域的工作效率。

1930年，世界上首台模拟电子计算机（又称“模拟计算机”，图1–4）问世。这台机器的“父亲”是美国科学家范内瓦·布什（Vannevar Bush，1890.3.11—1974.6.26，图1–5）。

图1–3 打孔卡制表机

图1–4 模拟计算机

图1–5 范内瓦·布什

模拟计算机的出现推动了计算机技术的发展，并为其后续发展奠定了良好的基础。但模拟计算机毕竟不是真正意义上的电子计算机，世界上第一台电子计算机“电子数字积分计算机”（Electronic Numerucal Integratorand Calculator，“ENIAC”）诞生于1946年2月14日，它是美国军方定制的计算机，于美国宾夕法尼亚大学研制成功。

ENIAG（图1–6）并不像现在人们使用的计算机一样小巧玲珑，它是个长30.48米、宽6米、高2.4米、重28吨的庞然大物，具有30个操作台，还具备了17468根真空管（电子管）、7200根晶体二极管、1500个中转、70000个电阻器、10000个电容器、1500个继电器、6000

多个开关，花费将近 50 万美元。相较于使用继电器的机电式计算机，ENIAC 每秒计算 5000 次加法或 400 次乘法的能力已经显得相当卓越。

图 1–6　ENIAC

1946 年可以说是现代电子计算机发展的元年。自那以后，计算机产业飞速发展，先后经历了四个阶段的技术革命。

第一阶段：电子管时代。

该阶段起于 1946 年，一直持续到 1957 年。ENIAC 的出现打开该阶段的发展源头。这阶段的计算机为电子管计算机（图 1–7），它们采用真电子管、汞延迟线、阴极射线示波管、静电存储器、磁鼓、磁芯、磁带等设备组成硬件设施，软件则由机器语言、汇编语言组成，主要应用于军事和科学计算等领域。该阶段的计算机虽然具有体积大、功耗高、速度慢、造价高等缺点，但是它实现了人类数字计算方面的突破，为今后计算机的发展奠定了扎实的基础。

图 1–7　电子管计算机 ENIAC

第二阶段：晶体管时代。

该阶段起于 1958 年，结束于 1964 年。该阶段的发展可以追溯至 1955 年。美国贝尔实验室开始着手晶体管计算机的研发工作，他们通过把电子管替换为晶体管的方式，制造出包括 TRADIC 在内的第一批晶体管化的数字计算机，拉开晶体管计算机时代的帷幕。1958 年，IBM 公司制造了世界上首台全部采用晶体管的计算机 IBM 7090（图 1–8），真正迎来晶体管计算机时代。

在这一阶段，由于计算机技术的进一步发展，计算机无论是硬件还是软件方面都有了极大提升。从硬件上说，晶体管等新时代产物开始出现，软件方面出现了新的操作系统、高级语言及编译程序。这些产物让计算机的工作效率大大提高，其应用领域也拓展到事务处理、工业控制等方面。该阶段的计算机相较于第一阶段不仅运算速度显著提高，达到每秒数十万次，其体积也小了许多，可靠性等方面有了显著提升。

图 1-8　晶体管计算机 IBM 7090

第三阶段：集成电路时代。

1964 年是计算机集成电路时代发展元年，这一阶段持续了 6 年，直到 1970 年，集成电路时代才落下帷幕。在该阶段出现了中小规模集成电路计算机，最有影响的是 IBM 公司研制的包括 System/360Model22、System/360Model25、System/360Model30、System/360Model40、System/360Model44、System/360Model50（图 1-9）、System/360Model65、System/360Model85（图 1-10）、System/360Model91（图 1-11）、System/360Model95 在内的 IBM360 计算机系列。

图 1-9　System/360Model50

图 1-10　System/360Model85

图 1-11　System/360Model91

该阶段的计算机部分硬件采用中小规模集成电路（MSI、SSI），这也成为这阶段计算机的主要特征。分时操作系统加上结构化、规模化程序设计方法组成新一代软件系统，计算机发展跨上新的台阶，应用领域也扩展到文字处理及图像处理等领域。该阶段的计算机速度达到每秒数百万次至数千万次，产品更加可靠，最主要的是造价的降低，这也是计算机走向通用化的必由之路。

第四阶段：大规模集成电路时代。

大规模集成电路时代是计算机发展史上历时最久的阶段，从 1970 年开始，直到今天还在继续。这一阶段，大规模和超大规模集成电路（LSI 和 VLSI）组成计算机部分硬件，如 IBM 公司研发的 System/360 系列计算机（图 1-12）。

图 1–12　System/360Model135

软件方面，数据库系统、网络系统逐步发展，开始出现面对对象的软件设计。大规模集成电路、半导体芯片的发展促使计算机走向微型化。1971 年，世界上首个微处理器在美国硅谷研制成功，微型计算机时代正式开启。值得一提的是，在这一阶段，计算机的运算速度达到每秒一亿次乃至几十亿次，应用领域开始从科学计算、事务管理等领域走向家庭，现今已成为人们生活中必不可少的工具之一。

1.2　电脑的用途与分类

随着电子技术的发展，电脑已经成为人们日常生活、工作和学习中不可缺少的工具。本节将介绍什么是电脑及其用途，帮助使用者快速认识电脑。

1.2.1　电脑的用途

人们使用电脑可以进行文本编辑、图片处理、数据计算、信息浏览、玩游戏、听歌、观看影视等操作，从而满足工作、生活和学习的需要。

❶文本编辑

在电脑中安装文字编辑软件，如 Word、Excel、写字板和记事本等，可以对文本进行编辑，包括设置文本格式和美化文本等操作，如图 1–13 所示。

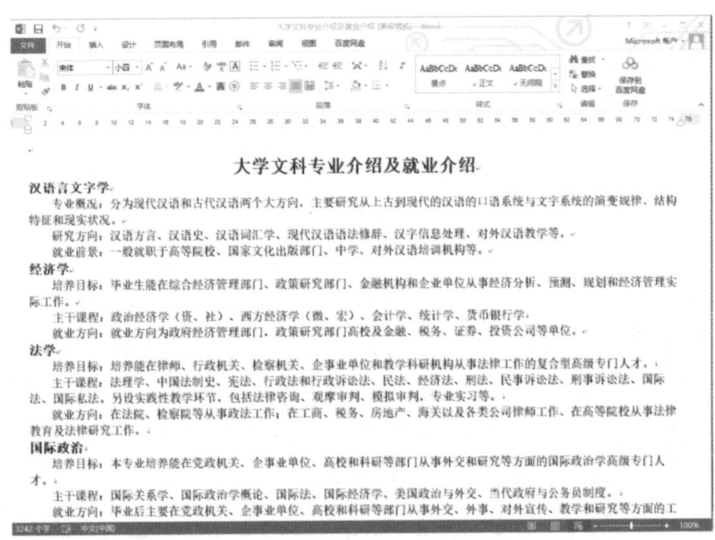

大学文科专业介绍及就业介绍

汉语言文字学

专业概况：分为现代汉语和古代汉语两个大方向，主要研究从上古到现代的汉语的口语系统与文字系统的演变规律、结构特征和现实状况。

研究方向：汉语方言、汉语史、汉语词汇学、现代汉语语法修辞、汉字信息处理、对外汉语教学等。

就业前景：一般就职于高等院校、国家文化出版部门、中学、对外汉语培训机构等。

经济学

培养目标：毕业生能在综合经济管理部门、政策研究部门、金融机构和企业单位从事经济分析、预测、规划和经济管理实际工作。

主干课程：政治经济学（资、社）、西方经济学（微、宏）、会计学、统计学、货币银行学

就业方向：就业方向为政府经济管理部门，政策研究部门高校及金融、税务、证券、投资公司等单位。

法学

培养目标：培养能在律师、行政机关、检察机关、企事业单位和教学科研机构从事法律工作的复合型高级专门人才。

主干课程：法理学、中国法制史、宪法、行政法和行政诉讼法、民法、经济法、刑法、民事诉讼法、刑事诉讼法、国际法、国际私法，另设实践性教学环节，包括法律咨询、观摩审判、模拟审判，专业实习等。

就业方向：在法院、检察院等从事政法工作；在工商、税务、房地产、海关以及各类公司律师工作、在高等院校从事法律教育及法律研究工作。

国际政治

培养目标：本专业培养能在党政机关、企事业单位、高校和科研等部门从事外交和研究等方面的国际政治学高级专门人才。

主干课程：国际关系学、国际政治学概论、国际法、国际经济学、美国政治与外交、当代政府与公务员制度。

就业方向：毕业后主要在党政机关、企事业单位、高校和科研等部门从事外交、外事、对外宣传、教学和研究等方面的工

图 1–13

❷ 图片处理

在电脑中安装图片或图形处理软件，如 Photoshop、AutoCAD、CorelDRAW、Flash 等，可以处理图片、绘制图形和制作动画等，如图 1–14 所示。

图 1–14

❸ 数据计算

在电脑中安装 Excel 后，可以对日常工作、学习和生活中的一些数据进行记录和处理，如计算、排序和筛选等，如图 1–15 所示。

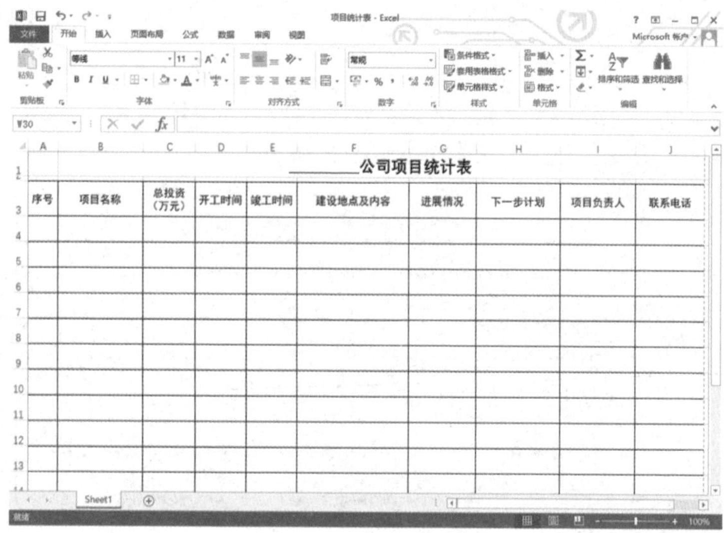

图 1–15

④ 信息浏览

当电脑接入互联网后，可以查询新闻、天气和交通等信息，还可以在线看电视、电影以及收听电台和音乐等，如图 1–16 所示。

图 1–16

1.2.2 电脑的分类

电脑即计算机，英文名称为 computer，是根据指令处理数据的机器，可以快速地对输入的信息进行存储和处理等操作。

按照电脑的结构，可以分为台式电脑、笔记本电脑和平板电脑。台式电脑又称台式机，一般包括电脑主机、显示器、鼠标和键盘，还可以连接打印机、扫描仪、音箱和摄像头等外部设备，如图 1–17 所示。

图 1–17

笔记本电脑又称手提式电脑，体积小，方便携带，可以利用电池在没有连接外部电源的情况下使用，如图 1–18 所示。

图 1–18

平板电脑又叫平板计算机（tablet personal computer，简称 TabletPC、FlatPC、TabletSlates），是一种小型、方便携带的个人电脑，以触摸屏作为基本的输入设备。其拥有的触摸屏允许用户通过触控笔或数字笔进行操作而不是传统的键盘或鼠标。用户可以通过任意一种内设的手写识别、屏幕上的软键盘、语音识别实现输入，如图 1–19 所示。

图 1-19

1.3 认识电脑硬件

电脑主要由两部分组成，即硬件系统和软件系统。电脑的硬件系统是指电脑的外观设备，如显示器、主机、键盘和鼠标等，了解其作用方便对电脑的维修和保养。本节将介绍电脑的硬件系统。

1.3.1 主机

主机是电脑中的重要组成部分，电脑的所有资料都存放在主机中。

主机内安装着电脑的主要部件，如电源、主板、CPU（central processing unit，中央处理器）、内存、硬盘、光驱、声卡和显卡等，如图 1-20 所示。

图 1-20

机箱是主机内部部件的保护壳，外部显示常用的一些接口，如电源开关、指示灯、USB（universal serial bus，通用串行总线）接口、电源接口、鼠标接口、键盘接口、耳机插口和麦克风插口等，如图 1-21 所示。

图 1-21

1.3.2 显示器

显示器又称监视器，用于显示电脑中的数据和图片等，是电脑中重要的输出设备之一。图 1-22 所示为 LCD 显示器。

图 1-22

1.3.3 键盘和鼠标

键盘是电脑中重要的输入设备，用于将文本、数据和特殊字符等资料输入电脑。键盘上的按键数量一般是 101 ~ 110 个，通过紫色接口与主机相连。鼠标又称鼠标器，是电脑中最重要的输入设备之一，用于将指令输入主机。目前，比较常见的鼠标为三键光电鼠标。图 1–23 所示为常见的键盘和鼠标。

图 1–23

1.3.4 音箱

音箱是电脑主要的声音输出设备之一。常见的音响设备为组合式音响，其特点是价格便宜，适用普通人群购买，而且使用方便，一般连上电脑就可以直接使用。随着科技的不断发展，组合音响的音质也得到很大提升，如图 1–24 所示。

图 1–24

1.3.5 摄像头

摄像头是一种电脑视频输入设备，用户可以使用摄像头进行视频聊天、视频会议等交流活动，还可以进行视频监控等操控工作，如图 1–25 所示。

图 1–25

1.4 认识电脑软件

电脑的软件系统包括系统软件和应用软件。系统软件用来维持电脑的正常运转，应用软件用来处理数据、图片、声音和视频等。本节将详细介绍电脑软件方面的知识。

1.4.1 系统软件

系统软件负责管理系统中的独立硬件，从而使这些硬件能够协调工作。系统软件由操作系统和支撑软件组成。操作系统用来管理软件和硬件的程序，包括 DOS、Windows、Linux 和 UNIXOS/2 等，如图 1–26 所示；支撑软件用来支撑软件的开发与维护，包括环境数据库、接口软件和工具组等，如图 1–27 所示。

图 1–26

图 1–27

1.4.2 应用软件

应用软件是解决具体问题的软件，如编辑文本、处理数据和绘图等，由通用软件和专用软件组成。通用软件是指广泛应用于各个行业的软件，如 Office、AutoCAD 和 Photoshop 等，如图 1–28 所示；专用软件是指为了解决某个特定的问题而开发的软件，如会计核算和订票软件等，如图 1–29 所示。

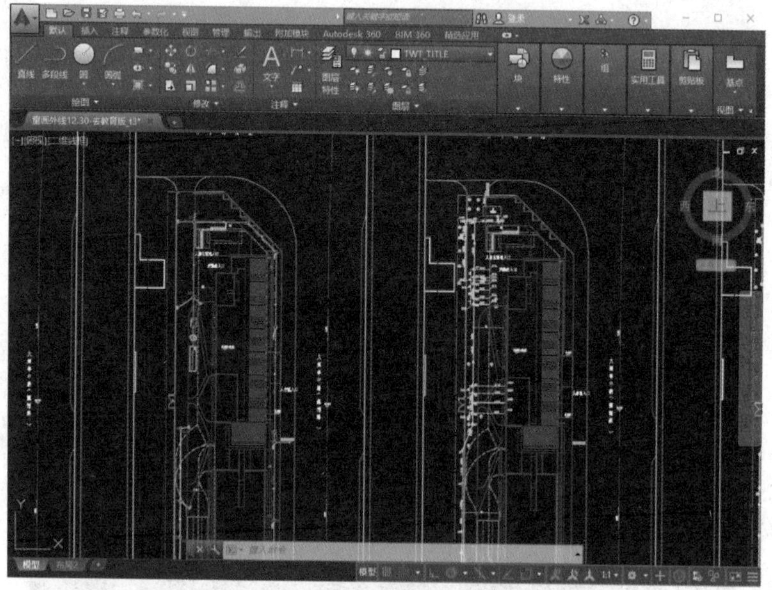

图 1–28

图 1–29

1.5 连接电脑硬件设备

在电脑主机箱的背面，有许多电脑部件的接口，如显示器、电源、鼠标和键盘等接口，通过这些接口可将硬件安装在主机中。本节将介绍连接电脑设备的操作方法，如连接显示器、键盘和鼠标等。

1.5.1 连接显示器

显示器是电脑中重要的输出设备，将其与主机相连后，才能显示主机中的内容。下面将介绍连接显示器的操作方法。

第1步 将连接显示器与主机的信号线插头插入主机对应的显示器接口，如图 1–30 所示。

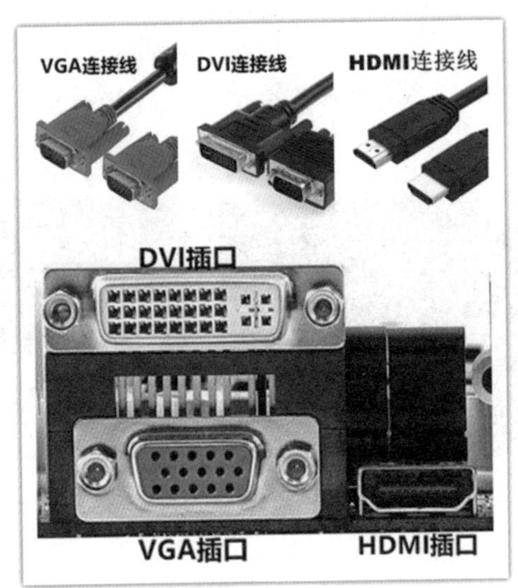

图 1–30

第2步 将显示器信号线右侧和左侧的螺丝拧紧。

第3步 将显示器的电源线插头插入电源插座，通过以上方法即可完成连接显示器的操作。

1.5.2 连接键盘和鼠标

键盘和鼠标是电脑中的重要输入设备，将它们与主机相连后，才可正常使用。下面将介绍连接键盘和鼠标的操作方法。

步 骤 将键盘线、鼠标线的插头插入 USB 接口，通过以上操作即可完成连接键盘、鼠标的操作，如图 1–31、图 1–32 所示。

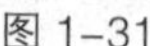
图 1-31

图 1-32

1.5.3 连接电源

电源即电源线，是传输电流的电线。电源提供电能，连接好电源，电脑才能正常开启并运转。下面介绍将电源线连接到电脑主机的操作方法。

第1步 将电源线的一端与主机电源接口相连，如图 1-33 所示。

第2步 将电源线的另一端与插座相连，完成以上操作即可将电源线连接到电脑主机上，如图 1-34 所示。

图 1-33

图 1-34

1.6 实践案例与上机指导

通过本章的学习，用户可以掌握电脑的用途，并对电脑的组成和连接电脑设备的方法有所了解。下面通过几个上机实例达到巩固学习、拓展提高的目的。

1.6.1 连接打印机

打印机是计算机的输出设备之一，用于将计算机处理的结果打印在相关介质上。使用打印机可以将数码照片、文稿、表格或图形等内容呈现在纸张上，便于使用或保存。打印机的安装一般分为两个部分：一是打印机跟电脑的连接，二是在操作系统里安装打印机的驱动程序。下面介绍连接打印机的操作方法。

第1步 将打印机信号线一端的插头插入打印机接口中。

第2步 将打印机信号线另一端的插头插入主机背面的USB接口，并将打印机一端的电源线插头插入打印机背面的电源接口，另一端插在电源插座上，这样即完成连接打印机的操作，如图1-35所示。

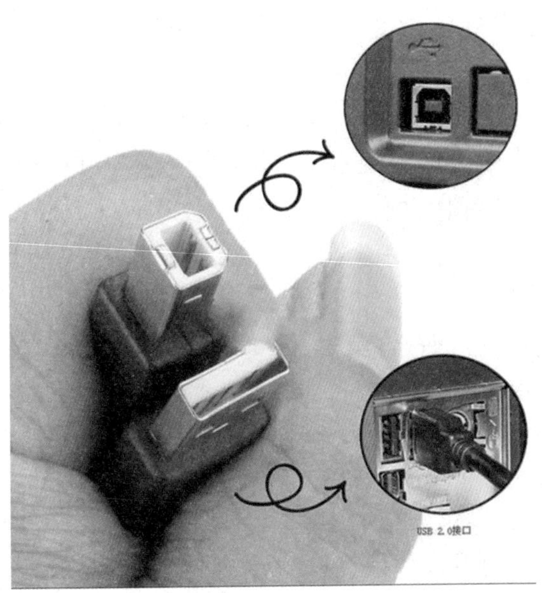

图 1-35

1.6.2 Windows 10 系统组合键

Windows 10 系统有很多组合键，本节将洋细介绍 Windows 10 常用的键盘组合键。

❶ 打开资源管理器

在 Windows 10 桌面环境的任意窗口中，在键盘上按 Windows 键 +E 组合键，就可以实现快速打开资源管理器窗口的操作。

❷ 打开运行对话框

在 Windows 10 桌面环境的任意窗口内，在键盘上按 Windows+R 组合键就可以实现快速打开运行对话框的操作。

❸ 打开任务管理器

在 Windows 10 桌面环境下的任意窗口内，在键盘上按 Crl+Alt+Delete 组合键就可以实现快速打开任务管理器窗口的操作。

❹ 切换窗口

在 Windows 10 桌面环境下的任意窗口内，在键盘上按住 Alt 键并连续按 Tab 键，就可以实现在已打开的窗口间随意切换的操作，但是不能切换到已关闭的窗口。

⑤ 快速查看属性

在 Windows 10 桌面环境下的系统桌面或任意资源管理器内，在键盘上按 Alt 键，同时用鼠标指针选中用户所要查看的文件，双击鼠标，就可以快速查看文件属性；或用鼠标选中所要查看的文件，按 Alt+Enter 组合键也可快速查看文件属性。

⑥ 显示桌面

在 Windows 10 桌面环境下的任意窗口内，按 Windows+D 组合键，可以实现快速切换到 Windows 系统桌面的操作，再按 Windows+D 组合键实现快速切换回之前窗口的操作。

⑦ 关闭当前窗口或退出程序

在 Windows 10 桌面环境下的任意窗口内，按 Alt+F4 组合键，可以实现快速关闭当前窗口或退出当前程序的操作。

⑧ 用另一种方法打开 [开始] 菜单

除了在键盘上直接按 Windows 键和单击 [开始] 按钮这两种方法实现快速打开 [开始] 菜单的操作以外，只要在 Windws 10 桌面环境下的任意窗口内，按 Ctrl+Esc 组合键同样可以实现快速打开 [开始] 菜单的操作。

⑨ 打开搜索窗口

在 Windows 10 桌面环境的任意窗口内，在键盘上按 Windows+S 组合键就可以实现快速打开搜索窗口的操作。

⑩ 回到登录窗口

在 Windows 10 桌面环境的任意窗口内，在键盘上按 Windows+L 组合键就可以实现锁定计算机，回到登录界面的功能。

⑪ 最小化当前窗口

在 Windows 10 桌面环境的任意窗口内，在键盘上按 Windows+M 组合键就可以实现最小化当前窗口的功能。

⑫ 重命名选中项目

在 Windows 10 桌面环境的任意窗口内，在键盘上按 F2 键就可以实现重命名选中项目的功能。

1.6.3 如何安装台式机内存条

用户购买台式机时会出现需要安装内存条，或是为了增加电脑内存容量需要安装内存条的情况。下面详细介绍安装台式机内存条的操作步骤。

第1步 准备好内存条，在安装之前，需要将内存条擦拭干净。可以使用干净的棉签蘸取少量酒精擦拭，不可以用水，如图 1-36 所示。

图 1-36

第 2 步 打开内存插槽后，将内存条垂直插入内存插槽内，直到内存插槽两头的保险栓自动卡在内存条两侧的缺口，才能完成安装内存条的操作，如图 1-37 所示。

图 1-37

第二章 电脑硬件的使用方法

2.1 认识键盘

键盘是电脑中重要的输入设备之一，其硬件接口有普通接口和 USB 接口两种。键盘主要分为主键盘区、功能键区、编辑键区、数字键区和状态指示灯区 5 个部分。本节将详细介绍键盘的组成部分。

2.1.1 主键盘区

主键盘区主要用于输入字母、数字、符号和汉字等，由 26 个字母键、14 个控制键、11 个符号键和 10 个数字键组成。下面详细介绍主键盘区的组成部分及功能，如图 2–1 所示。

图 2–1

❶符号键

符号键位于主键盘区的两侧，共有 11 个键，直接按下可以输入键面下方的符号。在键盘上按 Shift 键的同时按数字键，可以输入键面上方显示的符号，如图 2–2 所示。

图 2–2

❷ 字母键

字母键从 A ~ Z 共有 26 个，主要用于输入英文字符或汉字等内容，如图 2–3 所示。

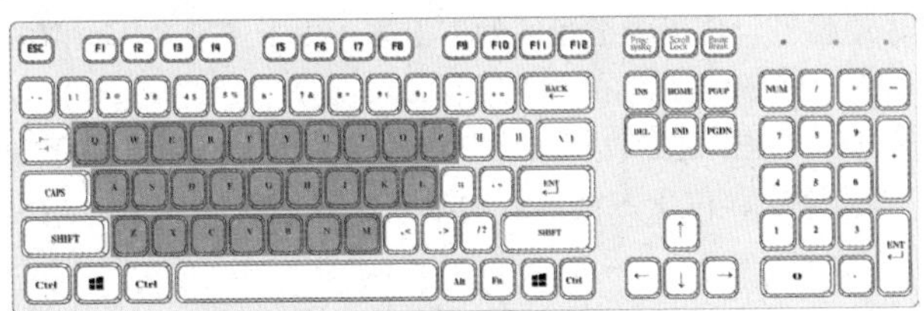

图 2–3

❸ 数字键

在主键盘的上方，有 0 ~ 9 共 10 个数字按键，用于输入数字，如图 2–4 所示。输入汉字时，需要配合数字键选择准备输入的汉字。

图 2–4

❹ 控制键

控制键位于主键盘区的下方和两侧，共有 14 个键，主要用于执行一些特定操作，如图 2–5 所示。

图 2–5

Tab 键：制表键，位于键盘左上方。按下此键，可使光标向左或者向右移动一个制表的位置（默认为 8 个字符）。

CapsLock 键：大写字母锁定键，位于键盘左侧，用于切换英文字母的大小写输入状态。

Shift 键：上档键，共有 2 个，位于字母键两侧，用于输入符号键和数字键上方的符号，与字母键组合使用，输入的大小写字母与当前键盘所处的状态相反：与数字键或者符号键组合，输入的是键面上方的符号。

Ctrl 键：控制键，共有 2 个，分别位于主键盘区的左下方和右下方。控制键不能单独使用，必须与其他键组合使用，才能完成特定功能。

Alt 键：转换键，共有两个，位于主键盘区的下方。转换键不能单独使用，必须与其他键组合使用，才能完成特定功能。

Space 键：空格键，位于键盘下方，是键盘上最长的按键，用来输入空格。

BackSpace 键：退格键，位于主键盘区的右上方，用于删除光标左侧的字符。按下此键后，光标向左退一格，并删除光标前的一个字符。

Enter 键：回车键位于退格键 BackSpace 下方，用于结束输入行，并将光标移动到下一行。

Windows 键：共有 2 个，位于主键盘区的下方，用于打开 Windows 操作系统的 [开始] 菜单。

快捷菜单键：位于主键盘区的右下方，按下此键会弹出一个快捷菜单，相当于在 Windows 环境下鼠标右击弹出的快捷菜单。

2.1.2 功能键区

功能键区位于键盘的上方，由 16 个键组成，主要用于完成一些特定的功能，如图 2–6 所示。

图 2–6

Esc 键：取消键。用于取消或中止某项操作。

F1 ~ F12 键：特殊功能键，被均匀分成三组，为一些功能的快捷键，在不同软件中有不同的作用。一般情况下，F1 键常用于打开帮助信息。

Power 键：电源键，用于直接关闭电脑。

Sleep 键：休眠键，按下此键可使操作系统进入休眠状态。

WakeUp 键：唤醒键，用于将系统从“睡眠”状态中唤醒。

2.1.3 编辑键区

编辑键区位于主键盘区右侧，由 9 个编辑键和 4 个方向键组成，主要用来移动光标和翻页，如图 2–7 所示。

图 2–7

PrintScreen 键：屏幕打印键，按下该键，屏幕上的内容即被复制到内存缓冲区中。

ScrollLock 键：滚屏锁定键，当电脑屏幕处于滚屏状态时按下该键，可以让屏幕中显示的内容不再滚动，再次按下该键则可取消滚屏锁定。

PauseBreak 键：暂停键，按下此键可以暂停屏幕的滚动显示。

Insert 键：插入键，位于控制键区的左上方，用于改变输入状态。在键盘上按下该键，电脑文字的输入状态在“插入”和“改写”状态之间切换。

Delete 键：删除键，用于删除光标右侧的字符。

Home 键：首键，用于将光标定位在所在行的行首。

End 键：尾键，用于将光标定位在所在行的行尾。

PageUp：向上翻页键，按下该键，屏幕中的内容向前翻页。

PageDown 键：向下翻页键，按下该键，屏幕中的内容向后翻页。

↑键：光标上移键，按下该键，光标上移一行。

↓键：光标下移键，按下该键，光标下移一行。

←键：光标左移键，按下该键，光标左移一个字符。

→键：光标右移键，按下该键，光标右移一个字符。

2.1.4 数字键区

数字键区即小键盘区，位于键盘右侧，包括 17 个键位，用于输入数字以及加、减、乘、除等运算符号，如图 2–8 所示。数字键区有数字键和编辑键的双重功能，当在键盘上按下锁定数字键区的 NumLock 键后，数字键区的键就只具有键面下方显示的编辑键功能。

图 2–8

2.1.5 状态指示灯区

状态指示灯区位于数字键区的上方，共有 3 个状态指示灯，如图 2–9 所示，分别为数字键盘锁定灯、大写字母锁定灯和滚屏锁定灯。

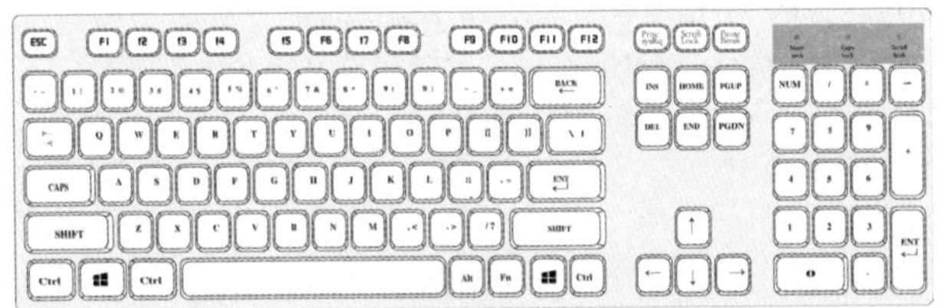

图 2–9

NumLock：数字键盘锁定灯。当该灯亮时，表示数字键盘的数字键处于可用状态。

CapsLock：大写字母锁定灯。当该灯亮时，表示当前为输入大写字母的状态。

ScrollLock：滚屏锁定灯。当该灯亮时，表示在 Dos 状态下可使屏幕滚动显示。

2.2 使用键盘的方法

键盘是电脑中最重要的输入设备，学会正确使用键盘的方法，可以减少操作疲劳，提高工作效率。本节将介绍正确使用键盘的方法，如手指的键位分工、正确的打字姿势和击键方法等。

2.2.1 正确的打字姿势

如果长时间在电脑前工作、学习或娱乐，很容易疲劳，学会正确的打字姿势能有效地减少疲劳感。下面将介绍正确的打字姿势，如图 2-10 所示。

图 2-10

面向电脑平坐在椅子上，腰背挺直，全身放松，双手自然放置在键盘上，身体稍微前倾，双脚自然垂地。

电脑屏幕的最上方应比打字者的水平视线低，眼睛距离电脑屏幕至少要有一个手臂的距离。

身体直立，大腿保持与前手臂平行的姿势，手、手腕和手肘保持在一条直线上。椅子的高度与手肘保持 90 度弯曲，手指能够自然地放在键盘的正上方。

使用文稿时，将文稿放置在键盘的左侧，眼睛盯着文稿和电脑屏幕，不能盯着键盘。

2.2.2 手指的键位分工

使用键盘进行操作时，双手的 10 个手指在键盘上应有明确的分工，使用正确的键位分工可以减少手指疲劳，提高打字速度，而且有助于“盲打”。

❶基准键位

基准键位位于主键盘区，是打字时确定其他键位置的标准，如图 2–11 所示。

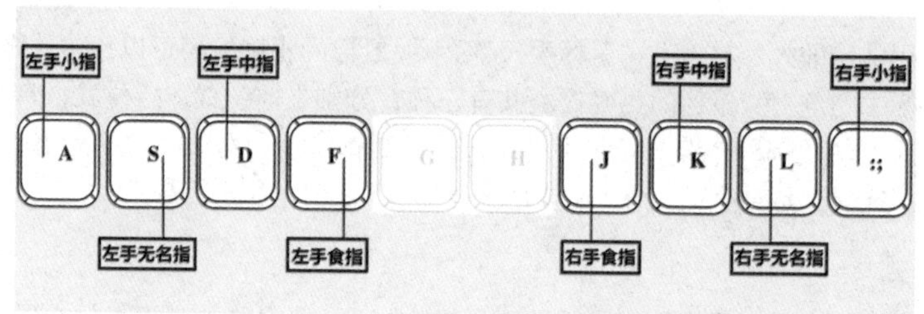

图 2–11

基准键共有 8 个，分别是 A、S、D、F、J、K、L 和“；”，F 和 J 键上分别有一个凸起的横杠，有助于盲打时手指的定位。

❷ 其他键位

按照基准键位放好手指后，其他手指的按键位于该手指所在基准键位的斜上方或斜下方，大拇指放在空格键上，手指的具体分工如图 2–12 所示。

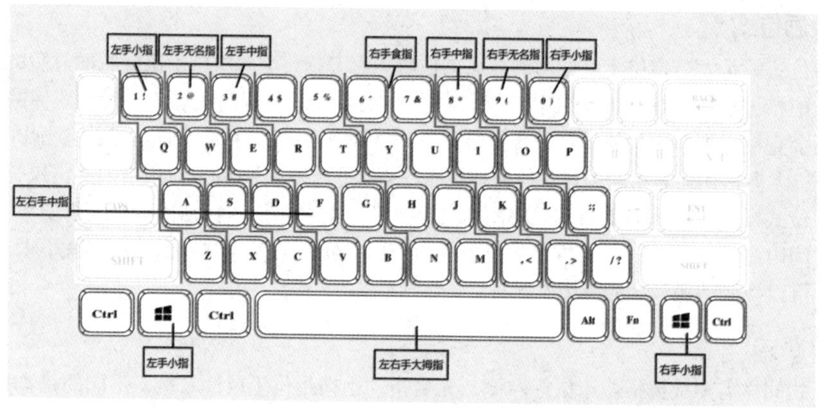

图 2–12

2.3 鼠标的使用

鼠标的名字来源于其酷似老鼠的外形。1964 年，加州大学伯克利分校博士道格拉斯 · 恩格尔巴特（Douglas Engelbart）发明了鼠标。在此之前，他一直思考能否让电脑操作更加便捷，当时人们对电脑下达指令都需要依靠键盘输入，有时候需要输入大量的指令才能完成一项操作。鼠标的出现，使人们使用电脑的工作效率提高了数倍。

鼠标可以说是每台电脑上必须具备的硬件设备，如果没有鼠标，很多指令无法下达。尽管键盘也可以代替鼠标的部分作用，但是远没有鼠标使用方便。

2.2.1 正确握姿

经常使用电脑的人容易患上“鼠标手”，而掌握鼠标的正确握姿可以预防、缓解鼠标手，让人远离鼠标手的危害。鼠标的正确握姿共有三种，分别是前位式、后位式、趴式。有一点需要注意，无论使用哪种姿势操控鼠标，用户的手腕都应该与鼠标呈水平状态，不要上翘，也不要下压，这样容易对手腕造成不必要的伤害。

❶前位式

前位式需要用户将大拇指放在鼠标左侧中部的位置，无名指、小拇指放在鼠标右侧中部的位置，食指、中指微微弯曲并分别放在鼠标左键和右键上，手掌下部放在鼠标尾部。使用前位式操控鼠标，需要将手臂作为支点，左右移动需要将手臂作为支点左右摆动，上下移动需要手臂相应地进行垂直运动。指尖位于鼠标按键最中心的位置，这个位置加上手指弯曲的姿势，可以使用户在需要时快速按下按键。使用前位式操控鼠标时，手掌的重量落在鼠标尾部，手腕基本上悬空，支点也变为手臂，这样可以使操纵鼠标的力度变大，与其他两种握姿相比有更高的准确度。该方法比较适合要求快速按键、精准移动的用户，因此，游戏玩家通常使用该方法操纵鼠标。尤其是使用体积大、对称型鼠标的用户，最适合使用该方法。

❷后位式

后位式就是大拇指位于鼠标左侧靠后的位置，无名指、小拇指位于鼠标右侧靠后的位置，食指、中指分别放在鼠标左键和右键上，并保持较为舒适的弯曲状态。同时，鼠标的背部、尾部不会直接碰到手掌。使用后位式操控鼠标时，不需要移动手腕，而是将手腕当作一个支点，通过大拇指和无名指的力量，使鼠标在手掌形成的空隙中滑动，使用指尖点击鼠标按键。

后位式操纵主要依靠手指，只要手指足够灵活，就可以快速移动鼠标。这个姿势非常适合短时间内高频率移动鼠标的情况下使用。如果用户使用的鼠标体积比较大，就不太适合后位式，可以换成体积较小的笔记本鼠标。

❸趴式

趴式同样需要大拇指位于鼠标左侧，无名指、小拇指位于鼠标右侧，不同的是食指和中指需要平放在鼠标的按键上，手指和手掌完全与鼠标贴合。操作鼠标时需要大拇指、无名指、小拇指保持自然伸直状态，手腕随着鼠标的移动而移动，使用指腹点击鼠标按键。趴式操作鼠标虽然也是依靠手腕做支点，但是整个手掌并非悬空状态，而是稳稳地贴在鼠标上，能够有效降低疲劳感，使用该方法操控鼠标会感觉到十分舒适。这也是最为常见的握姿。趴式操作鼠标具有较大的活动范围，适合长时间操作鼠标的用户。

2.2.2 左键、右键及滚轮的作用

出于针对不同用户群体，让鼠标的操作更简便等目的，鼠标有多种样式，市面上的鼠标包括两键鼠标、三键鼠标、六键鼠标等，其中较为常见的是两键鼠标。两键鼠标包括左

键（the left mouse button）、右键（the right mouse button），在左键和右键中间往往还有个滚轮（mouse wheel）。接下来以两键鼠标为例，说说左键、右键及滚轮的作用。

鼠标左键有单击、双击、拖动三个功能，鼠标右键只有右击一个功能。

❶单击

单击就是按下左键后迅速放开，通常在选定某个操作对象时进行。

❷双击

双击就是连续两次单击，中间间隔时间不可以太长，通常在打开窗口、启动程序时进行。

❸拖动

拖动就是按下鼠标左键不松手，将操作对象移动到指定位置后再松开，通常在选择多个操作对象、拖动选定文字或窗口等情况下进行。

很多人以为滚轮是没有什么作用的，其实不然，滚轮可以进行页面上下翻动、屏幕自动滚动、图片放大缩小和翻页、页面缩放。

❶页面上下翻动

浏览网页或文档时，很多人会用鼠标拖动滚动条使页面上下移动，其实完全不用这么麻烦，只需要轻轻滚动滚轮就可以实现页面上下翻动。这样一来，不仅省去移动鼠标和点击滚动条的麻烦，也可以更加专心地查看信息。

❷屏幕自动滚动

浏览网页或文档时，不仅可以使用滚轮翻页，还可以轻轻点击滚轮，这时会在窗口显示一个黑色的图标。该图标有两种：一种由上、下两个箭头组成，另一种由上、下、左、右四个箭头组成。只要将鼠标轻轻移动至该图标的任意方向，页面就会随之滚动。而且，鼠标和图标的距离越远，页面滚动的速度越快。调整好页面滚动的速度就可以实现屏幕的自动滚动，查看网页或文档十分方便。

❸图片放大缩小和翻页

使用软件查看图片时，滚轮也可以实现其作用。以软件WPS图片为例，鼠标滚轮可以设置为放大缩小（上滑放大，下滑缩小）或前后翻页（上滑为上一张，下滑为下一张）。具体设置方式为，打开WPS图片后点击右键，选择“设置”选项（图2-13）。

打开WPS图片的设置中心后，选择“鼠标滚轮”后的“放大缩小”或“前后翻页”选项（图2-14）。设置完成后关闭对话框，之后滚轮就可以进行图片的放大缩小或者前后翻页了。

图2-13

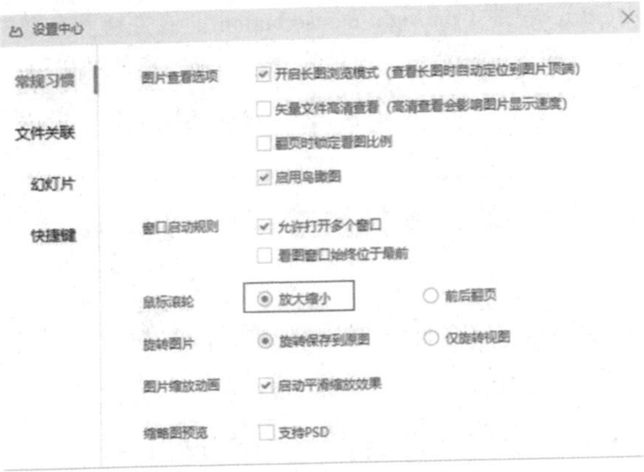

图 2-14

④ 页面缩放

鼠标滚轮的页面缩放功能需要搭配 Ctrl 键进行。在网页或文档界面，按下 Ctrl 键后滑动滚轮（上滑放大，下滑缩小）就可以实现页面缩放，从而获得查看信息的最佳视图。

2.2.3 常见问题及处理方法

鼠标是用户操作电脑时使用频率最高的设备之一，如果鼠标出现故障，会直接影响到电脑的使用。鼠标常见的两种问题是无应答和单击无效。这里整理、总结了鼠标常见的问题及解决方案。

鼠标无应答是指用户移动鼠标时光标不会随之移动，或者用户点击左键或右键后并未选中或未出现相应的对话框。导致鼠标无应答的原因通常有以下几种。

❶系统繁忙或死机

当系统中安装了太多的软件，以及长时未清理缓存后，电脑中可能存在大量的垃圾文件。除此之外，用户同时打开多个软件或下达多个指令时，都有可能导致系统繁忙，无法响应用户下达的指令。这个时候，可以消除缓存垃圾并重新启动电脑，或者启动任务管理器关闭无响应的程序。

② 接口松动或故障

鼠标与电脑的接口可能由于拔插不当、插拔频率过高等松动。接口松动的话，鼠标失去了和电脑的联系，自然无法下达指令。判断是否为接口松动的方法很简单，现在的鼠标都是光电鼠标，如果鼠标底部的指示灯不亮，基本上可以确定是接口的问题，用户可以将鼠标线拔下重新连接到电脑上。

③ 无线鼠标未安装驱动或信号干扰

无线鼠标大多是不需要安装驱动程序的，但是也有例外，因此，无线鼠标不能使用时，可以查看产品说明书，弄清楚是否需要安装驱动。如果已经安装了驱动或者不需要安装驱动但鼠标仍然无法使用，可以看看附近是否有人在使用相同型号或相似的鼠标。这是因为，使用相同无线鼠标的人距离过近时，无线鼠标的信号会相互干扰，只要拉开距离就可以恢复。

④ 鼠标损坏

如果遇到上述情况且已经做出相应的措施却还是不能解决问题，可以尝试将鼠标连接到另一台电脑上，还是无响应的话就是鼠标本身的问题，需要更换新的鼠标。

单击变双击是指单击鼠标却出现了双击的效果，通常情况下是鼠标故障导致的，但是也有可能是设置问题或者鼠标内部出现异物。

❶设置问题

打开控制面板，选择“硬件和声音”选项（图 2-15）。

图 2-15

打开“硬件和声音”选项后选择“鼠标”选项（图 2-16）。

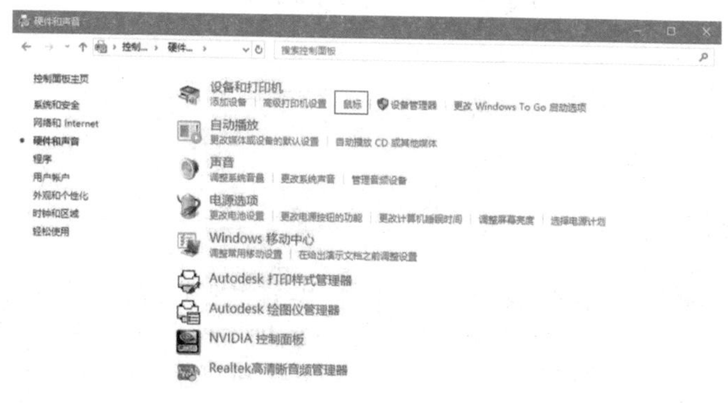

图 2-16

在鼠标属性界面查看“启用单击锁定”选项是否被勾选，如果被勾选则取消（图2-17），然后选择“应用”并关掉对话框。如果“启用单击锁定”选项未被勾选，直接关闭对话框即可。

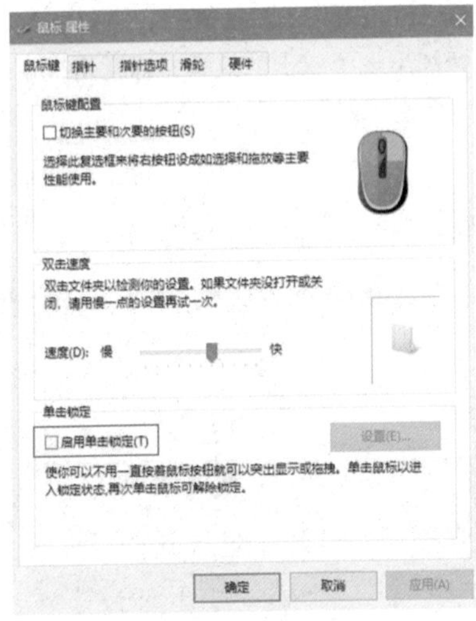

图 2-17

❷ 鼠标内部异物

鼠标按键之间是有缝隙的，如果出现异物也可能导致按键不准确，可以点击几次查看是否有异物感或者按键是否无法正常弹起。如果有异物感，可以将鼠标的外壳取下来取出异物，如果按键无法弹起则需要更换鼠标。

2.4 打印机的使用

在工作和学习中，许多文件需要被打印出来才能使用，这就离不开打印机。下面简单介绍打印机的分类及操作流程。

2.3.1 打印机分类

根据不同的性质，打印机有很多分类。比如，以打印元件对纸张有无击打动作为基准，分为击打式打印机和非击打式打印机；以字符结构为基准，分为全形字打印机和点阵字符打印机；以文字在纸张上的打印顺序为基准，分为串式打印机和行式打印机；以采用的技术为基准，分为柱形打印机、球形打印机、喷墨式打印机、热敏式打印机、激光式打印机、静电式打印机、磁式打印机、发光二极管式。

尽管打印机的分类很多，但市面上常见的打印机无非三种类型：喷墨打印机、激光打印机、通用打印机。这三类打印机是家庭和办公场所常用到的，每种打印机的功能和技术都有其独特的优势，当然也有其不足之处。

喷墨打印机的工作原理是将细小的墨点喷到页面上，形成文本或图像。这种类型的打印机应当是最常见的，倒不是因为它的功能，而是因为价格比较容易让大众接受，且如果不是较为繁重的打印任务它都足以胜任。当然，喷墨打印机并不是只能打印黑白色的文件，也有专为打印彩色照片而设计的喷墨打印机。

喷墨打印机（图 2–18）虽然可以满足大多数用户的需求，价格也容易被人接受，但是它有一个不可忽视的缺点，就是在打印速度上远远不及激光打印机。部分机型在打印一段时间后机身发热严重，打印速度变得更加缓慢，甚至停止打印，因此需要打印一段时间后暂停，等待机身温度降下来后再打印，不太适合打印大量文件。

图 2–18

喷墨打印机的另一个缺点就是添加打印纸的频率比较高，需要定期更换墨盒（图 2–19）。更换墨盒的步骤为：打开打印机，使其处于开机状态，打开墨盒上的盖子，将原本的墨盒取出来，并将新的墨盒放进去，然后将墨盒盖合上，此时电脑上会看到墨量上升，这就完成了更换墨盒的过程。如果更换完墨盒后，电脑显示“机盖未关”，此时需要重启电脑。

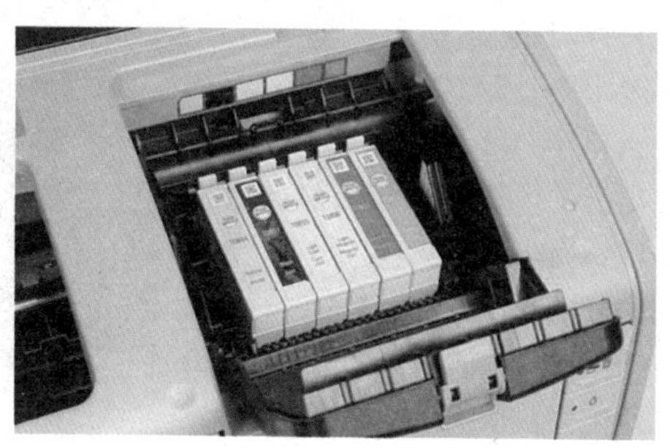

图 2–19

激光打印机（图 2–20）采用的原料是一种十分细小的粉末状物质——墨粉，通过墨粉显现出内容。激光打印机分为两种：一种是只能进行黑白色打印的单色打印机，另一种是可以打印黑白文件和彩色文件的双色打印机，但双色打印机的价格往往比较高。除此之外，激光打印机有七成以上的成像部件集中在硒鼓（图 2–21）中，打印质量很大程度上由硒鼓决定。

硒鼓通常由铝制材料制作基本基材，并在基材上涂上感光材料，以此组成基本结构。由于感光材料不同，硒鼓分为三类：OPC 鼓（有机光导材料）、硒鼓（Se 硒）、陶瓷鼓（a-si 陶瓷）。每种材料的价格不同，使用寿命也有所不同：OPC 鼓价格较为便宜，使用寿命也较短，通常只能打印 3000 页左右的内容；硒鼓的价格较为中等，能打印 9000 页左右的内容；陶瓷鼓的价格比较高，但是其使用寿命相应高了许多，可以打印 90000 页左右的内容。可以说，硒鼓不仅决定了打印文件的质量，也决定了使用者购买后的使用成本。

图 2-20

图 2-21

与喷墨打印机相比，激光打印机具有容量较大的送纸器，添加打印纸的频率不必过高，它的工作效率（每分钟打印的页数）也比喷墨打印机多。激光打印机的墨盒寿命较于喷墨打印机来说比较长，更换墨盒的频率不必太高。从长远来看，如果打印文件的数量比较大，使用激光打印机可能要比喷墨打印机更加划算。

通用（AIO）打印机也被人称为多功能（MFP）打印机（图 2-22），是当下比较流行的一种打印机。相对来说，这类打印机的价格比较高，但由于其功能强大，不仅可以满足用户打印、扫描照片、影印等需求，还可以当作传真机使用。可以说，是用买一台机器的钱，买了三四台机器。这种“四合一”的性能可以节省不少空间，非常适合小型初创企业使用。

部分人士认为，通用打印机和多功能打印机的名字不同，两者是有差距的。事实上，两种类型的打印机通常没有什么差异，只不过部分贴上“多功能打印机”标签出售的设备都是大型设备，且多半用于办公室环境，而非家庭环境。不过总体而言，无论是通用型号也好，多功能型号也罢，它们都具有十分方便的特性，能够把之前需要三四台机器完成的工作全部包揽下来。它们还有一个优点就是，影印等功能不需要通过计算机进行，这就使其使用过程更加方便。

图 2-22

2.3.2 安装打印机

在“控制面板”找到“硬件和声音”选项，需要注意的是，部分电脑的开始菜单具有“设备和打印机”选项。打开“设备和打印机”后，选择“添加打印机”（图 2–23、图 2–24）。

图 2–23

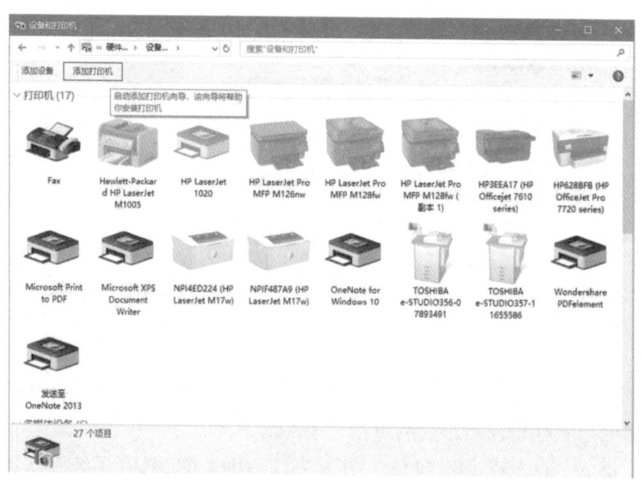

图 2–24

在“要安装什么类型的打印机？”窗口具有两个选项（图 2–25），一是添加本地打印机，二是添加网络、无线或者 Bluetooth 打印机（即蓝牙打印机，英文全称“Buetooth printer”），根据打印机的类型选择相应的选项并点击“下一步”。安装不同类型的打印机，其安装过程并不相同。相对而言，网络、无线或者 Bluetooth 打印机的安装过程更加简单一些。如果选择的是添加本地打印机，系统会弹出“选择打印机端口”窗口，根据产品的型号选择或创建相应的端口并点击“下一步”(图 2-26)。

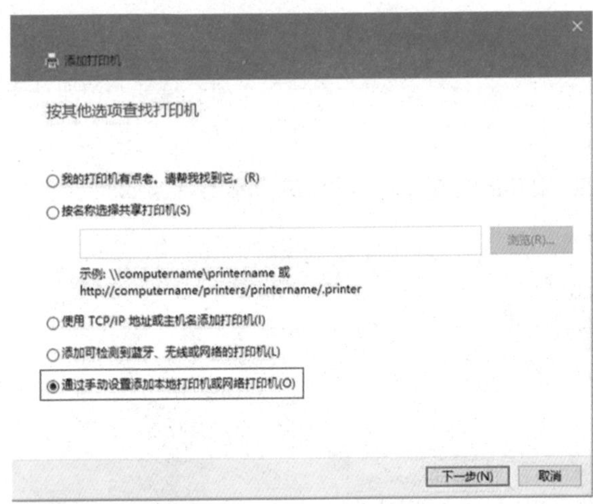

图 2-25

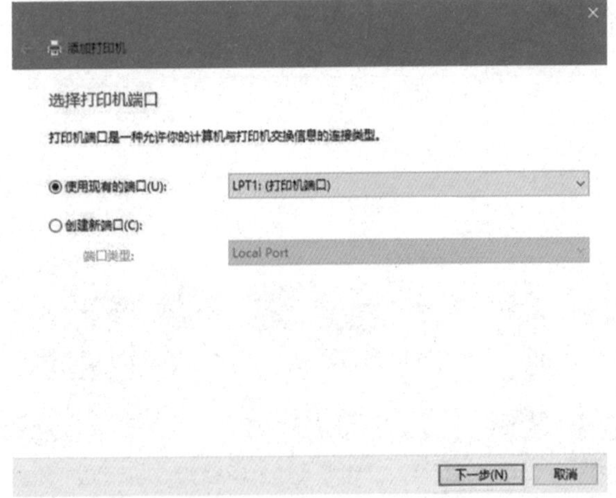

图 2-26

接下来，系统会弹出“安装打印机驱动程序”窗口(图 2-27)，选择相应的驱动程序安装，并保持打印机与电脑相连接，之后点击“下一步。

系统弹出“键入打印机名称”窗口(图 2-28)，用户可以选择系统默认的名字，也可以取一个名字并将其输入对话框，输入完成后点击“下一步”。

此时打印机进入安装状态(图 2-29)，但安装过程还没有结束，因此显示安装完成后仍需要点击“下一步”。

到此打印机就安装完毕(图 2-30)，用户可以选择“打印测试页”查看打印机是否成功安装，也可以选择“完成”关闭安装程序。

添加打印机
安装打印机驱动程序
从列表中选择打印机。单击 Windows 更新以查看更多型号。
若要从安装 CD 安装驱动程序，请单击"从磁盘安装"。
厂商
Generic
Hewlett Packard
HP
Microsoft
TOSHIBA
打印机
HP Color LaserJet 1600 Class Driver 版本: 10.0.17119.
HP Color LaserJet 1600 Class Driver 版本: 10.0.17134
HP Color LaserJet 2600n Class Driver 版本: 10.0.1711
HP Color LaserJet 2600n Class Driver 版本: 10.0.1713
这个驱动程序已经过数字签名。
告诉我为什么驱动程序签名很重要
Windows 更新(W)
从磁盘安装(H)...
下一步(N)
取消

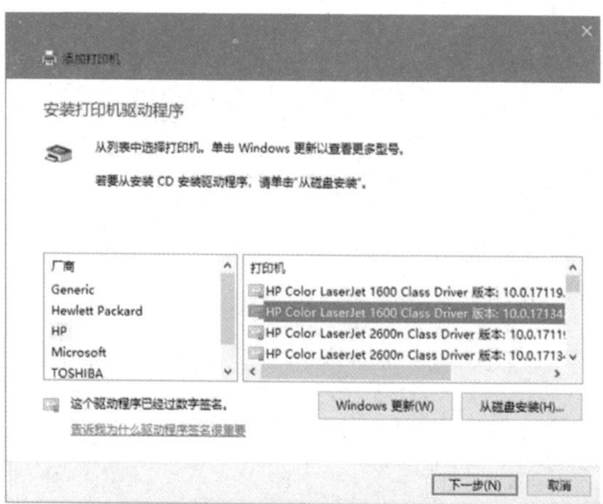

图 2–27

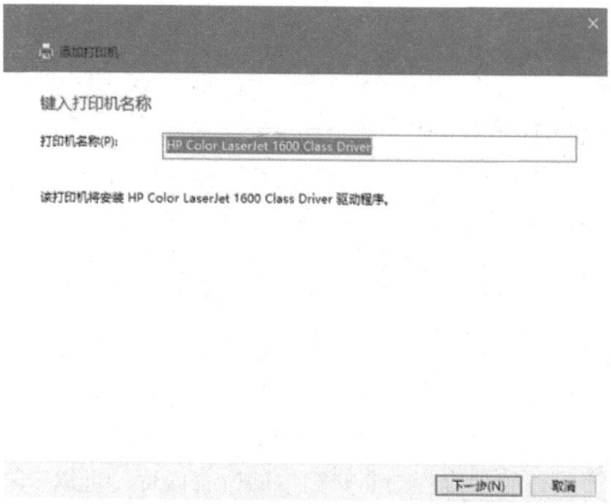

添加打印机
键入打印机名称
打印机名称(P):
HP Color LaserJet 1600 Class Driver
该打印机将安装 HP Color LaserJet 1600 Class Driver 驱动程序。
下一步(N)
取消

图 2–28

添加打印机
正在安装打印机...
下一步(N)
取消

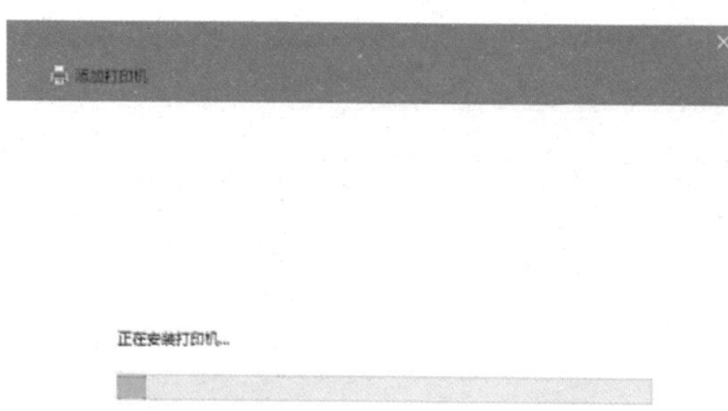

图 2–29

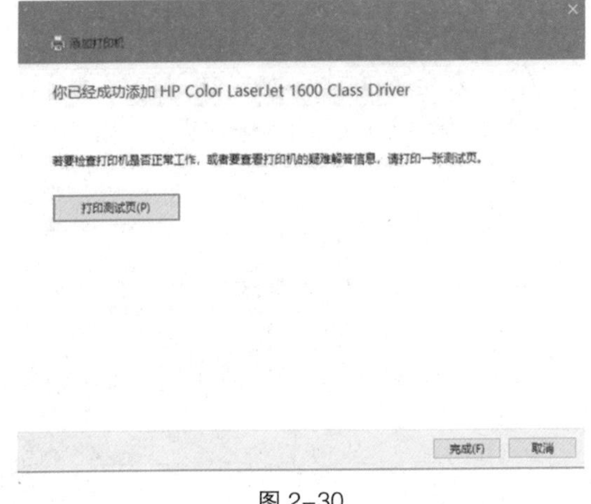

图 2–30

2.3.3　打印文本文档

首先，需要找到准备打印的文本文档，然后在该文件的图标上点击鼠标右键，在右键菜单中找到“打印”选项（图 2–31）。使用这种方式打印文档是比较快捷的，不需要打开文件，但需要注意的是，一定要确保文档中的内容不需要更改，且打印文档的所有内容。

图 2–31

如果是正在使用的文本文档，需要点击左上角的“文件”选项，选择“打印”选项（图 2–32）。选择“打印”选项后，系统会弹出一个“打印”选项窗口，如果用户没有其他要求，直接选择打印即可（图 2–33）。如果需要打印的内容并非文档内的所有内容，可以在“打印”选项窗口设置页面范围（图 2–34）。

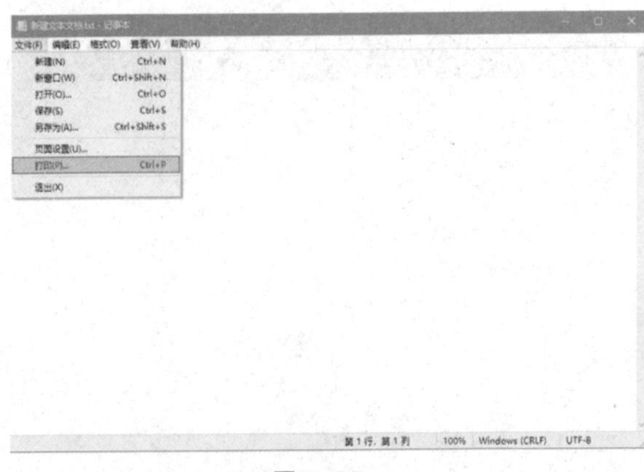

图 2–32

图 2-33

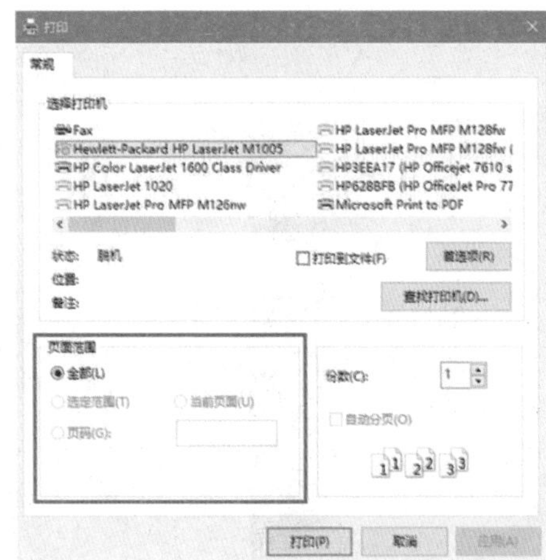

图 2-34

2.3.4 打印 Word 文件

打印 Word 文档找到待打印文档，在其图标上点击鼠标右键，在右键菜单中选择“打印”选项（图 2-35）。如果是正在使用中的 Word 文档，可以点击左上角的“文件”选项，将光标移动至“打印”的位置，系统会弹出“打印”“打印预览”两个选项（图 2-36），选择打印。如果不放心文章排版等，可以选择打印预览，查看打印效果。

图 2-35　　图 2-36

通常情况下，默认的打印设置是单面打印，采用的纸张是 A4 纸，因此，没有特殊要求的话，只需要在“打印”窗口填上打印份数就可以了（图 2-37）。

如果对纸张有特殊要求，可以在打印设置界面选择纸张或者页面缩放（图 2-38），根据需求选择相应的选项即可。

为了节约纸张，对于一些非正式的文件可以选择正反面打印，在打印的设置界面选择双面打印即可（图 2–39）。

图 2–37

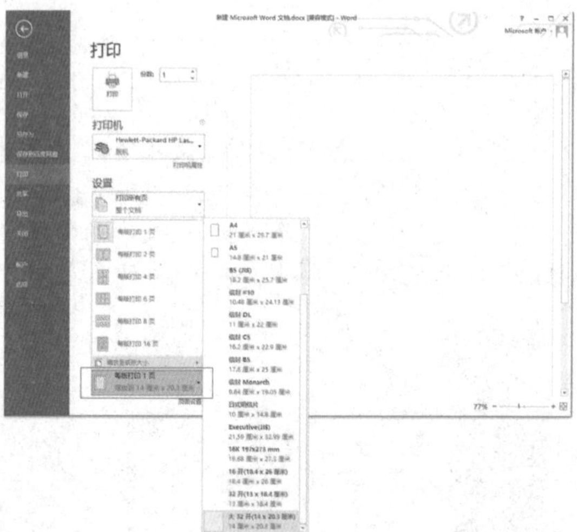

图 2–38

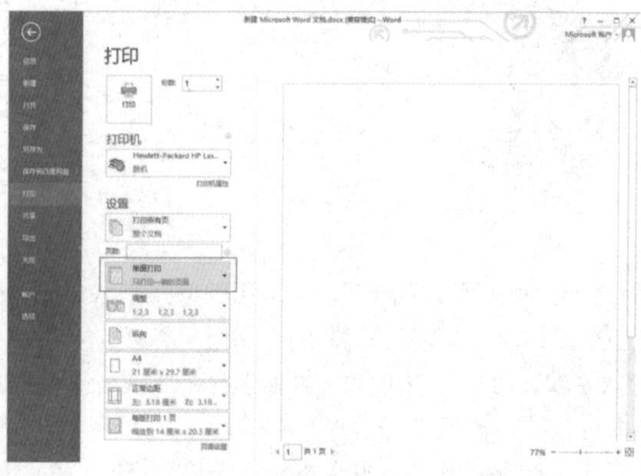

图 2–39

有些文件不一定要全部打印出来，只需要打印一部分就可以了，但是将其余的部分都删除掉再打印显然很麻烦，这个时候可以在打印设置界面选择“指定页打印”，选择页码范围并输入需要打印的起止页（图 2-40）即可。指定页面打印不仅可以指定连续的几页，还可以指定非连续的页面。

图 2-40

打印 Excel 工作表的流程与打印 Word 文档的流程一致：一种是用右键点击文件图标，在右键菜单找到“打印”选项；另一种就是在 Excel 工作表界面点击左上角的“文件”选项，在下拉菜单选择“打印”。

接下来要说的是打印 Excel 工作表时如何设置页码范围和打印内容。在 Excel 工作表界面点击“文件”菜单中的“打印”选项后，会弹出“打印”窗口，在窗口的中间位置有页码范围和打印内容选项（图 2-41）。页码范围对应的是全部和指定页，打印内容对应的是选定区域、选定工作表、整个工作簿。系统默认的是打印选定工作表，如果需要打印部分内容或整个工作簿，需要勾选相应的选项。

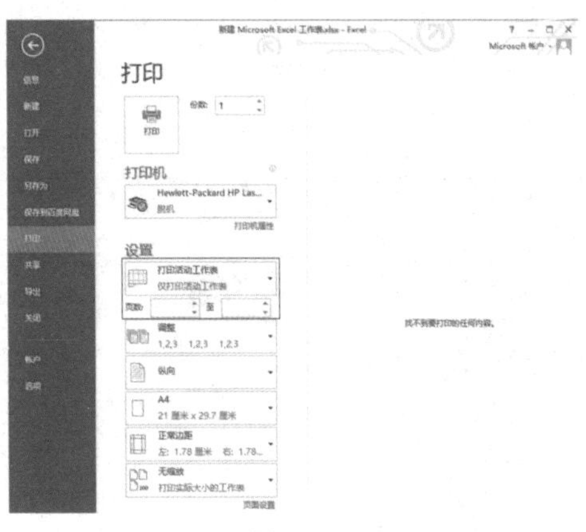

图 2-41

除了文档和工作表之外，PPT 演示文稿也可以被打印出来。打印的方式分为两种：一种是用右键点击文件图标，在右键菜单找到“打印”选项；另一种就是在演示文稿界面点击左上角的“文件”选项，在下拉菜单选择“打印”。选择后会弹出“打印”窗口，在窗口的中间位置（图 2-42），可以选择打印当前幻灯片，也可以选择指定某一页幻灯片，还可以指定连续或非连续的幻灯片。

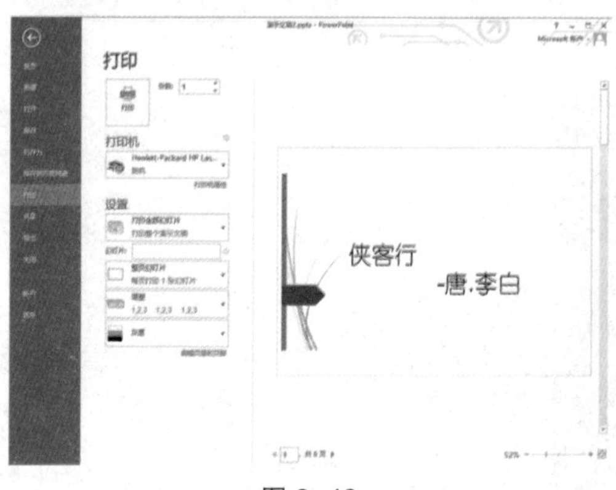

图 2–42

2.3.5 打印照片

如今，摄像设备越来越先进，也越来越便捷，早已不是几十年前只能使用胶卷相机的时代。智能手机的普及让人们可以随时随地拍摄美好瞬间。与此同时，能够打印照片的设备也逐渐普及，早没有留着底片去影楼冲洗照片的情况。如果拍到了好看的照片，想要打印出来，只需要找一家打印店，几分钟就可以打印好。如果购买了打印设备的话，在家里就可以打印照片。

没有打印过照片的人或许以为打印照片需要下载专用的软件，需要很多步骤，设置各种参数。其实，打印照片十分简单。

首先，需要确定打印设备具有彩色打印的功能，已经与电脑相连接。接着，需要找到准备打印的照片，并将光标移动至该照片上，点击鼠标右键，在右键菜单中找到“打印”选项（图 2-43），点击即可。

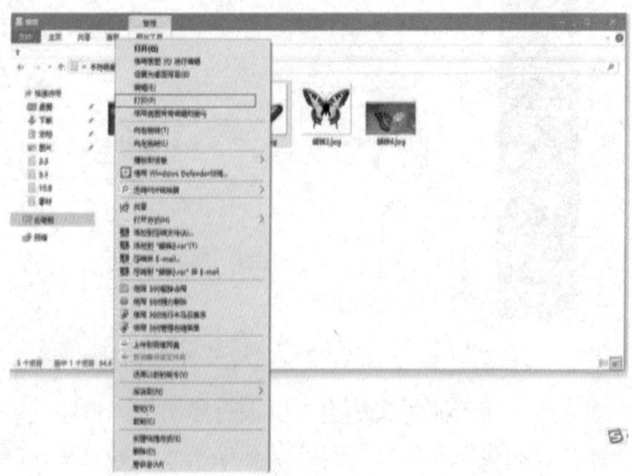

图 2–43

使用上述方式可以快速打印照片，但缺点是不能设置更多属性。想要在打印照片时设置其他属性，需要把照片打开。下面以 WPS 图片软件打开照片为例进行介绍。

打开照片后，可以看到照片位于整个窗口的中间位置，左上角是图片名称等信息，右上角是用户头像、会员、皮肤、菜单等选项，照片下方有图片美化、放大、缩小、上一张、下一张、删除等选项。如果对照片大小等设置不满意，可以点击图片美化图标（位于图片下方最右侧，图 2–44）。打开图片美化后，可以看到图片位于窗口左侧，占据了大部分位置，右侧是一些图片编辑选项，包括裁剪、旋转、色彩、滤镜、涂抹、画笔、文字、水印等（图 2–45），用户可以根据需求对图片进行编辑。

图 2–44

图 2–45

编辑过程中，用户可以点击图片右上角的“对比”或“原图”（图 2–46），用来查看编辑效果。

编辑完成后，如果想要代替原本的照片文件，可以选择左上角的“保存”；如果不准备替代原本的照片文件，需要选择“另存为”（图 2–47）。

在“另存为”窗口的左侧选择文件存放位置，并在下方的对话框输入新的文件名或者直接使用系统分配的文件名（图 2–48），点击保存即可。

图 2-46

图 2-47

图 2-48

如果照片不需要美化，或者美化后再度打开照片，可以使用右键点击照片，在右键菜单中选择打印。也可以点击 WPS 图片右上方的“菜单”，在下拉菜单中选择“打印”（图 2-49）。

图 2-49

除此之外，还可以点击图片下方最右侧的箭头，从弹出菜单中找到“打印”选项（图 2-50）。选择打印后，系统会弹出“打印图片”窗口，用户可以在该窗口设置对打印图片的要求，最常规的设置就是选择打印机、纸张大小、图片质量、每张图片的份数这四项（图 2-51）。

图 2-50

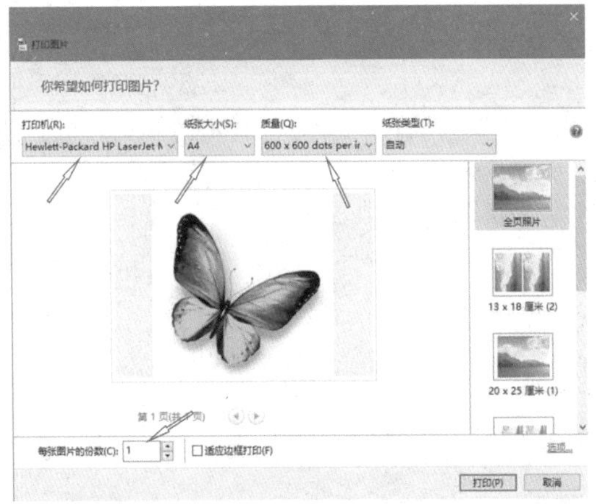

图 2-51

有时候，需要打印的照片是二寸、小二寸、一寸的，就需要设置照片的大小。设置照片大小的方式为：在“打印图片”窗口的右侧找到合适的大小，选中该大小并输入每张图片的份数，此时可以看到窗口中间出现打印预览效果（图 2–52）。对效果满意的话，点击打印即可。

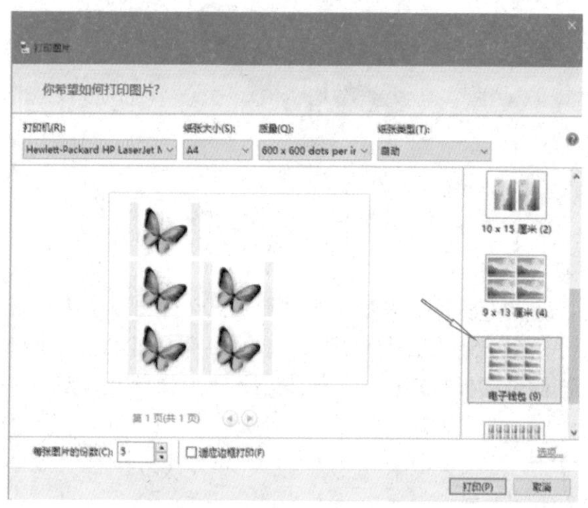

图 2–52

很多人接触过大头贴，多张不同的照片打印到同一张纸上，不了解打印过程的人或许会以为这种打印方式非常复杂，实则不然。将多张图片打印到同一张纸上，只需要选中多张照片，在右键菜单中选择“打印”（图 2–53）。

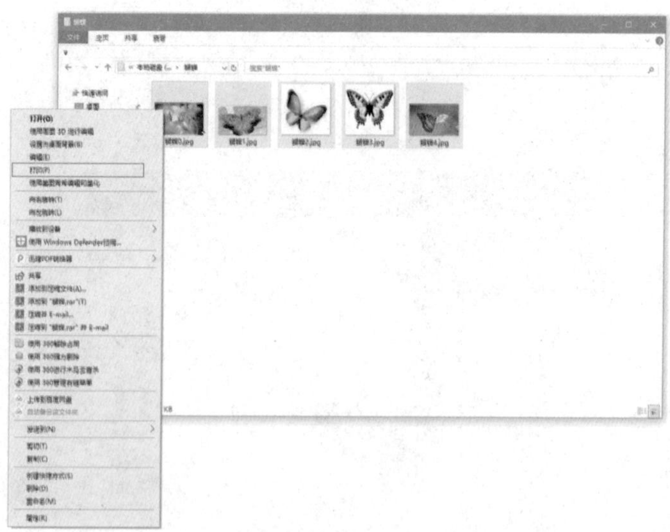

图 2–53

在打印图片窗口，可以选择一张纸上打印一张照片，也可以选择打印四张照片或者九张照片，甚至更多。比如，选择一张纸上打印四张照片（图 2–54），可以看到预览图中出现了四张不同的照片。

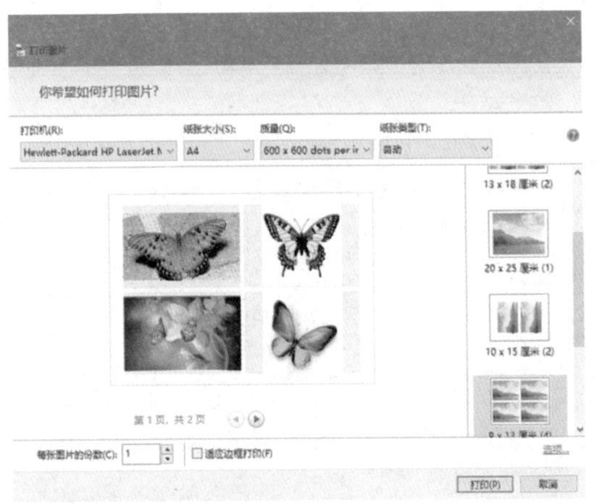

图 2–54

除上述设置外，还可以对打印图片进行更多设置。点击“打印图片”窗口右下方的“选项”（图 2–55），进入打印设置界面。

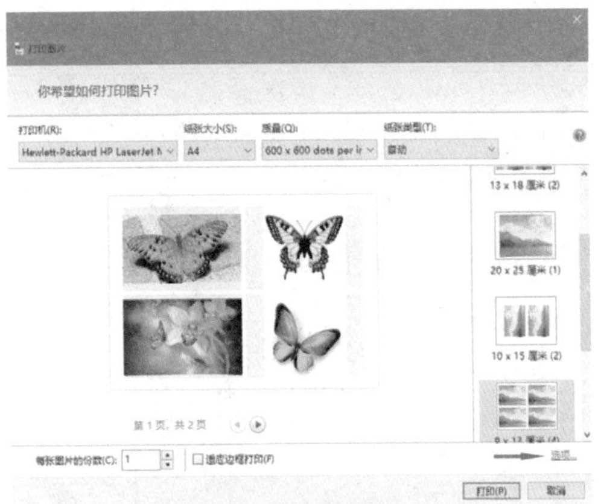

图 2–55

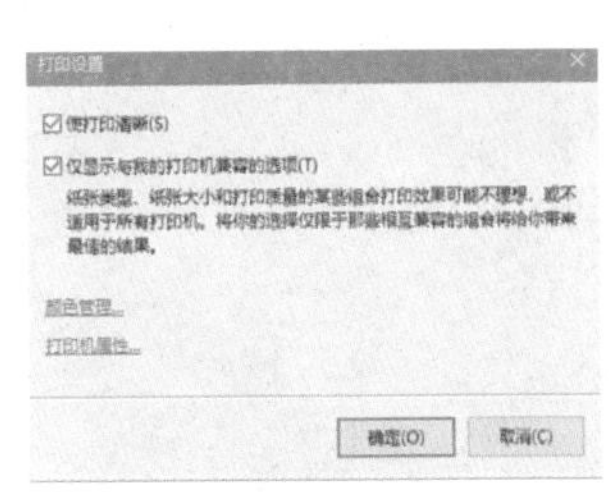

图 2–56

在打印设置界面（图 2–56），用户可以选择使打印清晰、仅显示与我的打印机兼容的选项。由于纸张的类型、大小、质量等设置是可以人为控制的，因此不同组合会呈现不同的打印效果，效果未必理想，也未必适用于所有类型的打印机。因此，用户勾选“仅显示与我的打印机兼容的选项”后，系统会给出能够互相兼容的组合供用户选择，使用户体验最好、最适合的结果。

在打印设置界面的左下方，有“颜色管理”和“打印机属性”两个选项。颜色管理能够保障色彩在不同位置的呈现精准程度，比如在显示位置的呈现精准程度，如在显示器、打印机等设备上。选择打印设置界面的“颜色管理”即可进入颜色管理界面，用户可以选择“高级”选项，更改颜色参数设置（图 2–57）。

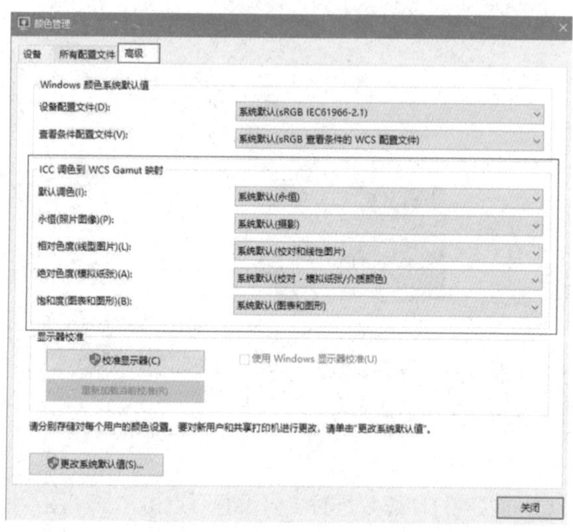

图 2–57

选择打印机属性后，可以进入文档属性界面，对其布局方向进行设置，包括横向和纵向两种选项（图 2–58）。

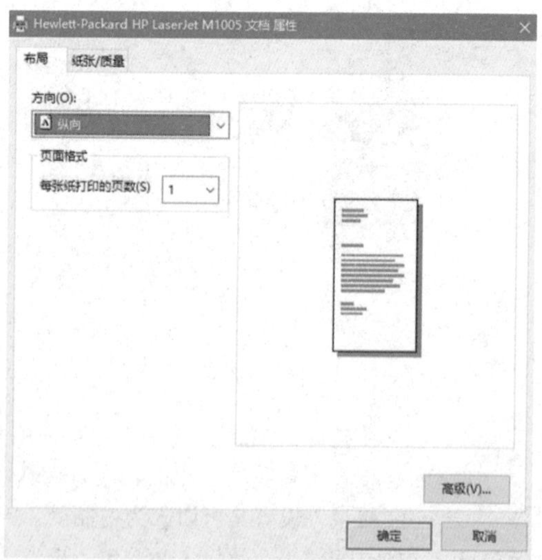

图 2–58

2.3.6 打印网页

电脑的打印功能并不局限于电脑中的文件，通过互联网搜集到的信息也可以直接打印出来，而不用将信息从网页粘贴到文档中去。下面就来说说如何通过打印机将网页打印出来。

首先，打开需要打印的网页，然后在网页内容的任意位置点击鼠标右键，在右键菜单中找到“打印”选项（图 2–59）。

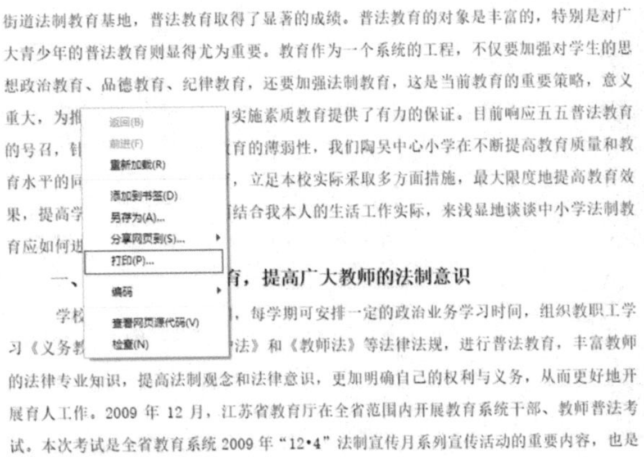

街道法制教育基地，普法教育取得了显著的成绩。普法教育的对象是丰富的，特别是对广大青少年的普法教育则显得尤为重要。教育作为一个系统的工程，不仅要加强对学生的思想政治教育、品德教育、纪律教育，还要加强法制教育，这是当前教育的重要策略，意义重大，为推
实施素质教育提供了有力的保证。目前响应五五普法教育的号召，针
育的薄弱性，我们陶吴中心小学在不断提高教育质量和教育水平的同
，立足本校实际采取多方面措施，最大限度地提高教育效果，提高学
结合我本人的生活工作实际，来浅显地谈谈中小学法制教育应如何进
一、
育，提高广大教师的法制意识
学校
，每学期可安排一定的政治业务学习时间，组织教职工学习《义务教
法》和《教师法》等法律法规，进行普法教育，丰富教师的法律专业知识，提高法制观念和法律意识，更加明确自己的权利与义务，从而更好地开展育人工作。2009 年 12 月，江苏省教育厅在全省范围内开展教育系统干部、教师普法考试。本次考试是全省教育系统 2009 年“12•4”法制宣传月系列宣传活动的重要内容，也是
返回(B)
前进(F)
重新加载(R)
添加到书签(D)
另存为(A)...
分享网页到(S)...
打印(P)...
编码
查看网页源代码(V)
检查(N)

图 2–59

选择打印选项后，系统会自动进入打印预览界面（图 2–60）。翻动打印预览的过程中，可以看到打印内容，此时可以查看打印效果，防止做无用功。

打印
打印
取消
Hewlett-Packard HP Las...
全部
普法守法 人人有责
一、抓好普法宣传教育，提高广大教师的法制意识

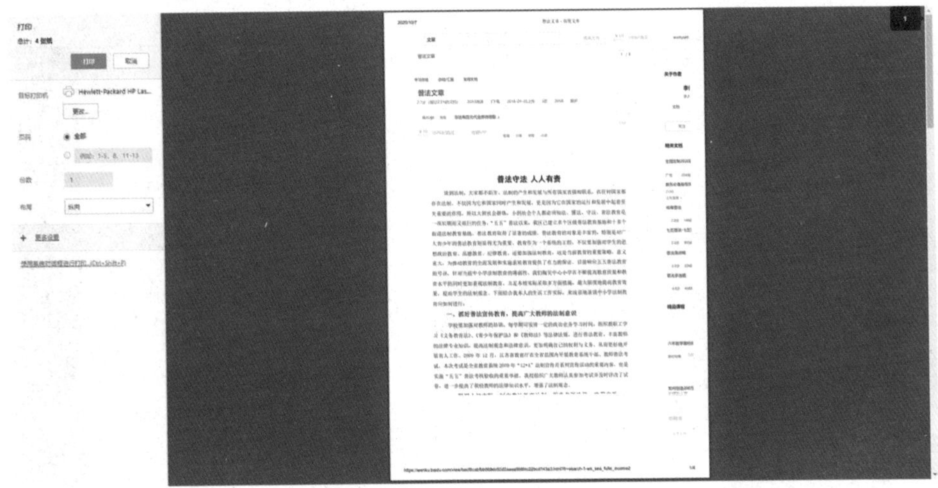

图 2–60

现在，很多网站的页面上充斥着广告等无用的信息，这些东西往往是我们用不着的，因此打印时不必将这些内容算进去。这样不仅可以节省打印时间，也可以节约资源。

如果翻看打印预览的过程中看到了无用的页面，可以设置跳过这些页面。设置方式为：点击打印预览界面左侧的页码选项，勾选位于“全部”选项下方的对话框（图 2–61），输入需要打印的页码，页码中间添加“–”并用顿号隔开（具体操作可以根据网页提示进行），如输入“3–6、10、17–20”，就会打印第 3、4、5、6、10、17、18、19、20 页。

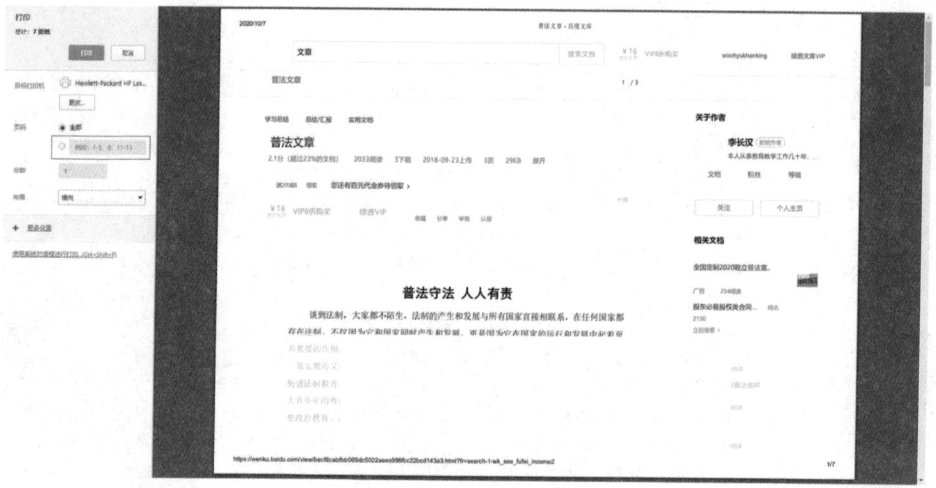

图 2–61

如果网页中存在宽度较大的表格等内容，使用纵向打印会使文字太小不利于阅读，那么可以将页面设置为横向打印。设置方式为：点击打印预览界面左侧的布局选项，将纵向改为横向（图 2–62）。

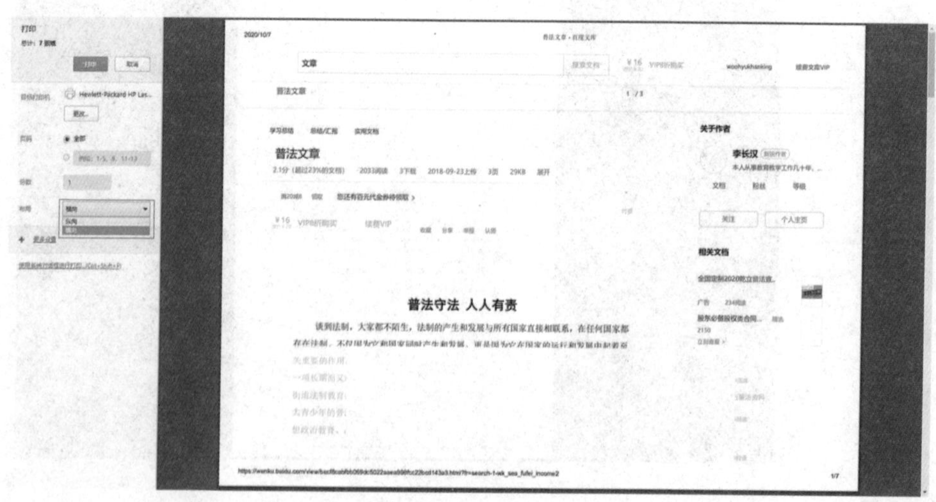

图 2–62

除了设置页码和页面布局外，还可以设置页面的颜色。设置方式为：在打印预览界面左侧的彩色选项中选择黑白色或彩色（图 2–63）。

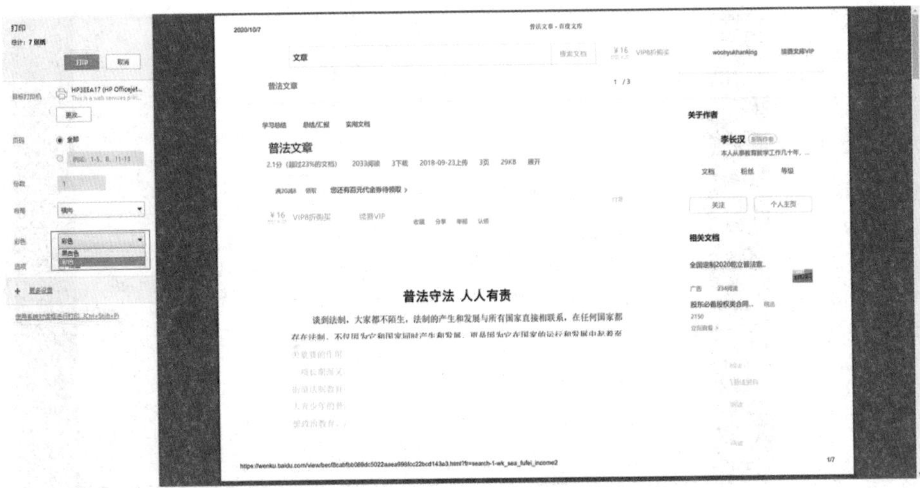

图 2–63

打印时，默认的纸张大小多是 A4 纸，但难免有些内容对于打印纸张有特殊要求，这时可以点击彩色选项下的“更多设置”，而后选择纸张大小（图 2–64）。

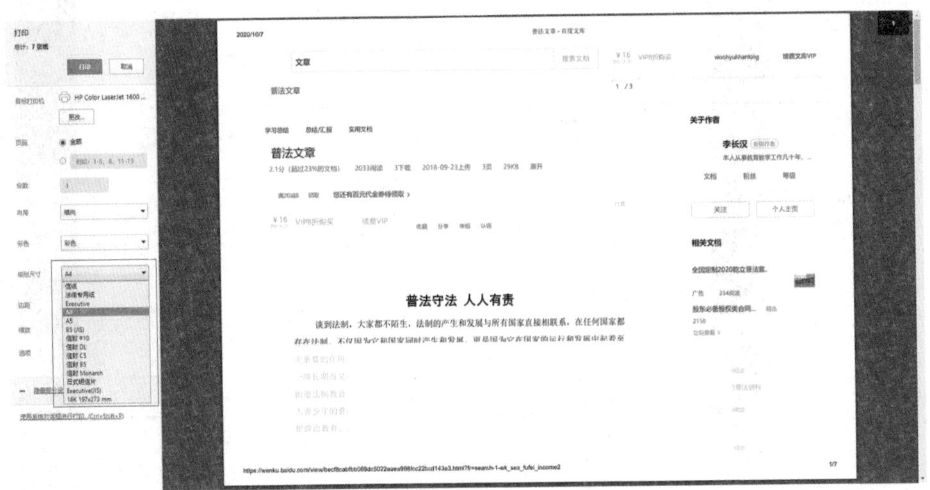

图 2–64

为了节约纸张，对于不是特别正式的文件，可以压缩其面边距，让一张纸上可以容纳更多的内容。设置页边距的方式为：在打印预览界面左侧打开更多设置，选择边距选项（图 2–65），从中找到合适的页边距。

在更多的设置中，除了选择纸张大小和边距外，还可以设置缩放、页眉页脚等内容（图 2–66）。设置方式也是在打印预览界面左侧打开更多设置，找到对应的选项设置即可。

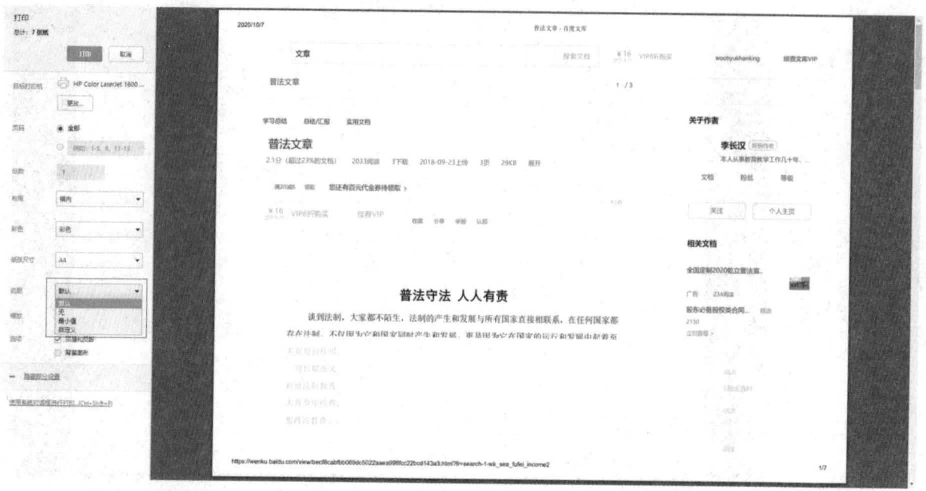

图 2-65

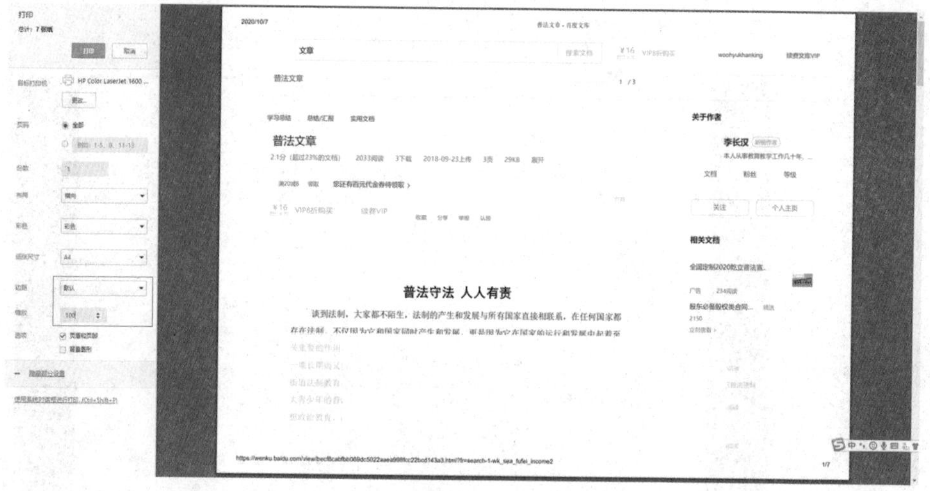

图 2-66

2.3.7 打印管理

在 Windows 帮助与支持中是这样定义打印管理的：管理打印机和网络上的打印服务器以及执行其他管理任务。这里要讲的就是如何管理正在打印或者等待被打印的文件，以及如何解决一些常见的打印故障。

打印文件的过程中，可能出现很多突发情况。比如，打印的内容弄错了，需要立即中断打印。再如，停电导致打印机关机，但是开机后打印机并没有继续打印，需要手动操作使其继续工作。这就需要了解如何管理正在打印或者等待打印的文件。

首先，打开“开始”菜单，找到“设备与打印机”选项（图 2-67），或者在控制面板中找到该选项。

进入设备和打印机界面，找到正在工作中的打印机并双击打开（图 2–68）。

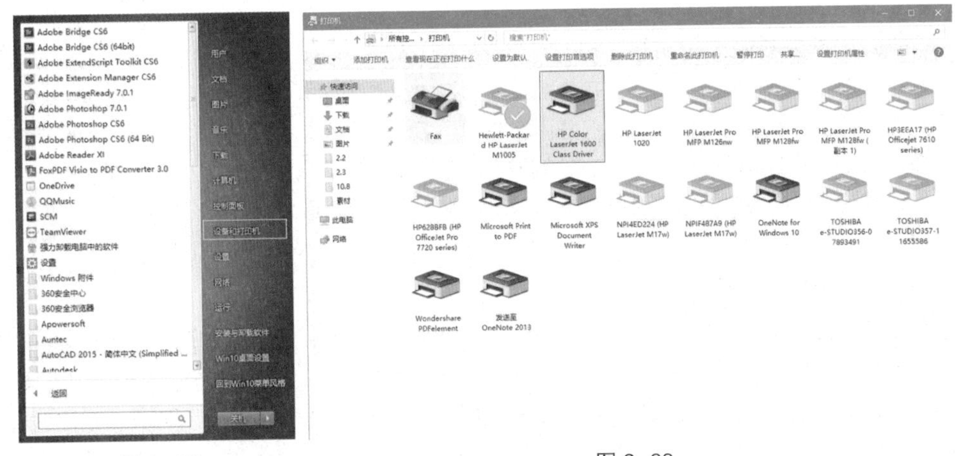

图 2–67　　　　图 2–68

此时系统会弹出一个窗口（图 2–69），如果系统中有正在打印或者等待打印的文件，它们的基本信息都会出现在该窗口中，包括文档名称、状态、页数、大小等信息。点击待操作的文件名称，在菜单中找到相应的选项即可。

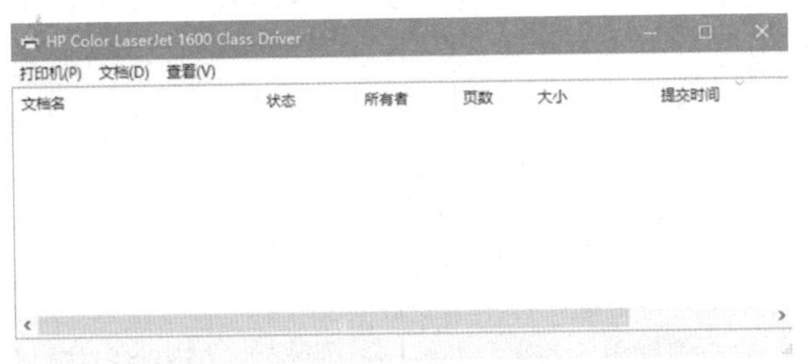

图 2–69

如果想要向所有正在打印或者等待打印的文件下达暂停或取消指令，可以点击打印管理窗口左上角的“打印机”选项，在下拉菜单中选择“暂停打印”或“取消所有文档”即可（图 2–70）。

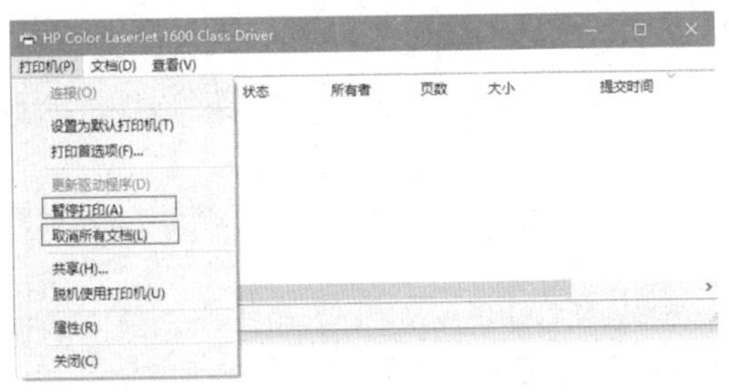

图 2–70

与所有人类的发明一样，打印机也会出现各种故障，导致其无法完成用户下达的指令。但有些故障属于零件损坏、到达使用寿命等机器本身的问题，有些则是设置或软件问题导致的。下面归纳了几种打印机常见的问题及解决方案。

❶打印文件着色不正常

部分用户使用打印机时会出现这样的情况：打印内容颜色越来越浅，直至消失；只有左半边有内容，右半边呈空白；上半部分内容完好，下半部分内容不见；打印出的内容呈区域分布，页面上原本应该填充内容的地方有好几处是空白……

造成这种情况的原因通常是墨盒里的墨粉快没了，一般只需要更换新的墨盒就可以继续使用。

❷打印文件有墨点

有时候使用打印机打印文件，会发现打印出来的文件字迹清晰、颜色正常，但是纸张上面有墨点，甚至整张纸的背景都是灰色、黑色的。通常情况下，造成这种情况的原因有两种：一是文档本身设置了颜色较深的背景或是添加了点状的文字效果；二是硒鼓出现问题，需要更换新的。

❸打印机不打印

打印机不打印是一种比较难以确定其问题所在的故障，这是因为市面上的打印机类型千差万别，虽然其构造相似，但其差异性导致出现问题的原因多种多样。因此，当打印机出现不打印的情况时，我们需要做的就是一一排查，确定无法解决故障后及时寻求商家的帮助。

第一步，检查打印机电源是否接通。我们需要确定打印机已经按照要求接通了电源，且电源线没有松动或脱落。如果打印机电源未连接，则需要用户根据说明书进行连接；如果电源线松动或脱落，重新插上即可。

第二步，检查打印机与电脑之间是否连接。如果打印机与电脑之间未连接，用户需要按照说明书的要求下载相应软件，接通数据线。

第三步，检查打印机是否卡纸。打印纸曲折或没有放平，可能会导致纸张卡在打印机中。如果打印机内卡纸，先暂停打印任务，打开打印机的外壳，轻轻将打印纸抽出来，再打印。

第四步，检查打印机或电脑是否死机。短时间内将多份文件放入打印列表可能会导致打印机或电脑死机，此时可以取消打印任务，或者将电脑和打印机关机几秒钟后再次开机，重新添加打印任务。

第五步，检查驱动程序是否需要更新。有时候，驱动程序未及时更新也会导致打印机故障，因此可以打开计算机上的软件管理程序，对驱动进行更新。大部分打印机制造商的官方网站有其产品最新的驱动程序，用户可以下载。驱动程序一般都会要求 Windows 版本和打印机型号，通过 Windows 版本和打印机型号匹配到相应的驱动程序，再根据制造商提供的说明安装即可。

第六步，系统自动检查。打开打印机疑难解答，使系统对此次故障进行诊断，并提出解决方法。

如果进行了上述六个步骤后打印机还是不能打印，则需要通过打印机制造商官方网站的信息来寻求帮助，必要时还可以找客服询问具体原因。

④ 开始打印后跳出文件另存为窗口

部分用户打印时，点击打印后会出现文件另存为窗口，导致文件无法打印。

出现这种情况的原因有两个：一种可能是电脑上安装了虚拟打印机。如果电脑上安装了虚拟打印机，打印文件时选择的恰好是这款虚拟打印机，就会出现文件另存为的窗口，解决办法是在打印窗口选择正确的、可正常使用的打印机（图 2–71）。

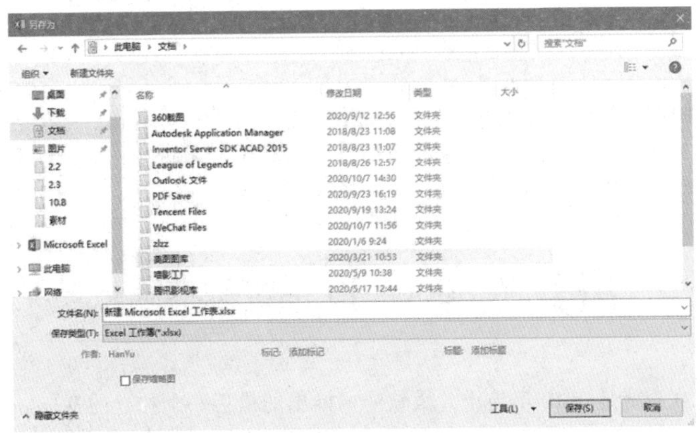

图 2–71

另一种可能是勾选了打印到文件选项。在打印窗口右侧较为靠上的位置，有反片打印、打印到文档和双面打印三个选项，如果勾选了打印到文档，打印时就会出现文件另存为窗口，此时只需要在打印窗口取消掉打印到文档选项即可（图 2–72）。

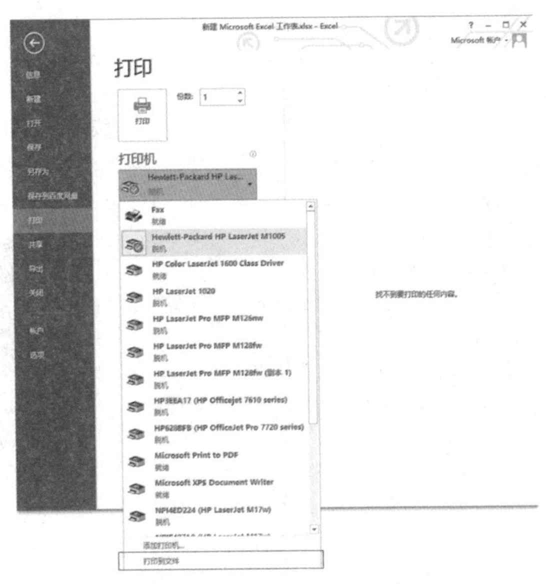

图 2–72

第三章 了解 Windows 10 操作系统

Windows 10 操作系统是美国微软公司研发的，应用于台式计算机、平板电脑等电子设备的操作系统。2015 年 7 月 29 日，微软公司推出 Windows 10 系统正式版。该系统也可以看作 Windows 7 操作系统、Windows 8 操作系统的联合升级版本。

3.1 Windows 10 系统基本信息

Windows 10 系统是 2019 年为止，微软公司推出的最后一个独立的 Windows 版本。它融合了其他版本操作系统的优点，也增加了更多新技术的应用。尽管 Windows 10 可以看作一次技术升级，但在问世之初还是受到不少用户的质疑。随着近几年的开发与完善，Windows 10 系统逐渐被人们认可，成为继 Windows XP、Windows 7 等后又一个受到大众追捧的操作系统。

3.1.1 简介

在 Windows 10 系统出现之前，微软公司先后推出了 Windows 95、Windows 98、Windows ME、Windows 2000、Windows XP、Windows Server 2003、Windows Vista、Windows 7、Windows 8、Windows 8.1 等多个操作系统。

其中，Windows XP 系统出现的年代恰好是电脑开始在中国普及的年代。该系统对于国人的意义和影响是十分深远的，也被大多数用户认为是微软公司众多操作系统中最成功的一款。正是因为如此，尽管微软公司已经于 2014 年 4 月 8 日停止了对该系统的技术支持，但还是有许多用户坚持使用了很久。

除了 Windows XP 系统之外，Windows 7 系统和 Windows 8 系统也是为大众所熟知的操作系统。但由于 Windows 8 系统的界面与之前的系统有很大不同，很多用户无法适应，仍旧乐于使用 Windows XP 系统或 Windows 7 系统。Windows 10 系统的出现可以说是回归之后的再度升级，因为它的界面（图 3–1）并非与 Windows 8 系统一样没有“开始”菜单，而是如 Windows XP 系统和 Windows 10 系统一样具有“开始”菜单。

图 3–1

Windows 10 系统出现之前，很多用户认为微软公司下一个推出的操作系统会延续之前的顺序，以” Windows 9” 命名。但在 2014 年 10 月 1 日，微软公司在旧金山召开新品发布会，谜底被正式揭晓。在该场发布会上，微软公司不仅展示了新的操作系统，也公布了该系统的名字是“Windows 10”，直接将“9”这个数字略过。

在 Windows 10 正式版公布之前，微软公司还有几项重要举措。2015 年 1 月 21 日，微软公司于华盛顿发布新的 Windows 系统，同时声明使用 Windows 7 系统、Windows 8.1 系统、Windows Phone 8.1 系统的用户可以在其新系统发布的第一年享受免费升级。同年 2 月 13 日，微软公司启动 Windows 10 手机预览版更新计划；3 月 18 日，微软公司中国官网出现了 Windows 10 中文介绍；4 月 22 日，微软公司发布 WindowsHello 和微软 Passport 用户认证系统；4 月 29 日，微软宣布 Windows 10 不仅支持其覆盖的所有设备，也支持 Android 和 IOS 程序；7 月 29 日，Windows 10 正式版公布。

站在技术领域来看，Windows 10 系统是一款功能性十分出众的操作系统。在 Windows 10 系统的设计中还与云服务、智能移动设备、自然人机交互等新技术实现了融台，并提供了电脑与固态硬盘、生物识别、高分辨率屏幕等设备连接的技术支持。

综合来看，Windows 10 作为跨时代作品，不但融合之前版本操作系统的优点，还在其基础上进行技术升级，不但节省了空间，其内置最新的 DirectX11.，还能够为用户带来更好的游戏体验。

3.1.2　版本

Windows 10 系统包括 7 个版本，分别是家庭版、专业版、企业版、教育版、移动版、移动企业版、物联网核心版。

❶家庭版

该版本具有操作系统的关键功能，比如开始菜单、Edge 浏览器、WindowsHello 生物特征认证登录、虚拟语音助理 Cortana 等等。在游戏方面支持游戏串流，玩家可以在电脑上进行 XboxOne 游戏。出于系统安全性的考虑，该版本不支持用户自行选择来自 WindowsUpdate 的关键安全更新，而是系统自动安装。

❷ 专业版（profesional）

该版本在家庭版的基础上增加管理设备和应用，对于用户的文件等资源的保护程度更高，同时支持远程和移动办公，其系统中更是融合了云计算技术。Windows 10 专业版还为用户提供了 Hyper-V 客户端（虚拟化）、BitLocker 全磁盘加密、企业模式 IE 浏览器、远程桌面、Windows 商业应用商店、企业数据保护容器等众多新功能。

❸ 企业版（enterprise）

该版本在专业版的基础上，又具备了较为先进的安全系统，使企业可以针对不同类型的企业信息的现代安全威胁进行防范，为微软公司的批量许可（VolumeLicensing）用户提供服务，用户可以掌控新技术的节奏，比如使用 WindowsUpdateforBusiness（该计划的目的是让企业客户掌握更多微软提供修复、安全升级和新功能的方式以及时间等方面的话语权）的选项。

❹ 教育版（education）

该版本立足于企业版，性能方面基本上一致，具有企业版的安全、管理、连接等功能，不同的是，教育版是针对于大型学术机构的管理人员、职员和学生等用户开发的操作系统，而且设有 LongTermServicingBranch（该计划目的在于成为面向所有客户的安装选项）更新选项。通过将针对教育机构的批量许可计划给予用户，用户可以升级 Windows 10 家庭版和 Windows 10 专业版设备。

❺ 移动版（mobile）

该版本针对的设备是移动电子设备，比如智能手机、平板电脑等，这一类设备的特点是尺寸小、具有电容屏。在系统方面，包括与 Windows 10 家庭版中通用的 Windows 应用、便于触控操作的 Office 两大特色。由于部分设备支持 Continuum 功能，因此设备与外置显示屏连接后，用户也可以将移动电子设备当作电脑使用。

❻ 移动企业版（mobile enterprise）

该版本立足于 Windows 10 移动版，同样是针对企业用户研发的操作系统，它具有大部分普通版 Windows 10 系统不存在的内容，针对大企业用户等，将重点放在了优化多核处理及大文件处理方面，比如 6TB 内存、ReFS 文件系统、高建文件共享和工作站模式等。

❼ 物联网核心版（Windows 10 IoT core）

该版本针对小型低价物联网设备，比如树莓派 2 代 /3 代、Dragonboard410c（基于骁龙 410 处理器的开发板）等。

3.2 Windows 10 系统的功能介绍

作为老一代操作系统的升级版，Windows 10 系统经过几年的进化和升级，表现出更强大的安全性和稳定性，也提供了更多实用的服务。

3.2.1 多任务处理

多任务处理就是用户可以同时处理多个任务。也就是将四个窗口摆放在屏幕中，像影视剧中的专家一样查看多个窗口，并随时下达指令。部分用户不存在多显示器配置，可是却需要重新排列许多个窗口，在常规的窗口下似乎很难实现，但在 Windows 10 系统中存在虚拟桌面，可以有效解决这一问题。通过虚拟桌面功能，用户开启的窗口可以放进不同的桌面中，并且在各个桌面间随意切换，让桌面变得更加整洁（图 3–2）。

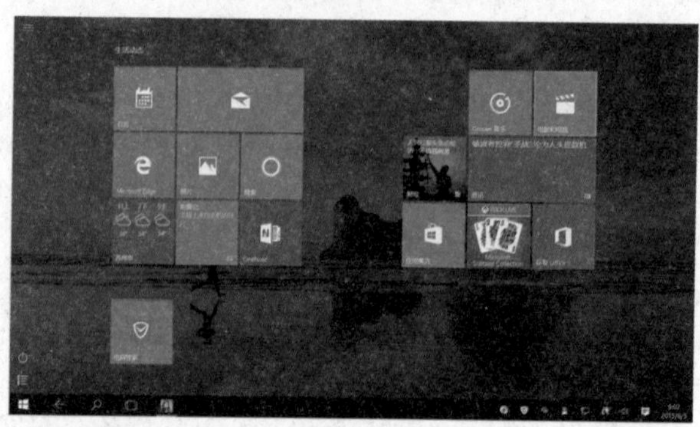

图 3–2

3.2.2 浏览器

在众多浏览器中，微软公司 Windows 系列操作系统中自带的 Internet Explorer（俗称“IE 浏览器”）似乎并不讨喜。为了赶超 Google Chrome（俗称“谷歌浏览器”，谷歌公司开发的网页浏览器）和 Mozilla Firefox（俗称“火狐浏览器”）等比较受欢迎的浏览器，微软公司选择放弃 IE 浏览器，继而开发了新的 Microsoft Edge 浏览器（图 3-3）。虽然 Edge 浏览器并不能称为成熟的浏览器，但其便捷性是有目共睹的，如与 Cortana 的整合、快速分享等技术的融入。除此之外，用户还可以直接在网页上写入，与其他用户共享收藏；阅读时可以打开阅读视图，降低外界干扰因素，享受阅读时光；地址栏也与之前不同，升级后可以大大提升搜索效率。

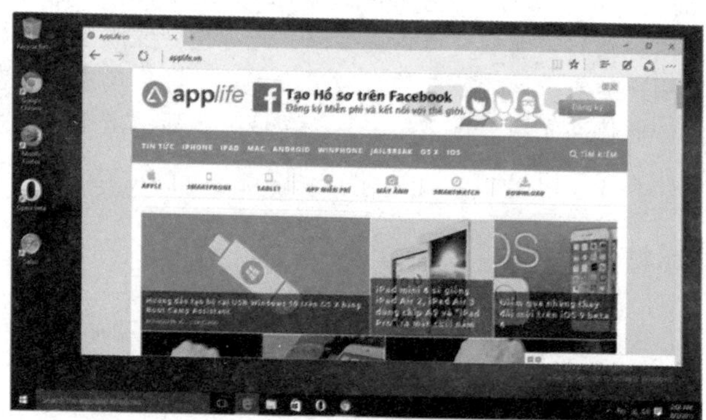

图 3-3

3.2.3 视觉效果

Windows 10 系统具有 Continuum 模式，增强了用户的活动和设备体验效果（图 3-4），从而使界面看起来更加舒适，保护用户的眼睛，降低视觉疲劳。用户还可以调整屏幕上的功能，应用程序也能够由小到大进行平滑缩放。用户可以根据自己的喜好调节屏幕上的功能，方便使用程序或文件。应用程序具有最小到最大显示平滑缩放的功能。

图 3-4

3.2.4 生物识别技术

Windows 10 系统中融入了生物识别技术，如较为常见的指纹扫描，在具备 3D 红外摄像头的设备上安装 Windows 10 系统可以通过面部或虹膜扫描进入系统。这样的改进不仅提高了使用效率，更是大大提高了安全性。

3.2.5 捕获、标记和共享图像

通过“截图和草图”能够捕获、标记乃至共享图像信息。通过在任务栏搜索框中输入“截图和草图”并搜索，在搜索结果中选择“截图和草图”就可以打开应用。

想要快速截取图像，还可以按下 Windows 徽标键 +Shift+S，该组合键可实现快速截取图像。按下上述组合键后，电脑屏幕将会变暗，光标也会变成十字形，这时候就进入图像截取状态了。用户需要选择待截取的区域边缘一点，随后单击鼠标左键，并沿着待截取区域的对角线方向移动光标，直至整个目标区域突出显示出来，此时就可以完成图像截取。

3.2.6 Cortana 搜索

Cortana 是一种私人助手服务（图 3–5）。Cortana 搜索不仅可以应用于硬盘内的文件，还可以运用于系统设置、应用、互联网等，可以说是“包罗万象”。除此之外，Cortana 也能够如移动平台一般，让用户设置时间和地点的备忘。

图 3–5

3.2.7 平板模式

从界面上说，Windows 10 系统可以看作一次回归。但微软公司不仅关注老用户的需求，也惦记着新一代用户对于触控屏幕的依赖。Windows 10 系统不但可以应用于触控屏设备，还可以提供操作优化、配备了独立的平板电脑模式。在该模式下，“开始”菜单、应用等统统以全屏模式显示。通过用户设置，系统还可以实现平板电脑和桌面模式的随意切换。

3.2.8 文件资源管理器

Windows 10 系统的文件资源管理器添加了在主页显示用户常用文件和文件夹的功能，用户可以通过该功能快速获取需要的内容。

3.2.9 兼容性和安全性

Windows 10 操作系统的兼容性是十分强大的，能够运行 Windows 7 操作系统的设备都可以运行 Windows 10 系统。尽管 Windows 10 系统融入了固态硬盘、生物识别、高分辨率屏幕等新技术或功能，但是各方面也都得到了优化与完善。

安全性方面，Windows 10 系统不仅具有旧版系统的安全功能，还添加了 Windows Hello、Microsoft Passport、Device Guard 等新的安全功能，安全性大大提升。

3.2.10 云剪贴和自动备份

基于云服务运作的剪贴板，能够通过复制粘贴，将图像、文本等数据从一台电脑转移到另一台电脑。使用方式为：打开“开始”菜单，选择“设置”，接着选择“系统”，最后选择“剪贴板”，勾选“剪贴板历史记录”和“跨设备同步”选项后进行复制粘贴即可。还可以按下“Windows 徽标键 +V”的组合键，直接打开剪贴板。

除了云剪贴，Windows 10 系统还有自动备份功能，OneDrive 可以实现文档、图片、桌面文件夹等数据的自动备份。开启自动备份后，即便电脑丢失或损坏，文件也不会丢失。开启方式为：选择任务栏右侧的“OneDrive”，然后选择“更多”，最后选择“设置”。在设置界面，打开“自动保存”选项卡，选择需要自动备份的数据信息即可。

3.2.11 游戏效果

图 3-6

Windows 10 系统还有为游戏发烧友定制的 Xbox 功能（图 3-6）。当用户在 Windows 10 PC 端、笔记本电脑或平板电脑上玩 XboxOne 游戏时，通过 Game DVR 功能可以将游戏过程录制下来，并转发给朋友们欣赏，这个过程不需要退出游戏。在保障游戏进行的同时，可以让玩家即时分享游戏中的精彩瞬间。

需要注意的是，游戏和 Xbox 的部分功能需要连接互联网才能进行，可能会收取费用。XboxLive 功能并非通用于所有国家的所有游戏中，只有国家和游戏支持 XboxLive 功能才能够使用。DireetX 12 也会受到游戏支持和显示芯片的限制。

第四章

电脑中文件及应用软件的管理

电脑文件又称计算机文件，从本质上说，它是一段数据流，存在于长期储存设备（磁盘、可能是某程序或系统运行过程中产生的光盘、磁带等）或临时存储设备（计算机内存）中，并且需要接受电脑文件系统的管理。有一点需要说明，那就是长期存储设备中的文件大部分是用于长期存储的，也有一些文件的临时数据在程序或系统结束运行后会自行清除。

4.1 文件与文件夹概述

文件及文件夹是电脑中最常见的数据单元，文件夹通常用于文件整理，且包括多个子文件夹。本节内容重点介绍文件及文件夹的概述。

4.1.1 文件概述

所谓“文件”，就是电脑系统中具有实现某功能、存储某类信息等作用的单位。

电脑中可以存储许多文件，这些文件的种类和运行方式也有所不同。通常情况下，通过文件的图标或者拓展名来识别文件的类型。需要说明的是，每一种类型的文件都有特定的图标，但是只有在安装了相应程序并且将其设定为默认打开程序的情况下，该文件才能够显示正确的图标。扩展名又被称为后缀名，起到标注文件类型的作用，用“.”与主名隔开。

研发人员之所以将电脑中的文件分为数个不同的类型，主要是为了方便人们使用和管理。电脑的系统不同，对文件的管理方式也会有所不同，文件类型也有多种分类形式。

❶根据用途，分为系统文件、用户文件、库文件

系统文件即系统软件构成的文件。通常系统文件只能被用户调用，而不能被用户打开，更不能修改。还有一些系统文件是隐藏文件，用户无法访问。

用户文件即用户读写、保存的文件，通常包括源代码文件、目标文件、可执行文件或数据等。用户文件被系统保管，拥有权限的用户可以随时访问并进行修改或编辑。

库文件是一种包含了标准子例程及常用例程等的文件。用户可以调用该类文件，但是没有修改、编辑的权利。

❷ 根据数据形式，分为源文件、目标文件、可执行文件

源文件即源程序和数据组成的文件。一般来说，终端或输入设备输入的源程序和数据形成的文件就是源文件，组成单位是 ASCII 码或汉字。

目标文件是在源程序的基础上，通过相应的程序编译，但没有通过链接程序进行链接，其目标代码所组成的文件就是目标文件。目标文件是二进制文件，扩展名通常是“.obj”。

可执行文件是将编译后的目标代码通过链接程序进行链接后产生的文件。

❸ 根据存取控制属性，分为只执行文件、只读文件、读写文件

只执行文件是指能够被核准用户调用，但不能够读取数据、改写或编辑的文件。

只读文件是指能够被文件创建者和被核准用户读取数据，但不能够改写或编辑的文件。

读写文件是指能够被文件创建者和被核准用户读取、改写或编辑数据的文件。

❹ 根据组织形式和系统处理方式，分为普通文件、目录文件、特殊文件

根据组织形式和系统处理方式分类，可以分为普通文件、目录文件、特殊文件。

普通文件分为用户创建的文件（源程序文件、数据文件、目标代码文件等）和系统自带的文件（代码文件、库文件、实用程序文件等）。它的组成单位是 ASCII 码或二进制码，一般存储于外存储设备内。

目录文件属于系统文件，其功能是管理和实现文件系统功能，实现文件信息检索。目录文件的组成单位也是字符序列，因此可以对普通文件进行的操作也可以应用在目录文件上。

特殊文件是指系统中的各种输入/输出（英文名 input/output，简称“I/0”）设备。为了方便管理，系统将输入/输出设备视为一种文件，以文件方式为用户所用，最常见的包括目录检索、权限验证等，它们看起来都和普通文件没有太大差别，但事实上，其操作与设备驱动程序有着十分紧密的联系，用户对文件的操作被系统转化为对具体设备的操作。

❺ 根据设备数据交换单位，分为块设备文件（用于磁盘、光盘或磁带等）和字符设备文件（用于终端、打印机等）

除了不同的分类外，每个文件都有专属于自己的属性，主要包括名称、类型、大小、作者、位置、创建日期、修改日期。文件名称即每个文件的“名字”，包括文件主名和扩展名两部分。为了便于用户区分电脑中的不同文件，每个文件都有其名称，用户可以对大部分文件的名称进行更改，但部分系统文件是无法更改名称的。需要注意的是，在同一文件夹内不可以有相同名称的相同格式文件。如果在同一文件夹内出现相同名称的相同格式文件，系统会将名称分配给最早被命名的文件,并根据命名顺序在其他文件主名后加上数字“1”“2”……以此区分文件。文件类型即文件所属的类型，也就是文件分类，有些文件需要通过特定的程序才能够打开。文件大小是它所占据的字节数，文件作者即文件的创建者，文件位置即文件所在的存储位置或者说是文件在系统中的路径，文件创建日期即创建文件的日期，文件修改日期即用户最后一次修改文件的日期。

4.1.2 文件夹概述

简单来说，文件夹可以被理解为电脑中用以存储文件的容器。在记录数据和信息主要通

过纸张的时代，桌子很容易被记载了各种类型信息的纸张堆满，而人们很难在这一堆纸张中找出某个或者某些特定的文件。为了解决这个问题，人们将纸质的文件放进具有各种标记的文件夹或文件柜中，直到今天依然如此操作。计算机诞生后，这一点也被应用到计算机领域。

文件夹不仅可以用于存储文件，也可以存储文件夹。存在于文件夹内的文件夹被称为“子文件夹”。只要电脑的存储空间允许，子文件夹不受数量限制，且其内部还可以存放任意数量的文件和其他子文件夹。文件夹的类型包括文档、图片、相册、音乐、音乐集等。文件夹起到协助用户管理计算机文件的作用，每个文件夹都对应了一块独立空间，并提供指向对应空间的地址，因此它与文件不同的一点就是没有扩展名，也不通过扩展名来识别类型。

4.2 基本操作

文件及文件夹的基本操作主要包括新建、选择、移动、删除、搜索以及复制、剪切与粘贴六项。

4.2.1 新建

新建文件或文件夹需要在桌面指定文件夹中点击鼠标右键，在右键菜单中将光标移动至“新建”选项，在右方的菜单中选择新建文件夹或文件（图 4-1）。

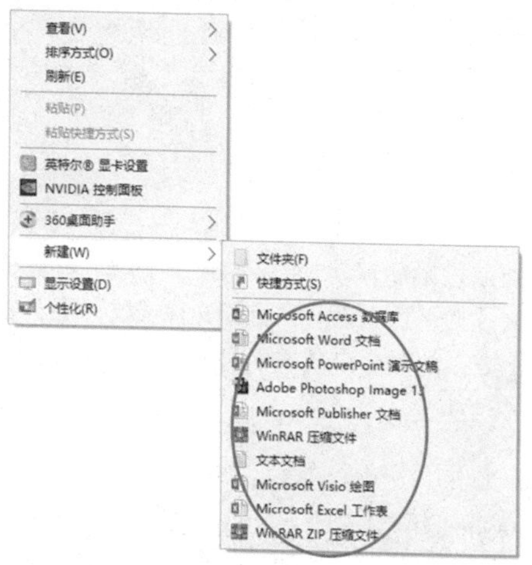

图 4-1

4.2.2 选择

通过点击鼠标左键可以选定某个指定文件或文件夹。除左键选中这一常规操作之外，还有一些快捷操作。如果想要快速选中部分内容或在内容较少的情况下全选，可以在空白部分按住鼠标左键，拖动光标将文件或文件夹覆盖实现选中，光标移动痕迹（图 4–2）箭头所示，如果页面文件或文件夹的数量较多需要全选，可以按住 Ctrl+A 来选。如果需要跳跃性地选择多个文件或文件夹，可以在选择时按住 Ctrl 键，再用鼠标左键单击实现，选中效果如图 4–3 所示。

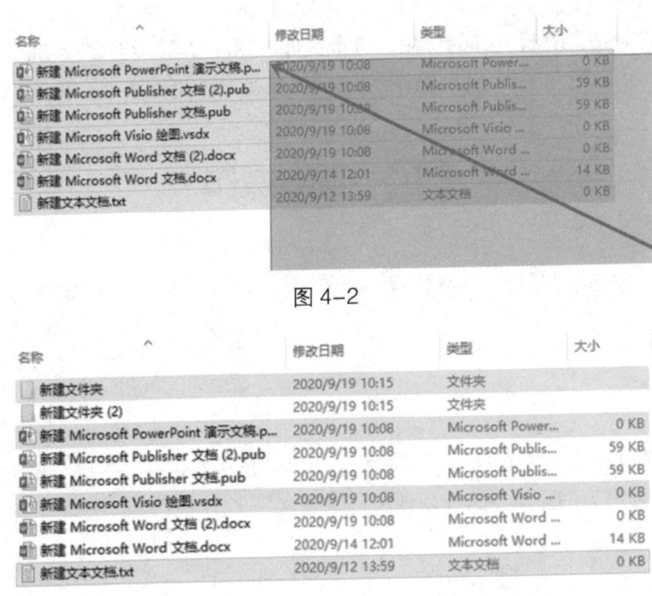

图 4–2

图 4–3

4.2.3 移动

移动文件或文件夹主要通过鼠标移动（图 4–4）来实现。具体操作方法是：选中一个或数个待移动的目标文件或文件夹，选中以后在目标文件或文件夹处按住鼠标左键不放，接着将光标移动至目标文件夹上方，此时会出现选中时的条形框，松开鼠标左键，文件或文件夹就会被移动至相应文件夹中。

图 4–4

4.2.4 复制、剪切及粘贴

文件或文件夹的复制、剪切及粘贴是经常使用的操作，可以对单个文件或文件夹操作，也可以批量进行。

操作过程为：在文件或文件夹的名称处点击鼠标右键，在右键菜单中找到复制、剪切及粘贴（图 4–5），按下相应的选项即可。除此之外，还可以使用快捷键，如 Ctrl+C 进行复制，Ctrl+X 进行剪切，Ctrl+V 进行粘贴。需要说明的是，只有在进行了复制或剪切操作后，右键菜单中才会出现“粘贴”选项，快捷键 Ctrl+V 才能够使用。

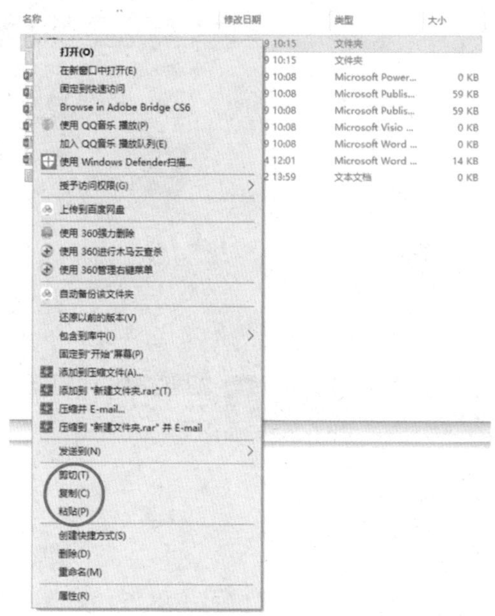

图 4–5

4.2.5 删除

删除文件或文件夹可以分为放入回收站和直接删除。区别在于，放入回收站的文件并不是彻底从电脑中消失，而是暂时被收起来，如果用户想要继续使用还可以被还原；直接删除就是让文件或文件夹彻底从电脑中消失，主要应用于顽固文件和大文件。对于顽固文件，通常需要通过一些软件进行文件粉碎才能彻底删除。

操作过程为：选中目标后在右键菜单中选择“删除”选项（图 4–6）或按下 Delete 键删除文件，此时出现删除文件或文件夹对话框（图 4–7），选择“是”或按下回车键确认，文件或文件夹就会被放进回收站。至于文件粉碎，需要借助软件来进行，这里以 360 安全卫士为例。打开 360 安全卫士的工具箱，选择文件粉碎机（图 4–8）。

进入文件粉碎界面（图 4–9）后，根据提示将目标文件添加到列表中，选择粉碎即可。

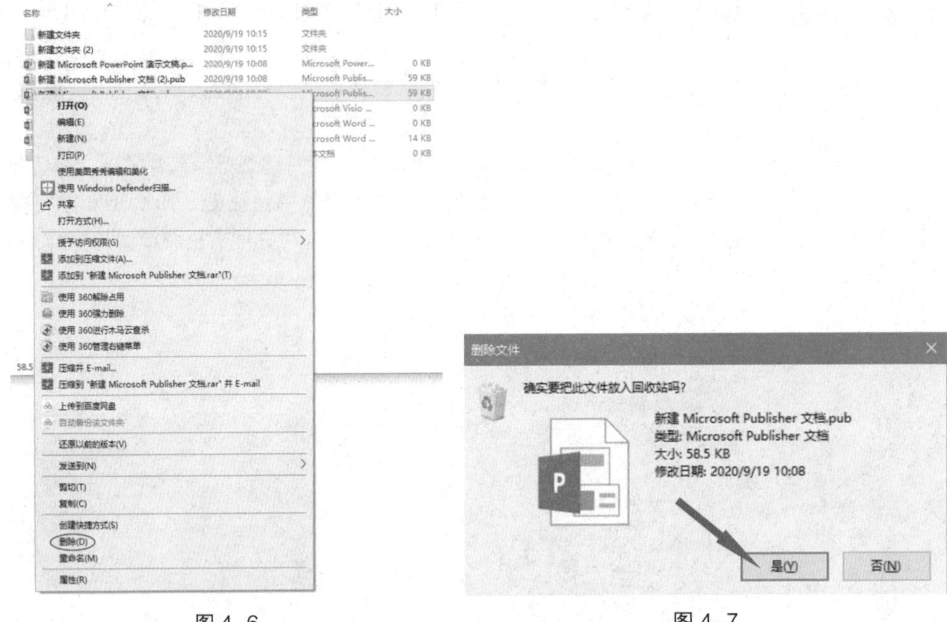

图 4–6　　　　　　图 4–7

图 4–8　　　　　　图 4–9

4.2.6　搜索

电脑中通常存储了大量的信息，逐一翻阅查找文件无异于大海捞针，此时就需要借助搜索功能查找文件。

文件搜索可以通过两种方式：一是在“开始”菜单的搜索框中（图 4–10）输入关键词，该方法可以搜索电脑中的所有文件；二是在文件夹右上角的搜索框（图 4–11）输入关键词。在指定文件夹使用搜索功能，只会针对该文件夹的内容进行搜索。

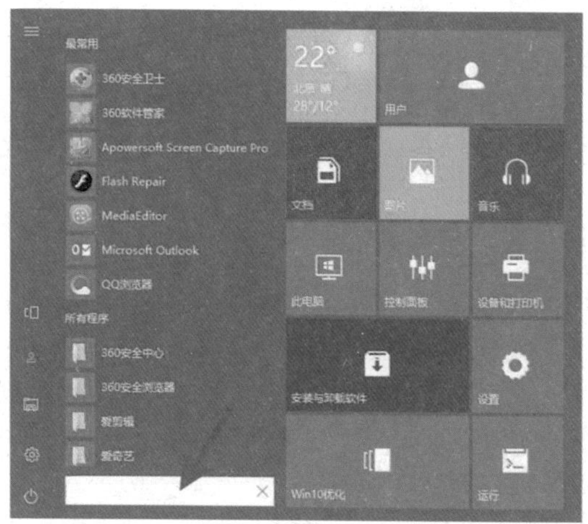

图 4-10

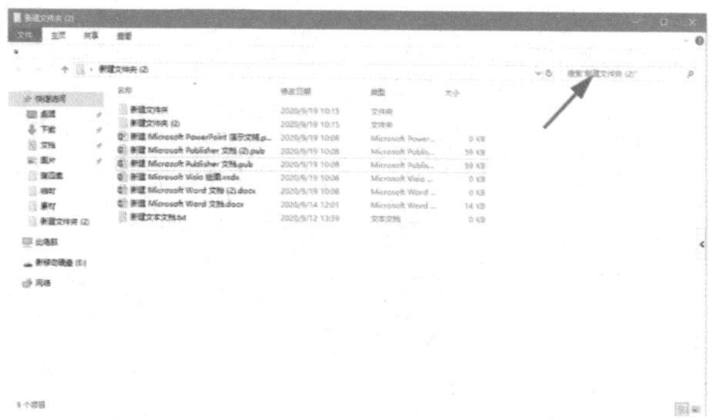

图 4-11

为了加快搜索进度，用户可以设置修改时间或文件大小（图 4-12），缩小搜索及结果范围。

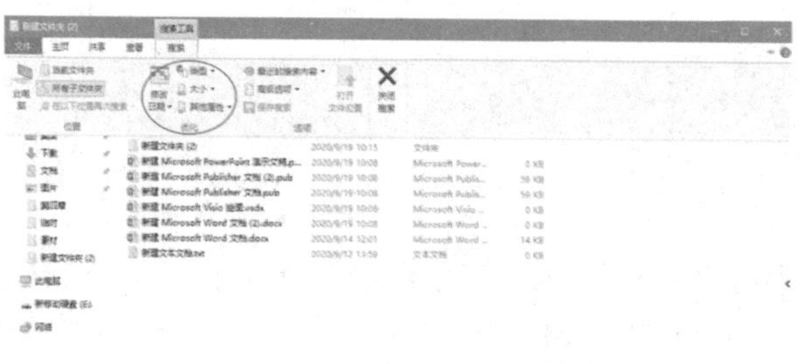

图 4-12

4.3 常规设置

常规设置便于用户对文件或文件夹进行分类、使用等，主要包括重命名、默认打开方式、扩展名、只读和隐藏、排列方式等。

4.3.1 重命名

重命名即重新命名文件或文件夹，便于用户对文件及文件夹进行分类。它只能应用于一个文件或文件夹，不能批量进行，且需要在文件或文件夹未被使用的情况下进行。

重命名的方式为：在右键菜单中选择“重命名”选项（图 4–13），或者选中目标后，在目标名称的位置上点击鼠标左键，对其重命名。

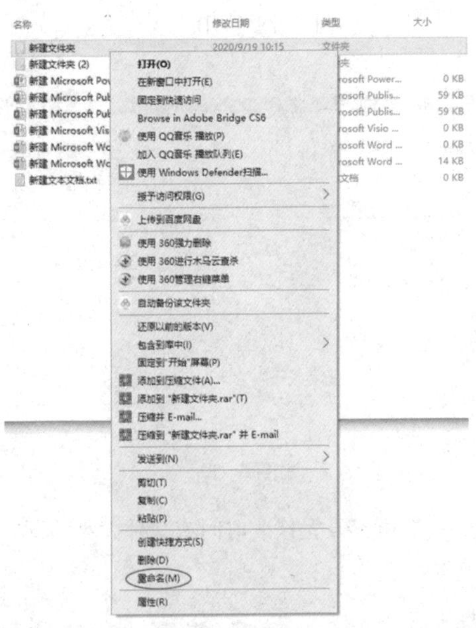

图 4–13

4.3.2 默认打开方式

打开方式即使用某种程序或软件打开文件，文件夹的打开方式是系统特定且不可以更改的。部分类型的文件可以使用多个程序或软件打开，也有部分类型文件需要指定的程序或软件才能打开，因此，用户可以选择适合自己的程序或软件打开文件。

更换默认打开方式的步骤为：调出右键菜单，将光标移动至“打开方式”处，在右侧菜单中选择默认打开方式。如果右侧菜单没有合适的打开方式，选择“选择其它应用”选项（图 4–14）。

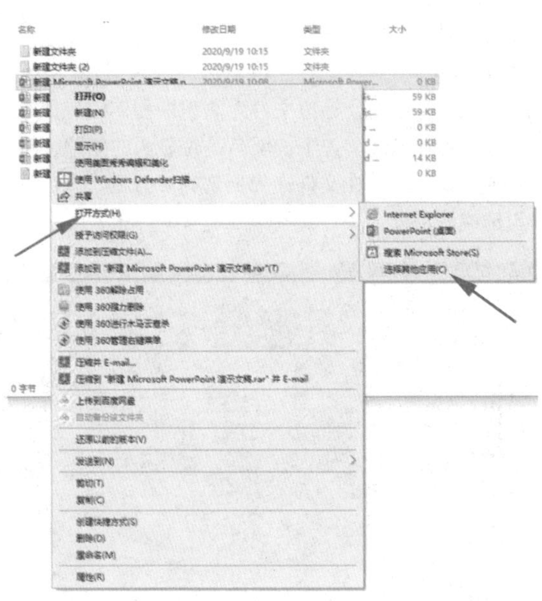

图 4–14

进入打开方式设置窗口，系统会根据文件类型推荐一些电脑中安装了的程序。如果推荐的程序中没有想要的，可以点击“更多应用”右侧的箭头，打开更多的备选项（图 4–15）。

如果想要的程序还是没有出现，可以选择右下方“在这台电脑上查找其他应用”，查找电脑中安装的其他程序（图 4–16）。

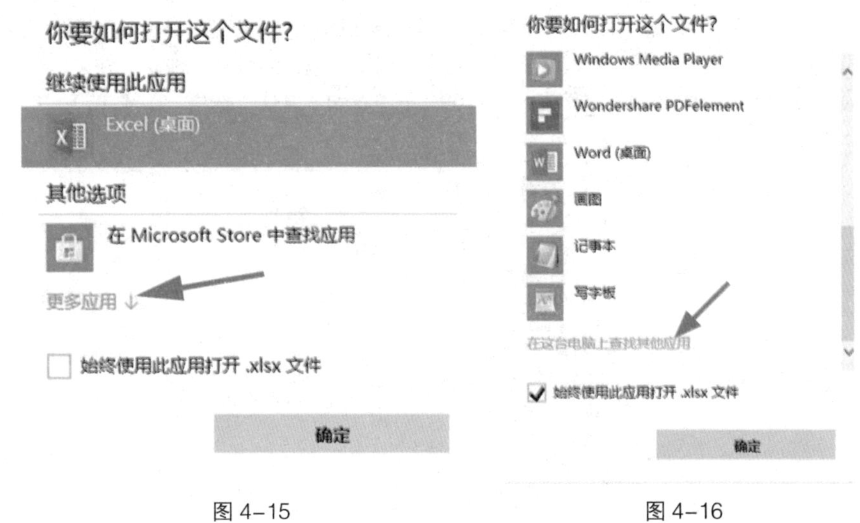

图 4–15　　　　图 4–16

4.3.3 拓展名

拓展名通常是不能更改的，否则会导致文件无法识别和使用。如果在特殊情况下需要更改扩展名，可以在文件重命名时修改。关于扩展名是否显示的问题，可以在文件夹选项中更改设置。打开文件夹选项的方法为：在文件夹界面选择“查看”，在下拉菜单中选择“文件扩展名”（图 4–17），勾选或取消即可。

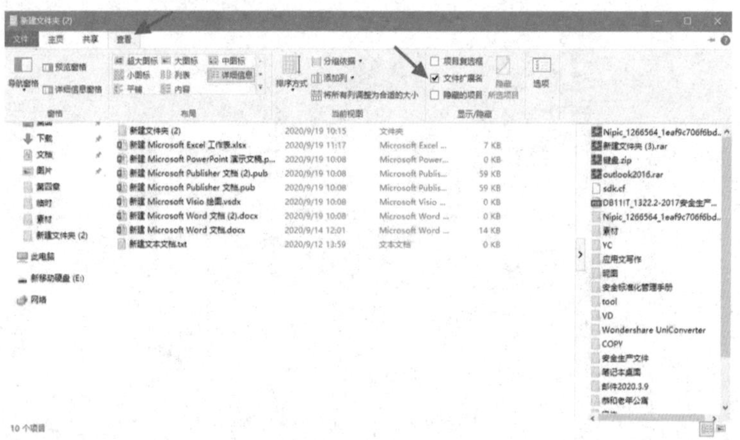

图 4–17

4.3.4 只读和隐藏

对于一些重要文件或文件夹，我们可以选择只读或隐藏来防止他人改写或访问。需要说明的是，如果文件夹被设置了只读或隐藏，将会应用于其包含的所有文件及文件夹。

设置方式为：选中文件或文件夹，在右键菜单中找到“属性”选项（图 4–18）。

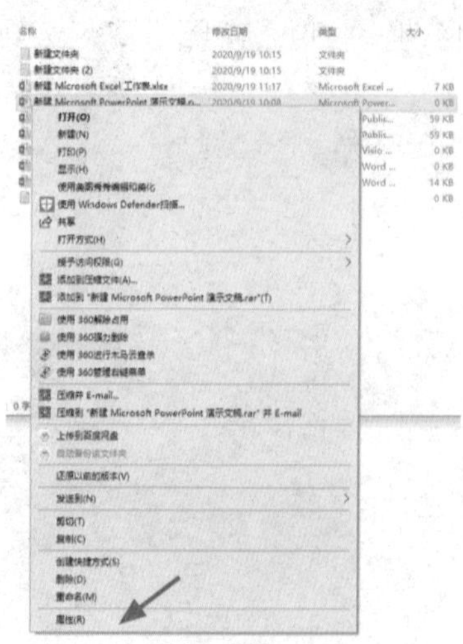

图 4–18

在属性界面勾选 / 取消只读或隐藏（图 4-19）。

图 4-19

文件或文件夹被隐藏后，仍然处于电脑的同一位置，并没有被删除或者移动。想要查看隐藏文件或文件夹，可以在文件夹选项查看界面的列表中找到“隐藏的项目”（图 4-20），勾选或取消即可。

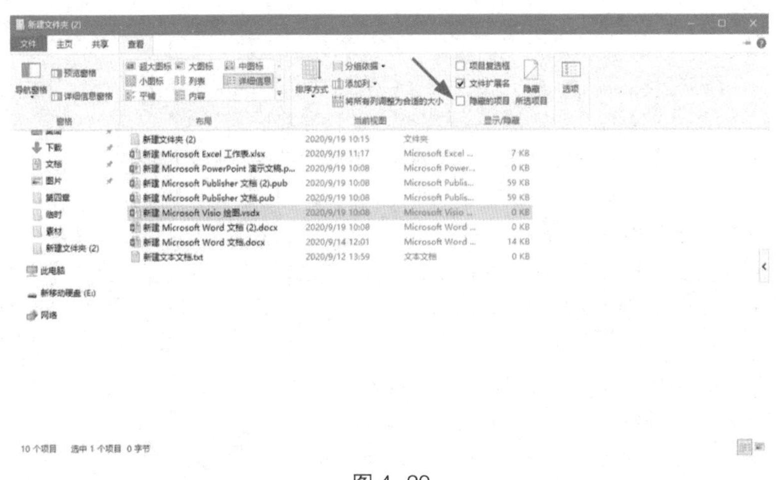

图 4-20

4.3.5 排列方式

为了便于查看、整理文件或文件夹，用户可以设置排列方式。

设置步骤为：在文件夹空白位置点击鼠标右键，在右键菜单中选择相应的排列方式

（图 4–21 ）。

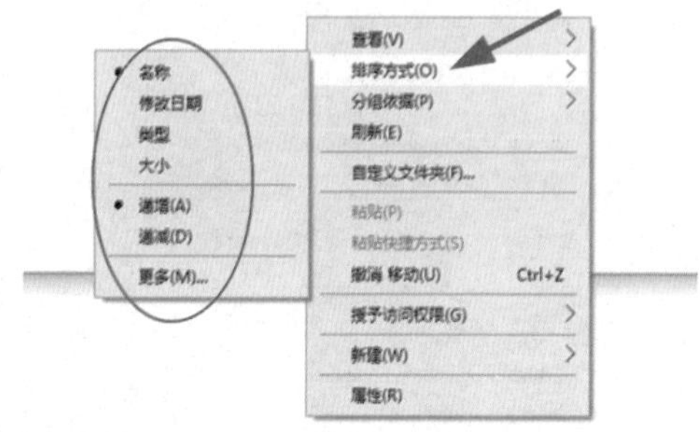

图 4–21

4.3.6 创建快捷方式

使用电脑的用户可以看到，桌面上通常存在各式各样的图标，在这些图标中有一些是比较特别的。这里所说的特别并不是指图标的样式或颜色，而是指部分图标的左下方会有一个箭头的标志（图 4–22 ）。或许很少有人会注意到这一点，其实这种带有箭头标志的图标就是这里要为大家介绍的快捷方式。

图 4–22

快捷方式是 Windows 系统为了满足用户快捷操作需求而开发的一项功能，能够迅速启动程序，打开文件或文件夹。换句话说，快捷方式就是“一键直达”某文件、某文件夹或某程序的快捷通道。

可能很多用户发现了这项功能，每次安装一种应用程序，电脑桌面上都会多出一个乃至多个快捷方式。这些快捷方式不仅包括用户主动安装的软件，还有许多是“被动安装”，甚至是在用户不知情的情况下就已经完成安装，还需要用户在后期自行删除。尽管有些快捷方式的出现让人感到意外，还有一些快捷方式根本就不必要，但是我们无法否认快捷方式所提供的便捷性。那么，用户怎样才能添加属于自己的快捷方式。

第一种添加快捷方式的方法比较复杂。首先，需要在添加快捷方式的目标文件夹（或桌面）的空白处点击鼠标右键，在右键菜单中找到“新建”选项。将光标移动至“新建”，在右侧菜单中选择“快捷方式”（图 4–23 ）。

进入新建文件夹的界面，在对话框中输入键入对象的位置，或者打开对话框右侧的“浏览”选择键入对象（图 4–24 ）。

图 4–23

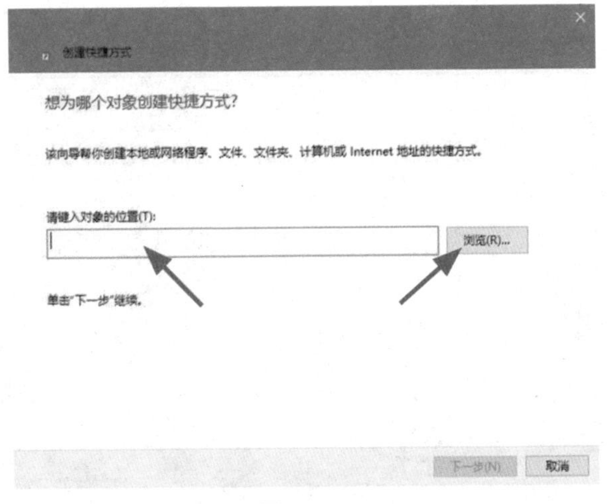

图 4–24

选择好键入对象后点击下一步，根据页面提示在对话框中输入快捷方式的名称（图 4–25）。在系统默认的情况下，快捷方式的名称与源文件是相同的，因此，为了不混淆文件，可以不输入快捷方式名称。无论是否输入快捷方式名称，点击完成就创建好了快捷方式。

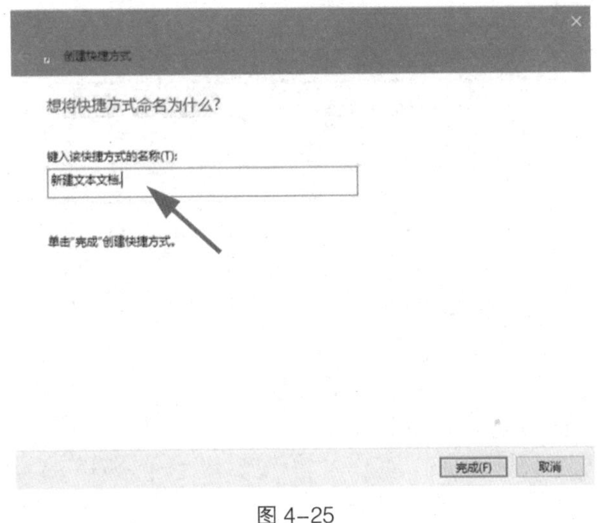

图 4–25

第二种创建快捷方式的方法较为简单，也是很多人经常用的。首先，找到目标文件、文件夹或程序，将光标移动至目标文件、文件夹或程序的图标上点击鼠标右键，在右键菜单中找到“发送到”，将光标移动至“发送到”，选择“桌面快捷方式”（图 4–26）。选择完成后，就可以看到桌面上具有目标文件的快捷方式了。

第三种创建快捷方式的方法就是在目标文件、文件夹或程序的图标上点击鼠标右键，在右键菜单中找到“创建快捷方式”选项（图 4–27）。此时可以看到目标文件所处的文件夹内出现其快捷方式，将快捷方式移动至相应的位置即可。

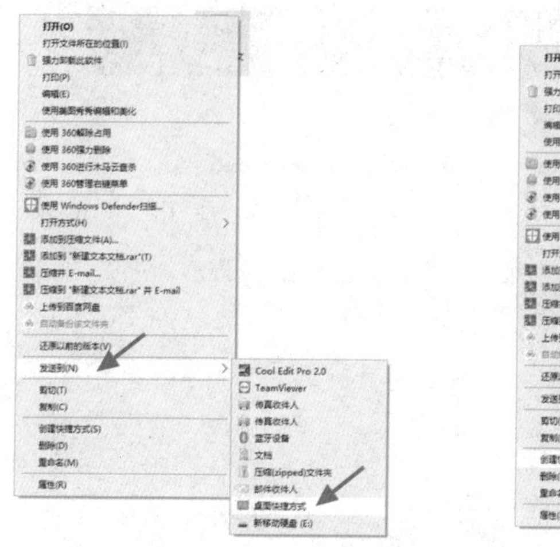

图 4-26

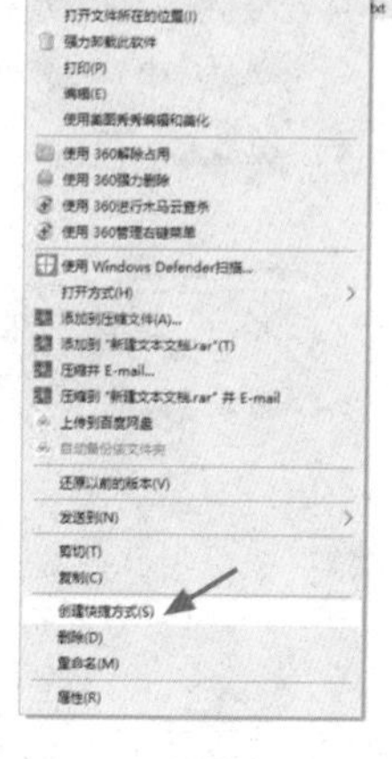

图 4-27

关于创建快捷方式，有一点需要说明的是，如果源文件的文件名或者文件路径更改了，快捷方式将会失去效果，不能打开指定文件、文件夹或程序（图 4-28）。因此，用户在更改源文件名称或者路径后，要及时清理或更改快捷方式，以免在需要用到快捷方式的时候无法使用。

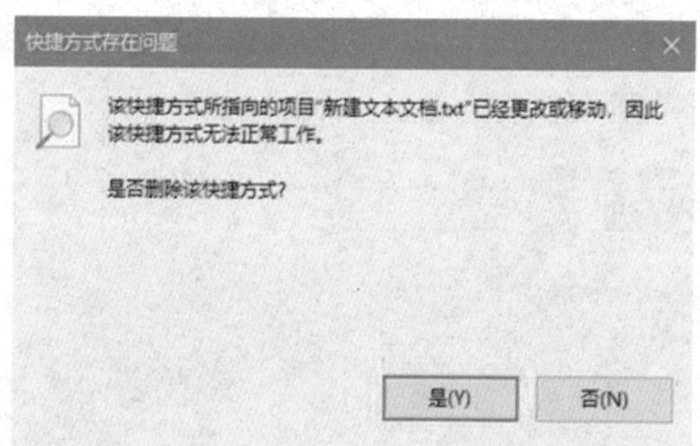

图 4-28

4.3.7 更改文件夹图标

通常情况下，文件的类型决定了它的图标，而文件夹的图标却不受类型的限制，可以根据用户喜好更改为不同的样式。对于绝大多数用户来说，区分文件夹的方式都是通过其名称来判断，事实上还可以通过不同样式的图标来区分文件夹。

更改文件夹的图标需要打开文件夹属性。打开方式为：将光标移动至文件夹图标上，点击鼠标右键，右键菜单的最下方就是文件夹属性（图 4-29）。

进入文件夹属性界面后，选择右上方的“自定义”选项（图 4-30）。在自定义设置界面，选择位于左下方的“更改图标”选项（图 4-31）。

图 4–29

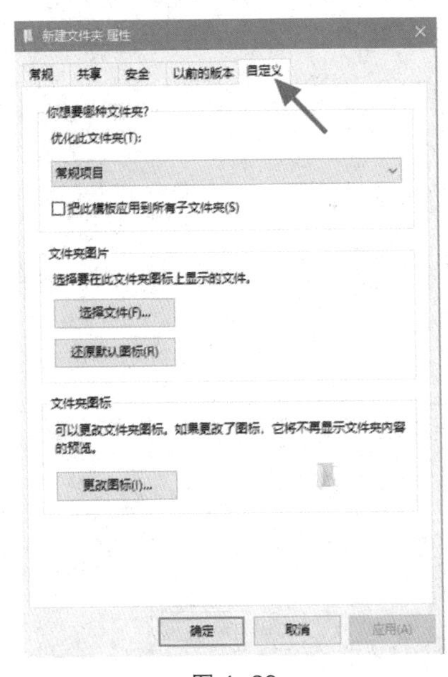

图 4–30

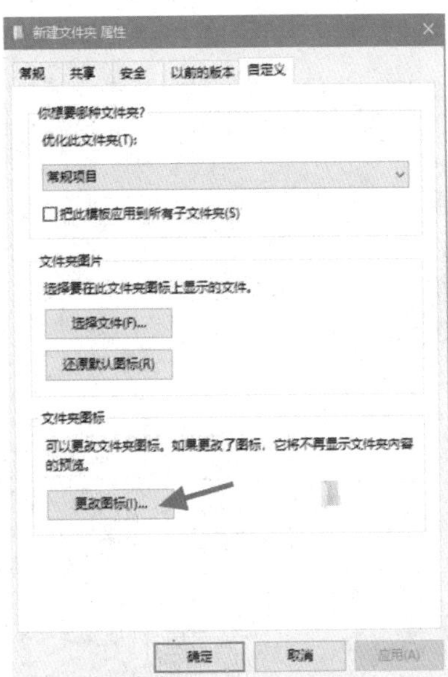

图 4–31

进入更改图标窗口，会看到许多待选图标，可以拉动底部的滚动条（图 4–32），挑选合适的图标，选中该图标并点击确定，此时文件夹的图标就会更改。

如果不喜欢自定义的图标，想让图标变成系统默认的样式，可以在更改图标窗口选择左下角的“还原为默认值”（图 4–33），点击确认后，图标就会恢复成系统默认的样式。

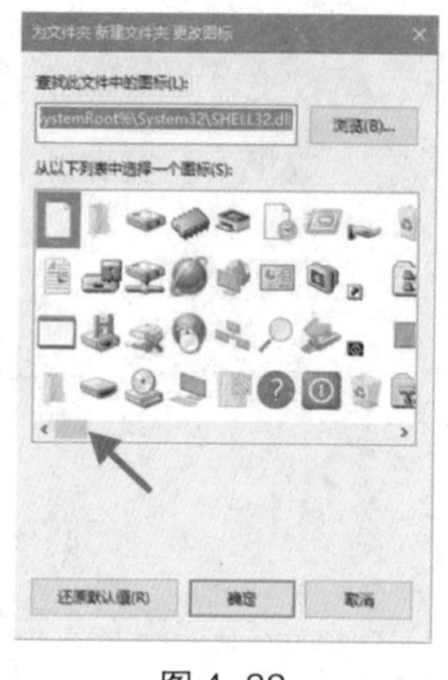
图 4–32

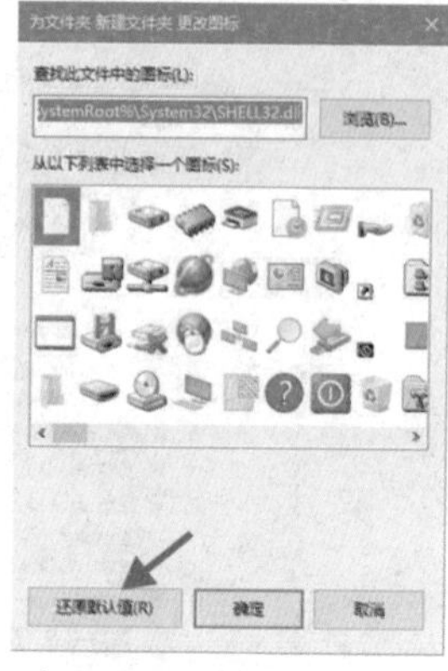
图 4–33

4.4 压缩与解压

压缩与解压是不同用户进行文件传输时经常用到的功能，方便数据的互通。文件或文件夹的压缩与解压需要借助相应的压缩软件才能进行。下面以 Winrar（解压缩软件）为例介绍。

4.4.1 压缩

压缩就是通过特定的计算方式使文件或文件夹变得更小，占据更少的空间，同时方便传输。

压缩的方式为选中目标文件或文件夹，点击鼠标右键，在右键菜单中找到“添加到压缩文件”选项（图 4–34）。

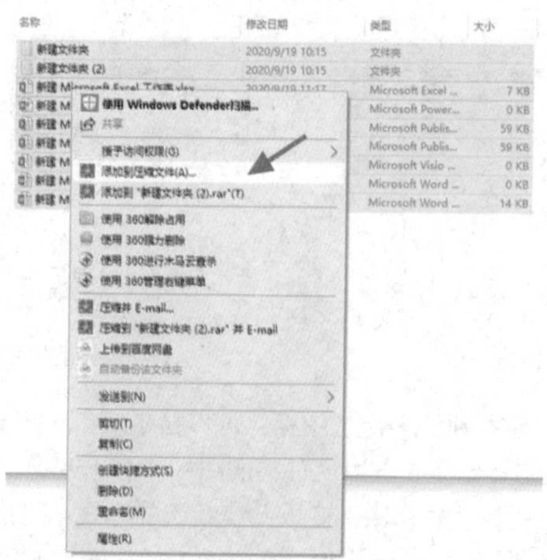
图 4–34

根据用户需求，在弹出界面（图 4–35）中设置压缩文件的名称及参数，设置好后选择确定即可。

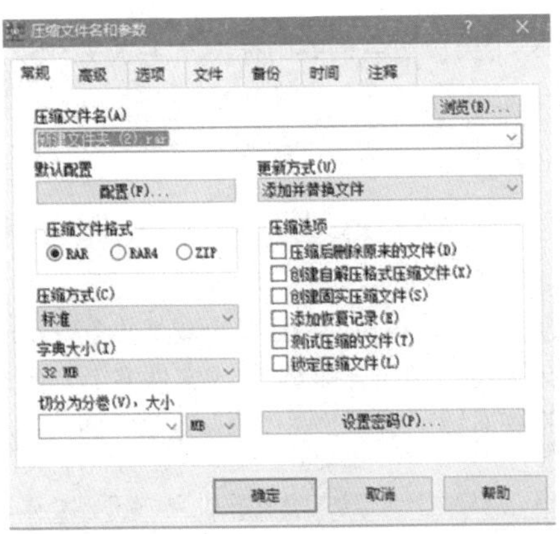

图 4–35

4.4.2 解压

解压即解除压缩，将文件恢复的过程。解压方式为：双击打开压缩包，选择“解压到”（图 4–36），在弹出界面（图 4–37）中选择文件路径（即存放位置）及其他选项，设置完后点击确定即可。

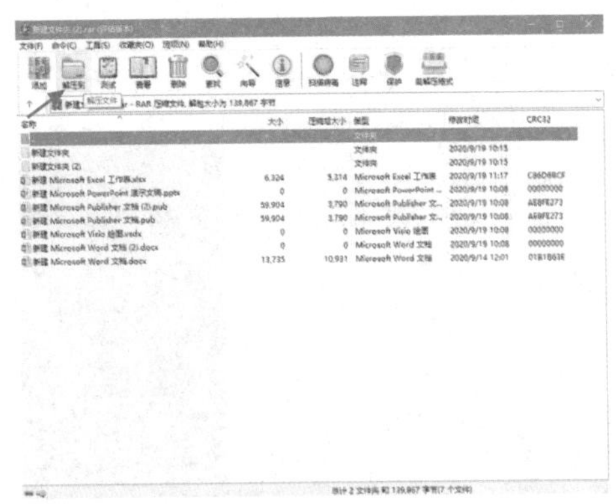

图 4–36

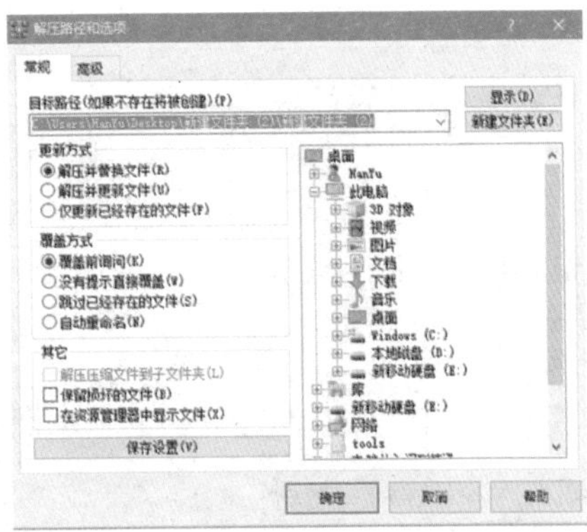

图 4–37

4.5 回收站文件处理

回收站通常是桌面上一个类似垃圾桶的图标（图 4-38），用来存储用户临时删除的文件或文件夹。在回收站中，用户可以进行还原、彻底删除和清空回收站等操作。

回收站

图 4-38

4.5.1 还原

还原即将文件放回原来的位置，可以应用于某个或某几个项目，也可以应用于所有项目。

还原的方式为：将光标移动至单个目标文件或文件夹上，或选中多个目标文件、文件夹，在其位置点击右键，选择右键菜单中的“还原”选项（图 4-39）。

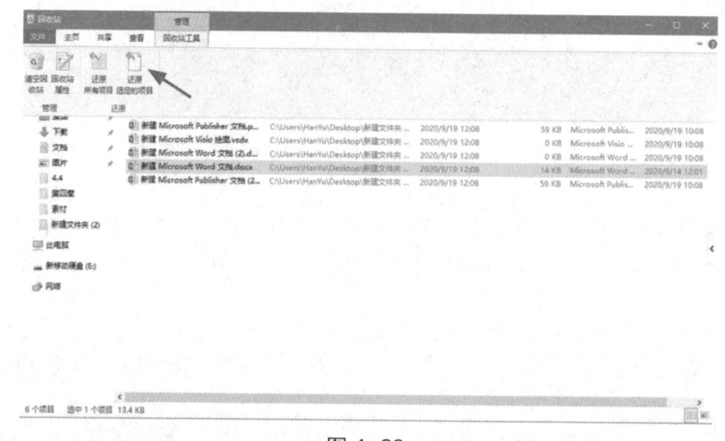

图 4-39

或者直接选中一个或多个目标文件或文件夹，接着点击还原此项目（图 4-40）或“还原选定的项目”（图 4-41）。

图 4-40

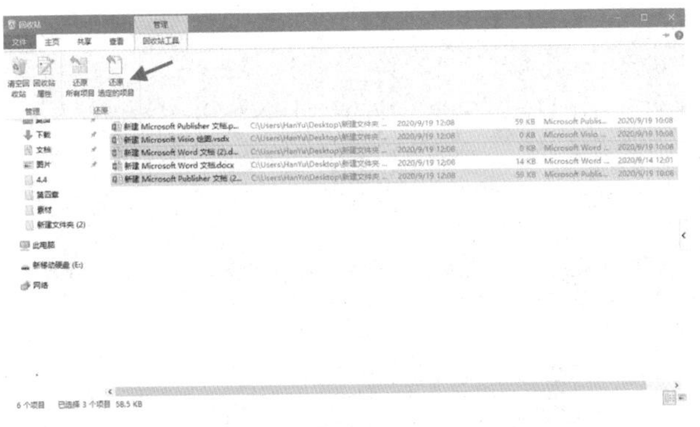

图 4–41

如果想要还原所有项目，可以在回收站界面直接点击“还原所有项目”（图 4–42）。

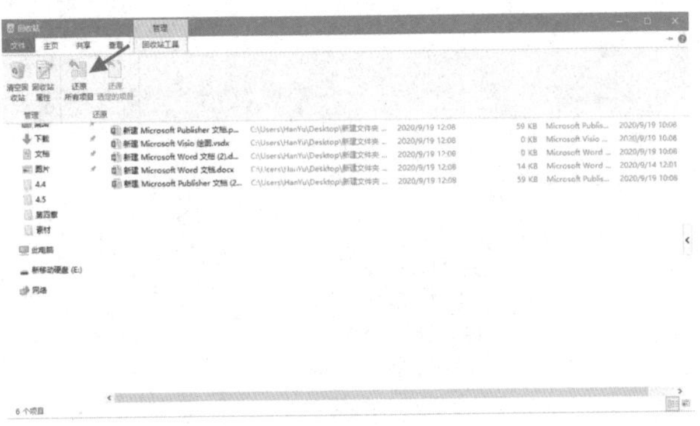

图 4–42

4.5.2 彻底删除

如果回收站的项目已经不需要使用，可以将其彻底删除，也就是从电脑上清除。彻底删除和还原的方式一致，在右键菜单选择“删除”即可（图 4–43）。

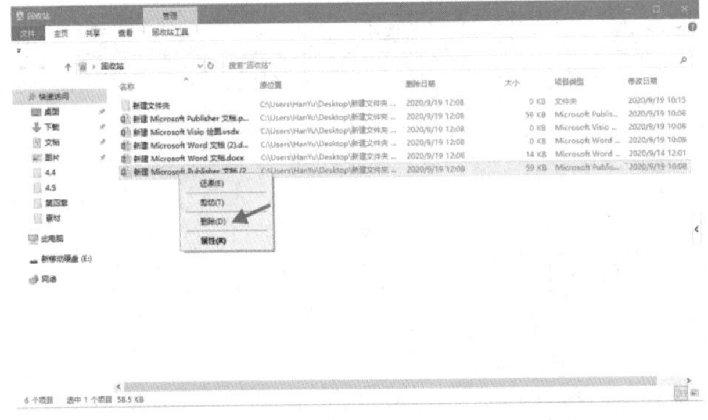

图 4–43

4.5.3 清空回收站

清空回收站即将所有项目都从电脑上清除，可以释放电脑的内存压力，提升运行速度。

清空回收站的方式有两种：一种是在回收站界面选择“清空回收站”（图 4–44）；另一种是在桌面用右键点击回收站，在右键菜单中选择“清空回收站”（图 4–45）。

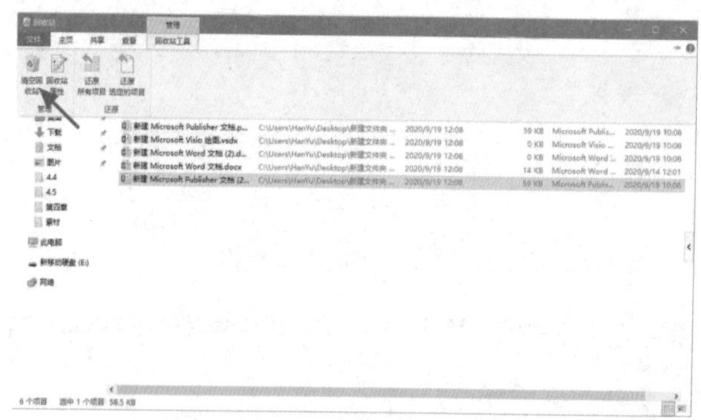

图 4–44

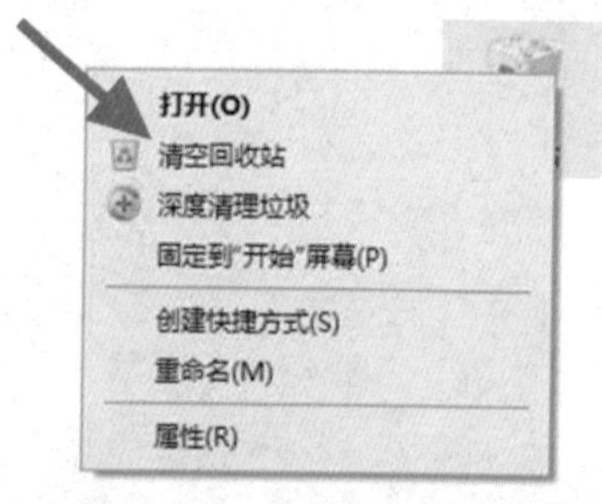

图 4–45

选择清空回收站后会弹出“删除多个项目”对话框（图 4–46），选择“是”即可。

图 4–46

4.6 应用软件的安装与卸载

前文说到应用软件是为满足不同用户的各种需求而研发的程序，这里讲述应用软件的安装及卸载。

4.6.1 安装应用软件

电脑系统携带一部分应用软件，大多是较为常见、经常被人使用的，但是并不足以满足所有用户的要求。此时就需要用户自行安装软件。

安装软件的方法通常有两种：一种是通过浏览器搜索软件安装包，另一种是通过应用商店或软件管理搜索应用软件。相对而言，在浏览器搜索安装包比较危险，因为有些网站的安装包下载时会携带病毒或者其他因素导致无法使用。通过应用商店下载的安装包虽然比较安全，但是会限制一些软件，用户搜索到的软件数量可能没有通过浏览器搜集到的多。

例如，打开浏览器，在搜索栏输入“腾讯 QQ”，然后点击搜索（或按下回车键），此时可以看到浏览器中出现了许多与腾讯 QQ 有关的网页。为了安全起见，打开腾讯的官方网站（图 4–47）。

图 4–47

腾讯官方网站的首页就是下载 QQ PC 版，选择立即下载（图 4–48）。

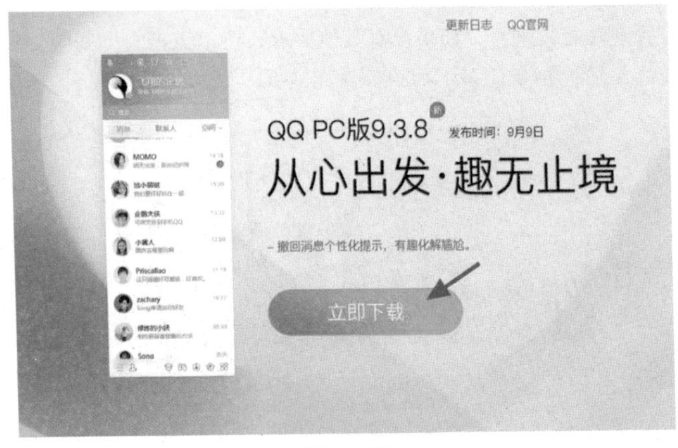

图 4–48

选择立即下载后，系统会弹出新建下载任务窗口，在该窗口选择安装包的保存位置（图 4–49）后，点击下载即可。

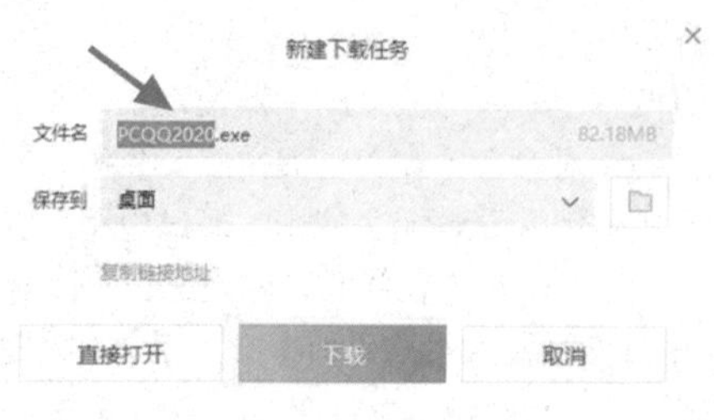

图 4–49

下载完成后，系统会弹出下载管理器，在该界面点击“打开”，即可打开安装包（图 4–50）。

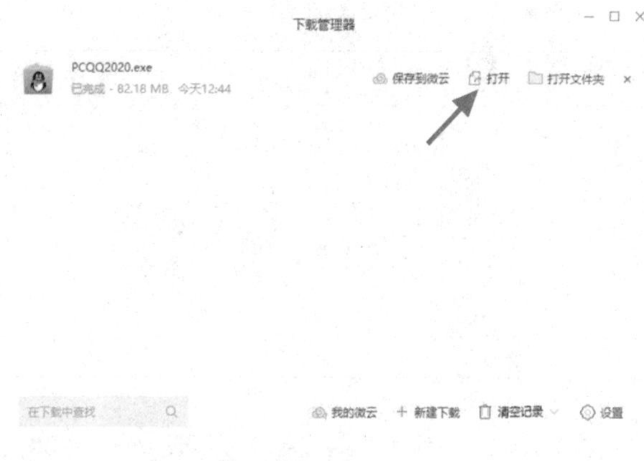

图 4–50

打开安装包后进入安装进程，如果没有其他要求，可以点击立即安装。如果需要设置安装路径等，可以点击右下角的“自定义选项”（图 4–51）。

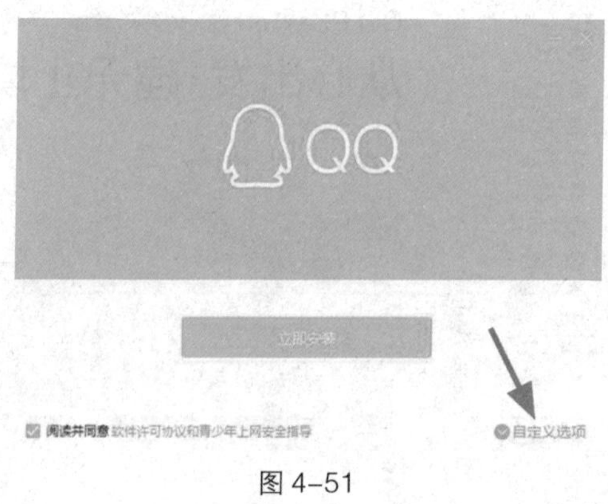

图 4–51

点击自定义选项后，可以选择文件的安装路径、生成快捷方式、添加到快速启动栏、个人文件夹保存位置、软件更新方式等选项（图 4–52）。

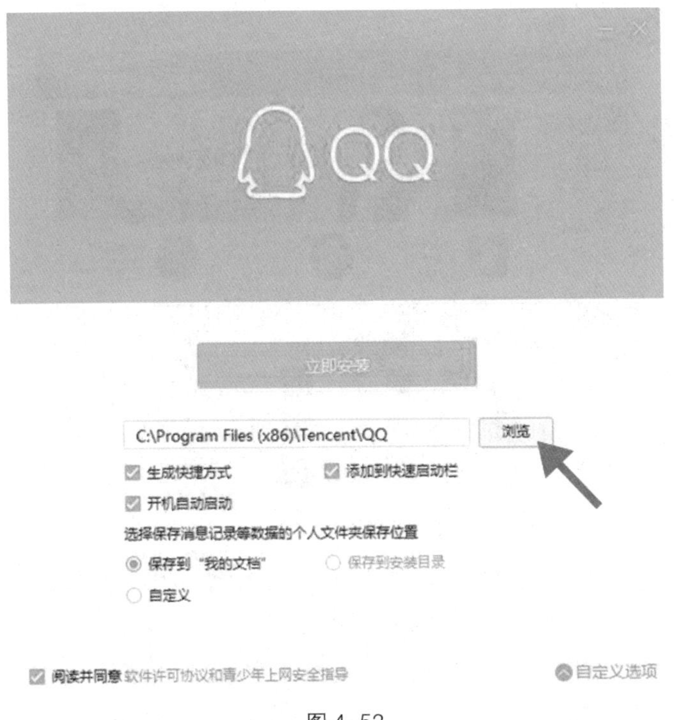

图 4–52

设置完成后点击立即安装，安装程序就会开始运行。通常情况下，除了占据内存较大的游戏外，其他软件会在几分钟内安装好。安装好以后，可以选择是否安装其他相关软件，然后点击完成安装即可（图 4–53 ）。

图 4–53

使用应用商店或软件管理安装应用软件需要打开相应程序。以 360 软件管家为例，打开 360 软件管家，在软件管理界面上方的对话框中输入“腾讯 QQ”，点击右侧的放大镜按钮进行搜索（图 4–54）。

图 4–54

找到对应软件后选择“一键安装”（图 4–55），软件管理就会开始下载安装包，下载完成后安装即可。

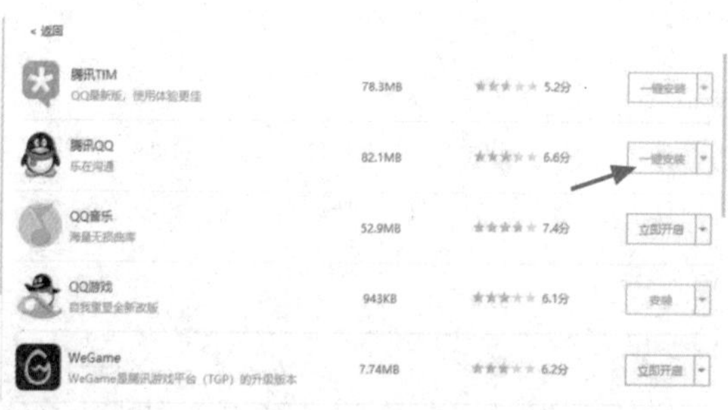

图 4–55

4.6.2 卸载应用软件

一些应用软件使用了一段时间后不想用了，或者没有必要用了，这时候将其卸载是最好的选择，可以减少内存浪费。

卸载应用软件可以分为三种方式，下面一一介绍。

第一种方式：通过控制面板卸载。它需要打开控制面板的卸载程序选项（图 4–56）。

图 4–56

在卸载程序界面找到需要卸载的软件，点击鼠标右键，出现卸载 / 更改选项，点击该选项即可（图 4–57）。

图 4–57

第二种卸载方式是通过软件自带的卸载程序卸载。

具体操作方式为：打开“开始”菜单，选择“所有程序”，在所有程序中找到准备删除的应用软件。例如，卸载腾讯 QQ 需要先选择腾讯软件，再选择 QQ，最后选择“卸载腾讯 QQ”（图 4–58）。

选择卸载后会弹出“您确定要卸载此产品吗？”对话框，选择是即可。

第三种方式是通过第三方软件卸载。

以 360 软件管家为例，打开软件管理后选择“卸载”（图 4–59）。

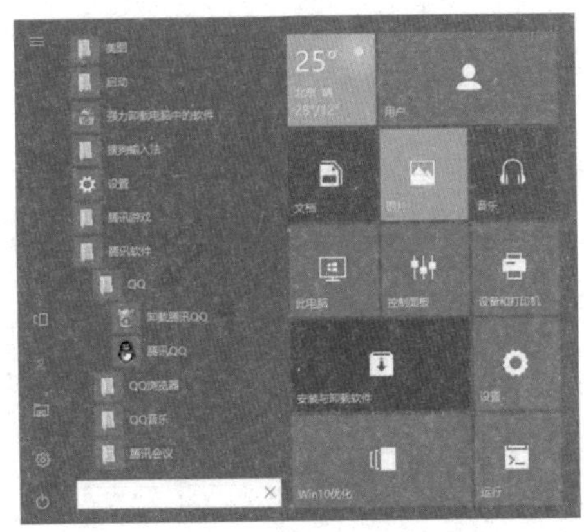

图 4–58

图 4–59

在卸载界面找到需要卸载的应用软件，选择“一键卸载”（图 4–60），软件管理会自行卸载该软件，卸载完成后点击确认即可。

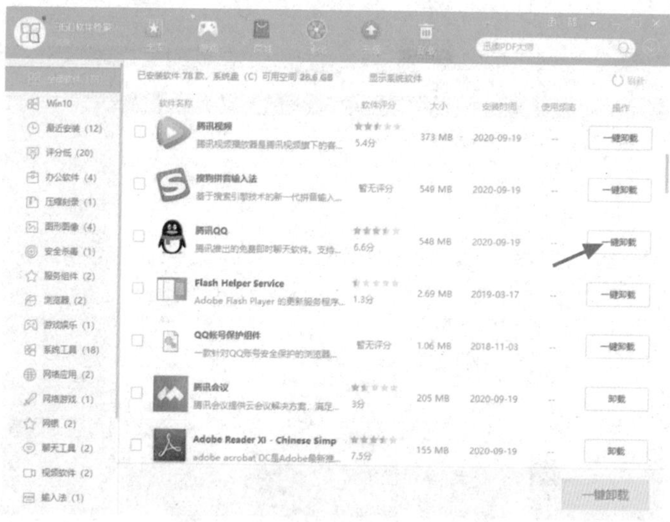

图 4–60

第五章
电脑的自定义设置

自定义的意思就是自己对某一事物进行定义。所谓的“电脑自定义设置”，就是根据自己的喜好，对电脑的桌面壁纸、窗口颜色、字体字号等内容进行设置。电脑自定义设置可以说是为了满足用户追求个性化而诞生的产物，这也从侧面反映了电脑这款电子设备的受众群体十分广泛。

5.1 用户账户

在 Windows XP、Windows 7、windows 10 等系统中，同一台电脑可以具备多个独立的用户系统，也就是说，每个用户的 Windows 设置都是独立的，这个用户系统就是用户账户。用户可以根据自己的需求设置用户账户。为了保障文件的安全性，还可以设置密码防止他人进入自己的账户。

Windows 帮助与支持中对用户账户的定义如下：是通知 Windows 您可以访问哪些文件和文件夹，可以对计算机和个人首选项（如桌面背景或屏幕保护程序）进行哪些更改的信息集合。通过用户账户，您可以在拥有自己的文件和设置的情况下与多个人共享计算机。每个人都可以使用用户名和密码访问其用户账户。

用户账户包括两种类型，每种类型的用户都有其对应的系统控制级别：标准账户用于日常使用；管理员账户具有电脑的最高级别控制权，但需要在特定场合下才能发挥作用。设置用户账户时，可以根据需求选择不同的类型。

添加账户是设置用户账户的第一步。操作方式为：打开控制面板，选择“用户账户”（图 5-1）进入账户管理界面。

进入账户管理界面后，选择“管理其他账户”（图 5-2），然后选择“在电脑设置中添加新用户”（图 5-3）。

打开创建新用户的界面，选择添加家庭成员（图 5-4），并在对话框选择“为子级创建一个”（图 5-5），之后输入创建账户名称（图 5-6），设立密码（图 5-7），输入使用人姓名（图 5-8）、地区、生日信息（图 5-9），就可以完成新用户的创建（图 5-10）。

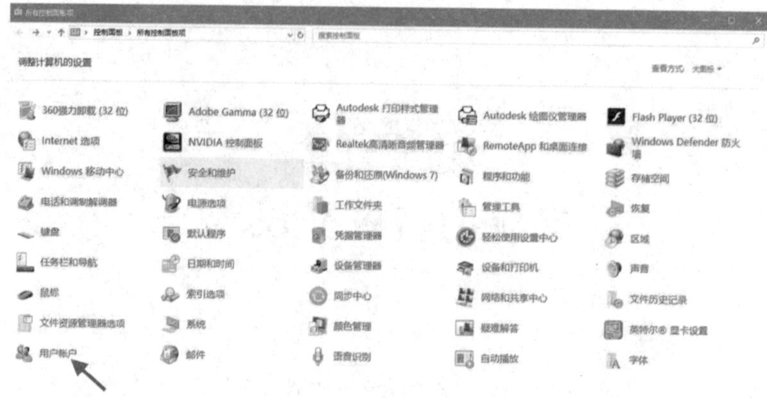

图 5–1

图 5–2

图 5–3

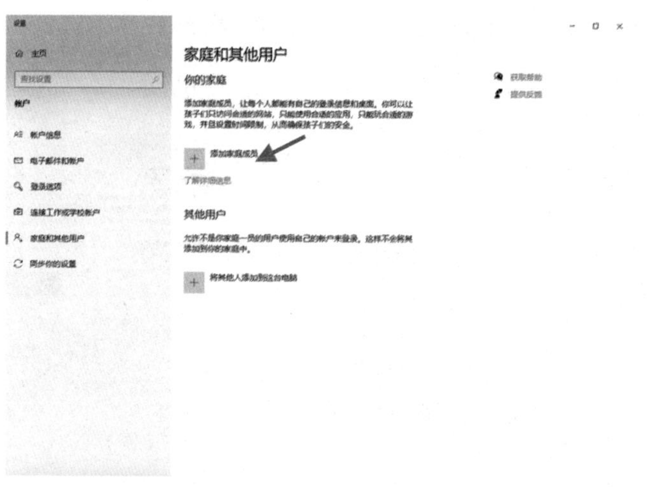

图 5-4

图 5-5

图 5-6

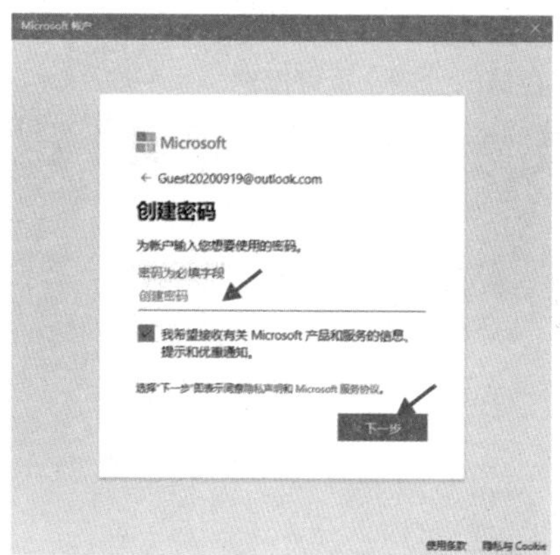

图 5-7

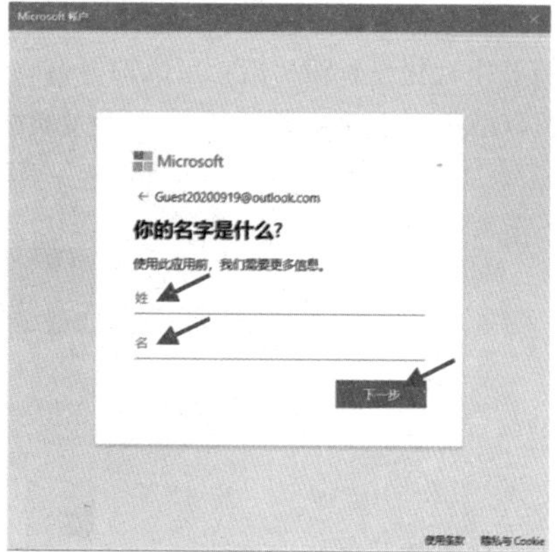

图 5-8

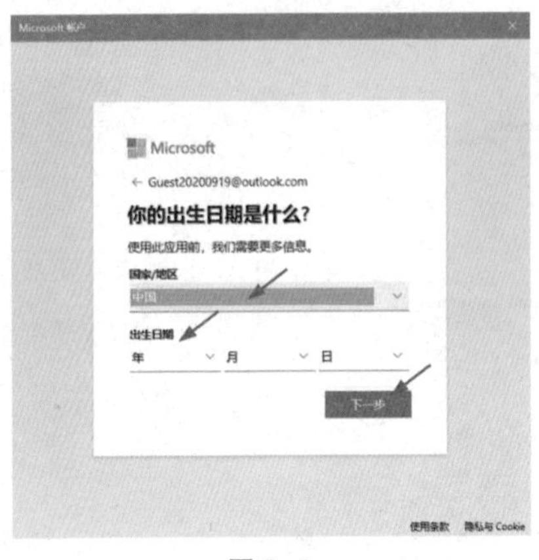

图 5–9

图 5–10

5.2 个性化设置

个性化就是脱离了大众化的东西，具有标新立异的特点。电脑的个性化设置是为了满足用户追求独特、另类的需求，使用户的个人电脑可以拥有自己特质，从而提升用户体验效果。电脑个性化设置的内容包括很多，这里主要针对主题设置、桌面背景设置、窗口颜色设置、声音效果设置、屏幕保护程序设置、鼠标指针设置六个方面展开。

5.2.1 主题

主题即 Windows 主题，是指系统整体展现的风格，主要内容有窗口色彩、控件布局、图标样式等，对上述内容进行修改以达到美化界面的目的。

更改系统主题需要打开个性化设置。个性化设置可以通过在桌面空白部分点击鼠标右键打开菜单，选择“个性化”选项（图 5–11）。

图 5–11

打开个性化设置窗口后，可以选择电脑内部存储的主题，也可以选择联机获取更多主题（图 5–12），以获取更多风格的系统主题。

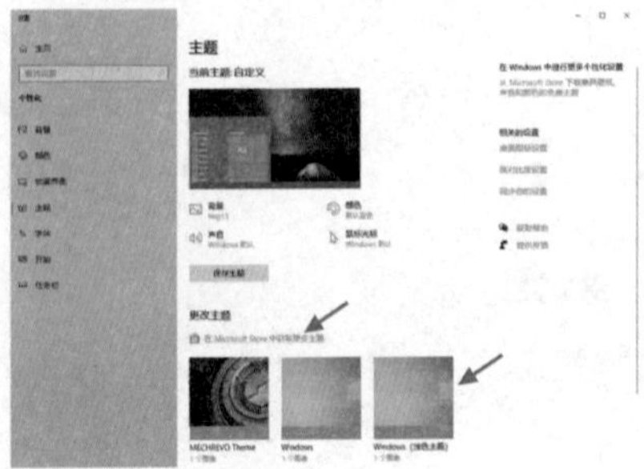

图 5–12

5.2.2 桌面背景

桌面背景即桌面壁纸，是用户桌面的“背景板”，用户可以根据喜好设置。为了缓解长时间盯着电脑造成的视觉疲劳，用户可以选择以草地、天空等元素组成的色彩自然且清新的背景图，也可以设置每隔一段时间更换一次桌面壁纸。

更改桌面背景需要打开桌面个性化界面，选择“背景”选项（图 5-13）。

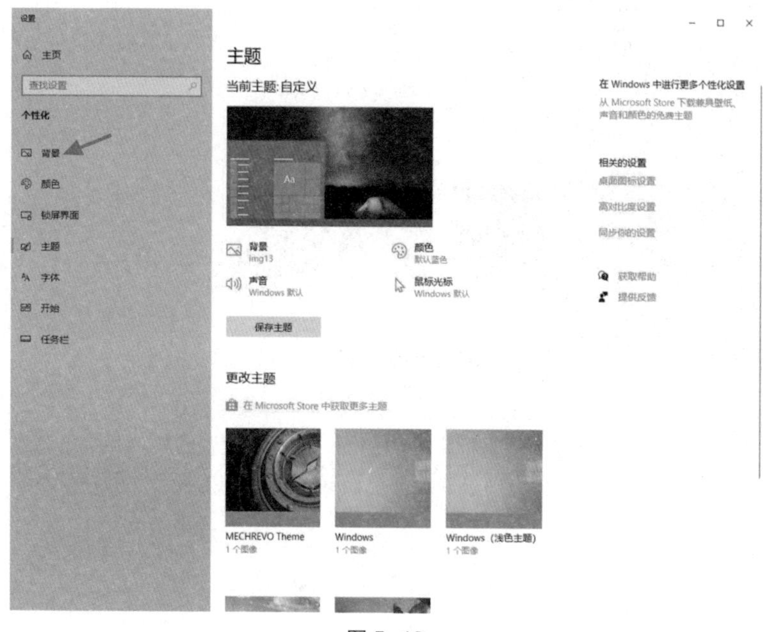

图 5-13

进入桌面背景设置界面，可以从系统提供的几个文件夹中选择图片位置或通过浏览选取更多图片位置。选择完成后，可以在左下方的“图片位置”处选择图片的显示形式。如果要设置定时更换壁纸，可以选中一些壁纸，并设置更改图片的时间间隔（从 10 秒到 1 天不等）以及播放顺序。

5.2.3 窗口颜色

窗口是电脑系统中一种新的操作环境，电脑屏幕内出现的不同功能区域就是窗口。窗口的作用是显示和处理一类信息，用户可以在任意的窗口操作，实现信息交换，也可以通过专门的软件管理各个窗口。窗口颜色即组成窗口的边框及窗口内部的颜色，用户可以根据自己的喜好设置。

设置窗口颜色很简单。首先，要在个性化设置界面选择“颜色”选项（图 5-14），进入颜色界面。

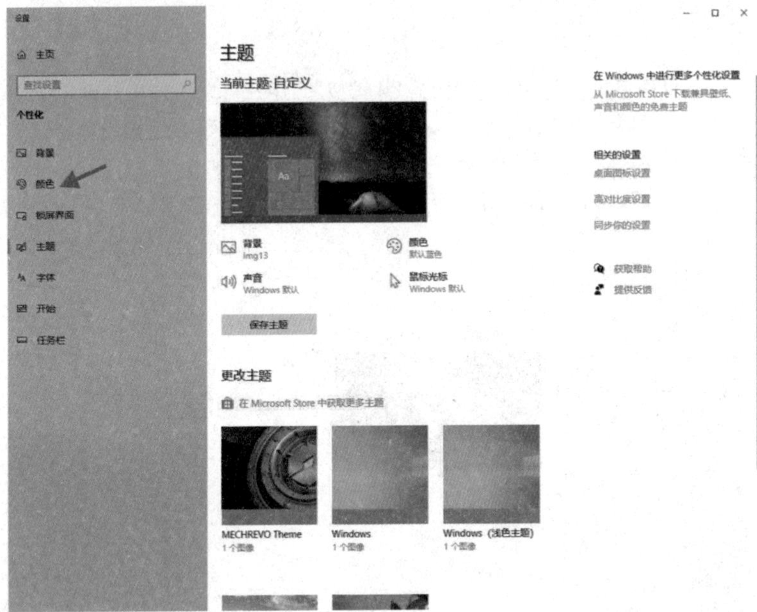

图 5-14

在颜色界面，将鼠标移动至项目下方的颜色区，选择要设置的颜色并单击，之后在下拉菜单中找到“窗口”选项并选中，即可完成颜色设置（图 5-15）。

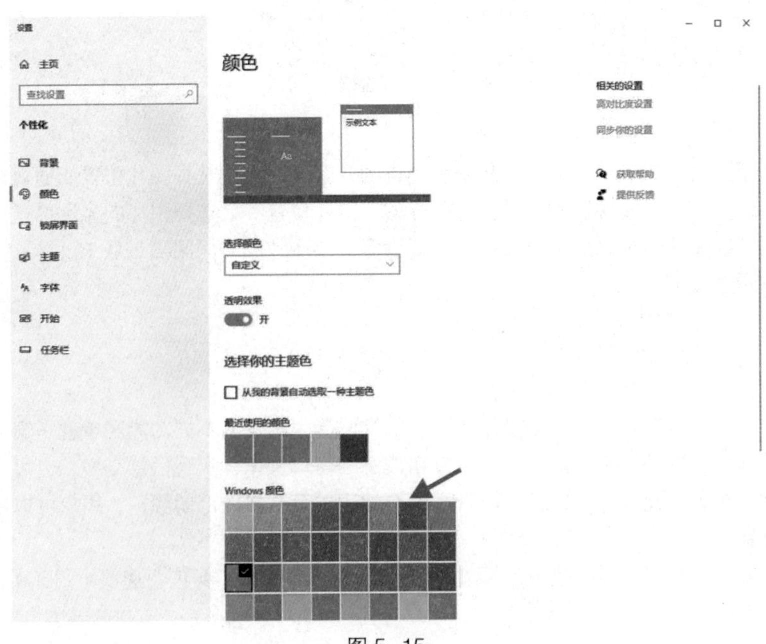

图 5-15

5.2.4 声音效果

声音效果简称“声效”，是指声音营造的效果，用以增加声音的真实感，在电脑等多媒体设备中都可以对声音效果进行更改，以营造使用户感受到最舒适的声音环境。

更改声音效果需要在个性化设置界面选择“主题”选项，然后选择“声音”选项（图5-16）。

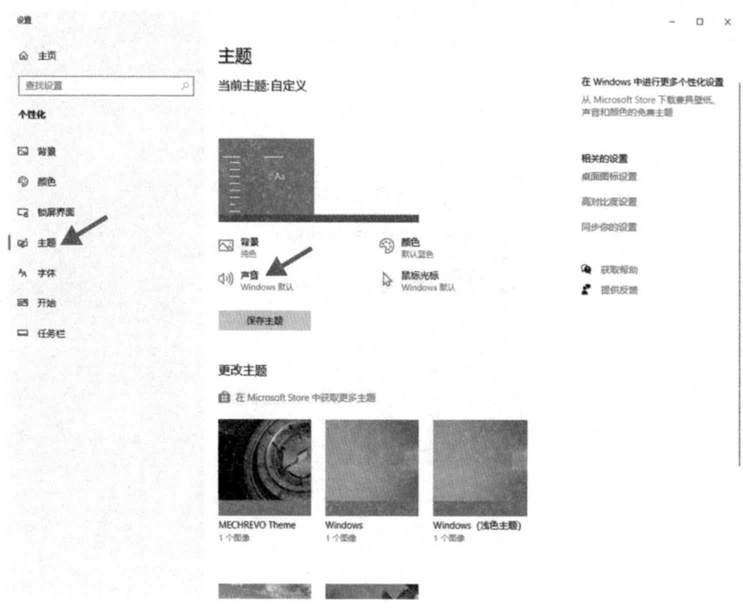

图 5-16

进入设置声音的界面，选择适合的声音方案即可（图 5-17）。

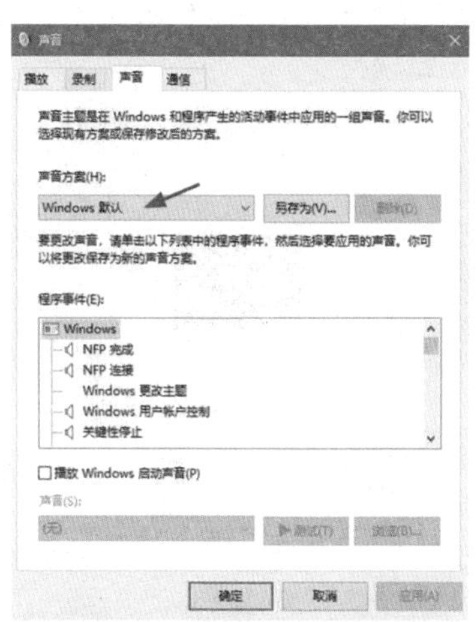

图 5-17

5.2.5 屏幕保护程序

屏幕保护程序是指用户在指定时间内没有操作电脑，电脑屏幕上会出现移动的图片或图案。电脑进入屏幕保护程序后，用户要想使用电脑可以移动鼠标或者按下键盘上的任意按键。如果用户设置了密码，则需要输入正确的密码才能进入桌面。因此，该程序可以对电脑内部信息起到一定的保护作用。

我们可以通过个性化界面选择“锁屏界面”，然后在锁屏界面选项中选择“屏幕保护程序设置”选项（图 5–18）。

图 5–18

进入屏幕保护程序设置界面后，选择屏幕保护程序的效果以及等待时间（图 5–19）。比如，将等待时间设置为 1 分钟，那么用户 1 分钟内没有操作电脑的话，电脑将会自动进入屏幕保护程序。

图 5–19

5.2.6 鼠标指针

鼠标指针代表的就是鼠标在电脑屏幕上的位置。随着电脑科技的进一步发展，鼠标指针不仅仅是告诉用户“你的鼠标在这里”。在 Windows 操作系统中，鼠标指针在不同的状态下会呈现不同的样子，以此告诉用户现在系统繁忙或是该文件正在被移动等。

最常见的鼠标指针是一个由黑色边框、白色底纹组成的略微倾斜的箭头。随着用户个性化的呼声越来越高，鼠标指针的外观也变得更加多样化。

在个性化界面选择“主题”选项，然后选择“鼠标光标”选项（图 5-20），就可以进入鼠标属性界面设置鼠标指针的外观。在鼠标属性界面预览并选择指针方案（图 5-21），选定方案后点击确定，鼠标指针的外观就会变化。

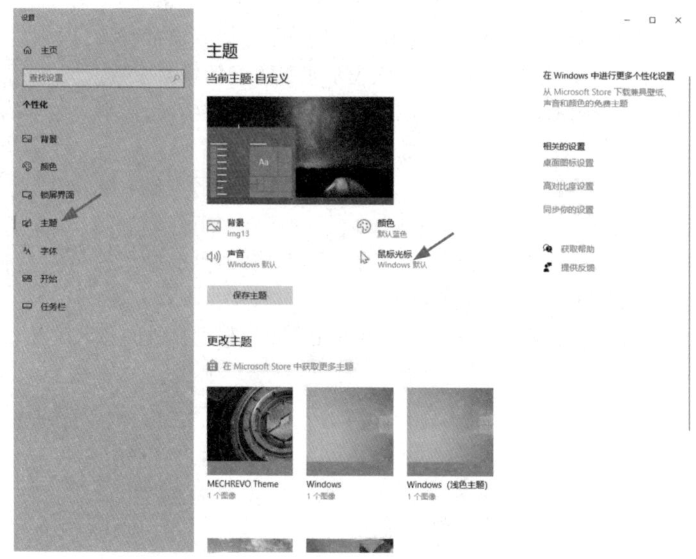

图 5-20

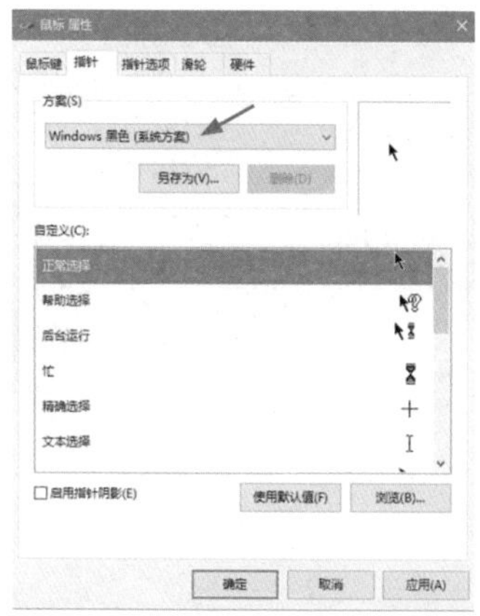

图 5-21

5.3 显示设置

显示设置包括屏幕分辨率设置、放大或缩小文本和其他项目两项内容，能够针对不同受众群体提供更加适合他们的视觉效果。

5.3.1 屏幕分辨率

屏幕分辨率是指屏幕上显示的像素个数。在屏幕大小相同的情况下，分辨率越高，内容越清晰，显示效果就越好。介绍分辨率时，通常以某数值与某数值相乘的形式表达，第一个数值表示水平方向的像素个数，第二个数值表示垂直方向的像素个数。比如像素为 1920×1080，是指水平方向的像素数为 1920 个，垂直方向的像素数为 1080 个。

可以通过桌面空白位置点击鼠标右键，在右键菜单中选择“显示设置”选项（图 5–22）。

图 5–22

进入屏幕分辨率设置界面（图 5–23），用户可以选择自己的显示器型号（或者进行检测、识别），系统会根据显示器的属性提供推荐方案，以确保设置的分辨率不会影响电脑使用。当然，用户可以根据自己的要求设置，如果显示效果不佳，还可以更改设置。

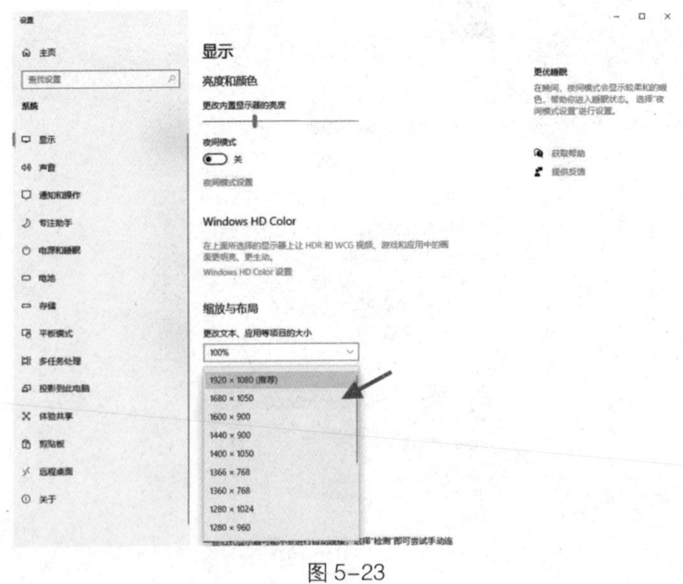

图 5–23

5.3.2 放大或缩小文本和其他项目

放大或缩小文本和其他项目主要针对患有近视或者其他原因导致视力不佳的用户，方便其使用电脑。

可以通过桌面空白位置点击鼠标右键，在右键菜单中选择“显示设置”选项。

进入显示界面，用户可以选择将其设置为 100%、125%、150% 或 175%（图 5-24）。如果只是暂时放大部分内容，可以使用放大镜功能。

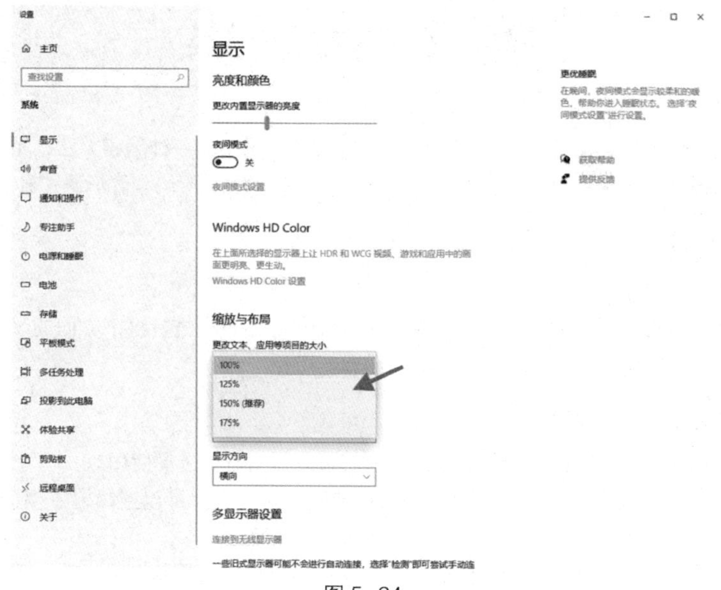

图 5-24

第六章 学会输入汉字

6.1 汉字输入法分类

汉字输入法是指为了将汉字输入电脑等电子设备而采用的一种编码方法，是输入信息的重要技术。根据键盘输入的类型，可将汉字输入法分为音码、形码和音形码三种。

6.1.1 音码

使用音码这类输入法时，读者只要会拼写汉语拼音就可以进行汉字方面的录入工作。它比较符合人的思维模式，非常适用于电脑初学者学习操作。

❶常见的音码输入法

下面简单介绍几种常见的音码输入法，用户可以根据需要选择使用。

（1）微软拼音输入法：是一种智能型的拼音输入法。用户可以连续输入整句话的拼音，不必人工分词和挑选候选词组，大大提高输入文字的效率。

（2）搜狗拼音输入法：一种主流的拼音输入法，支持自动更新网络新词，拥有整合符号等功能，对提高用户输入文字的准确性和输入速度有明显帮助。

❷ 音码输入法的缺点

音码有自身的缺点，如使用音码输入汉字时，对使用者拼写汉语拼音的能力有较高的要求。在候选汉字时，会出现同音字重码率高、输入效率低的现象。遇到不认识的字或生僻字时，难以快速地输入等。

但随着科学技术的发展与进步，新的拼音输入法在智能组词、兼容性等方面都得到了很大提升。

6.1.2 形码

形码是一种先将汉字的笔画和部首进行字根的编码，再根据这些基本编码组合成汉字的输入方法。其优点是，因为不受汉字拼音的影响，所以只要熟练掌握形码输入的技巧，输入汉字的效率就会远胜于音码输入法。

❶常用的形码输入法

形码对用户轻松输入汉字有着至关重要的作用，常用的有以下几种。

（1）五笔字型：优点是输入键码短，输入时间快。一个字或词组最多只有四个码，高效地节省了输入时间，提高了打字速度。

（2）表形码：按照汉字的书写顺序与部件编码。表形码的代码与汉字的字形或字音有关联，所以形象直观，比其他的形码更容易掌握。

❷ 常用的五笔形码输入法

下面简单介绍几种常用的五笔形码输入法。

（1）王码五笔字型输入法：共有 1986 年和 1998 年两个版本。1998 年版王码五笔字型输入法与 1986 年版王码五笔字型输入法相比较，码元分布更加合理，更便于记忆。

（2）智能五笔字型输入法：是我国第一套支持全部国际扩展汉字库（GBK）汉字编码的五笔输入法，支持繁体汉字的输入、智能选词和语句提示等，内含丰富的词库。

6.1.3 音形码

音形码输入法的特点是输入方法不局限于音码或形码，它将某些汉字输入系统的优点有机结合起来，使一种输入法可以包含多种输入法。

❶ 常见的音形码输入法

使用音形码输入汉字，用户可以提高打字的速度和准确度。常见的音形码有以下几种。

（1）自然码：具有高效的双拼输入、特有识别码技术、兼容其他输入法等特点，支持全拼、简拼和双拼等输入方式。

（2）郑码：是以单字输入为基础，词语输入为主导，用 2 ~ 4 个英文字母便能输入两字词组、多字词组和 30 个字以内的短语的一种输入方式。

❷ 常用的音形码输入法

随着网络技术的进步，音形码类型的输入法种类不断增多。常用的音形码输入法有以下几种。

（1）万能五笔字型输入法：是一种集合五笔字型、拼音、中译英和英译中等功能于一体的新型输入法。其特点是在五笔字型输入状态下，当用户不知道该如何拆分将要输入的某个汉字时，可以在输入框输入拼音，取得该汉字。

（2）大众形音输入法：是一种“先形后音”的编码输入方法，着重解决了易用性问题，攻克了全形码字根难记、重码偏高等问题，

6.2 输入法管理

如果准备在电脑中输入汉字，首先需要对系统中的输入法进行设置，如添加输入法、删除输入法、选择输入法和切换输入法等。本节将介绍在 Windows 10 系统中设置系统输入法的方法。

6.2.1 添加输入法

添加自己熟悉的输入法，可以提高文字输入的速度和精准度，也可以提高工作效率。下面详细介绍一下在 Windows 10 操作系统中添加输入法的操作方法。

第 1 步 Windows 10 系统桌面上，在语言栏单击【∧】按钮，在弹出的下拉菜单中选择【设置】菜单项，如图 6–1 所示。

第 2 步 弹出【语言】对话框，选择【中文】选项卡，单击【选项】按钮，如图 6–2 所示。

第 3 步 弹出【语言选项】对话框，在【键盘】列表框中选中点击【添加键盘】，如图 6–3 所示。

第 4 步 选择要添加的输入法即可完成输入法的添加，如图 6–4 所示。

第 5 步 在语言栏弹出的输入法菜单中使用显示添加的输入法，如图 6–5 所示。

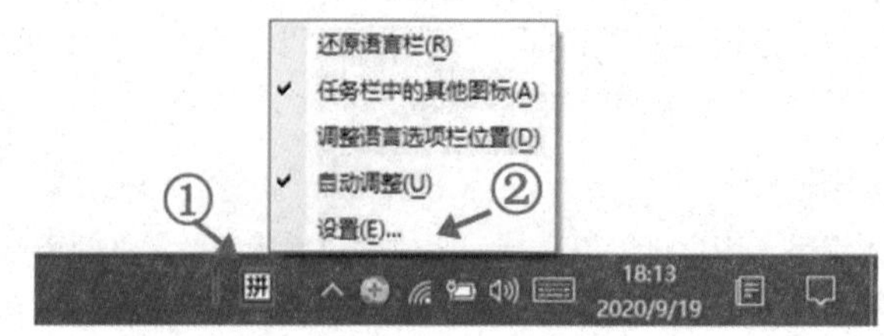

图 6–1

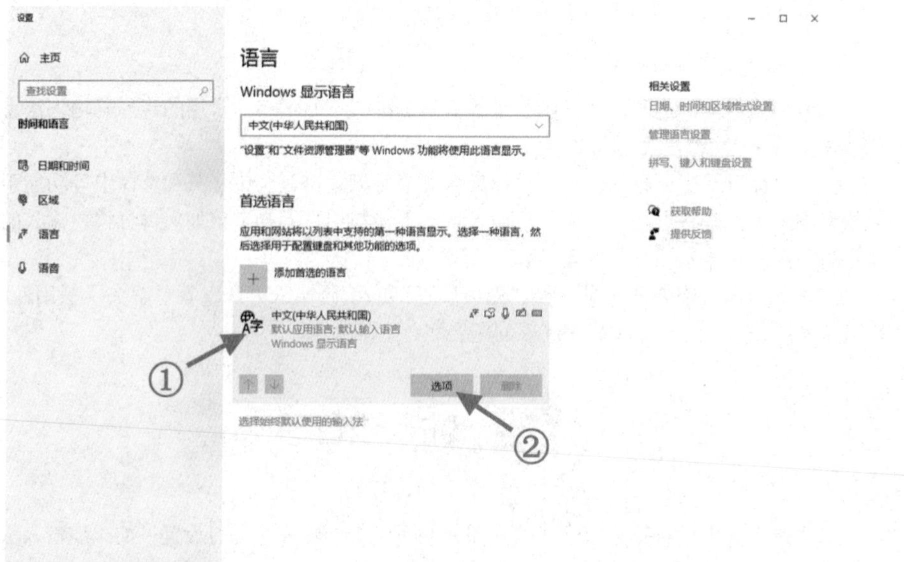

图 6–2

设置

语言选项：中文(简体，中国)

语言包

已安装语言包

手写

手写字符转换

无

识别斜体手写

关

语音

设置

区域格式

Windows 根据此语言设置日期和时间格式

设置

键盘

添加键盘

搜狗拼音输入法
输入法

微软拼音
输入法

相关设置

添加其他语言

获取帮助

图 6-3

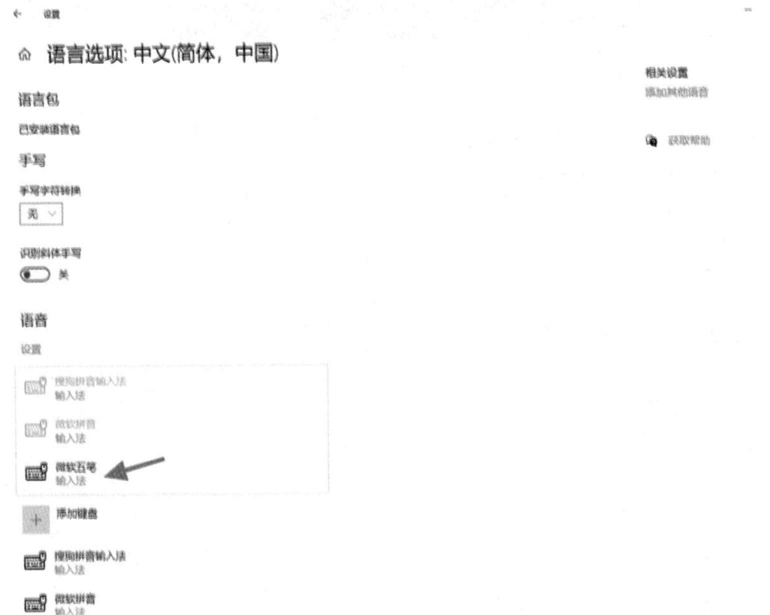

图 6-4

图 6–5

6.2.2 删除输入法

删除输入法是指删除输入法列表中长期不使用的输入法，从而使输入法列表保持整洁，便于输入法的选择。删除输入法的方法非常简单，下面详细介绍在 Windows 10 系统中删除输入法的操作方法。

第 1 步 Windows 10 系统桌面上，在语言栏单击【 ∧ 】按钮，在弹出的下拉菜单中选择【设置】菜单项，如图 6–6 所示。

第 2 步 弹出【语言选项：中文】对话框，选择【常规】选项中的“键盘”选项选择准备删除的输入法，单击【删除】按钮，如图 6–7 所示。

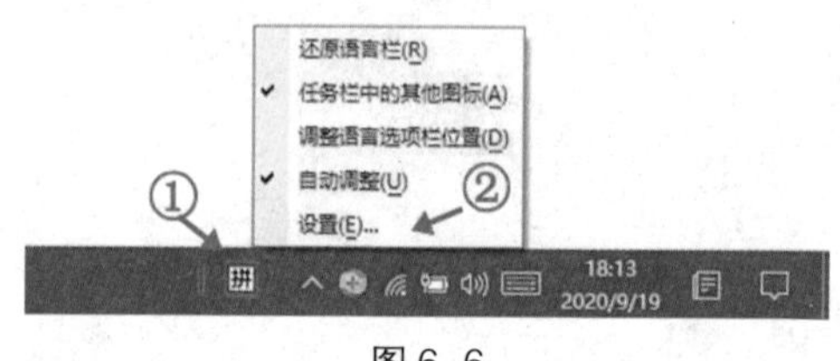

图 6–6

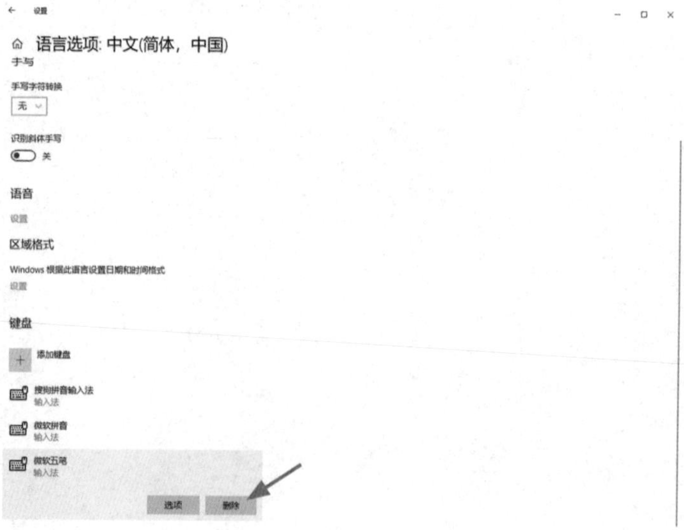

图 6–7

6.3 微软拼音输入法

微软拼音输入法是一款比较常用的汉字输入法，只要掌握汉字的拼音即可输入汉字，词组比较智能化，因此受到广大使用者的喜爱。本节将介绍使用微软拼音输入法进行全拼输入、简拼输入的操作方法。

6.3.1 全拼输入词组

全拼输入是指输入汉字词语时，输入汉字的全部拼音，从而输入汉字的方法。下面以输入词组“渤海湾”为例，介绍全拼输入的操作方法。

第1步 在 Windows 10 系统桌面上，单击【开始】按钮，在弹出的【开始】菜单中选择【所有程序】菜单项。

第2步 在弹出的【所有程序】菜单中，单击【附件】菜单项，在打开的【附件】菜单中单击【记事本】菜单项。

第3步 在记事本中，使用“微软拼音体验版”输入法输入词组“渤海湾”的拼音 bohaiwan，如图 6–8 所示。

第4步 在键盘上按空格键确认选择词条 1，再次按空格键即可完成使用全拼输入法输入词组的操作，如图 6–9 所示。

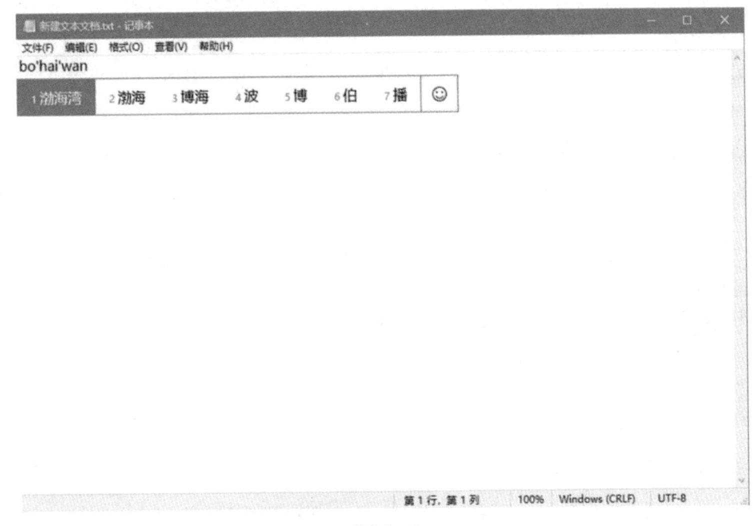

图 6–8

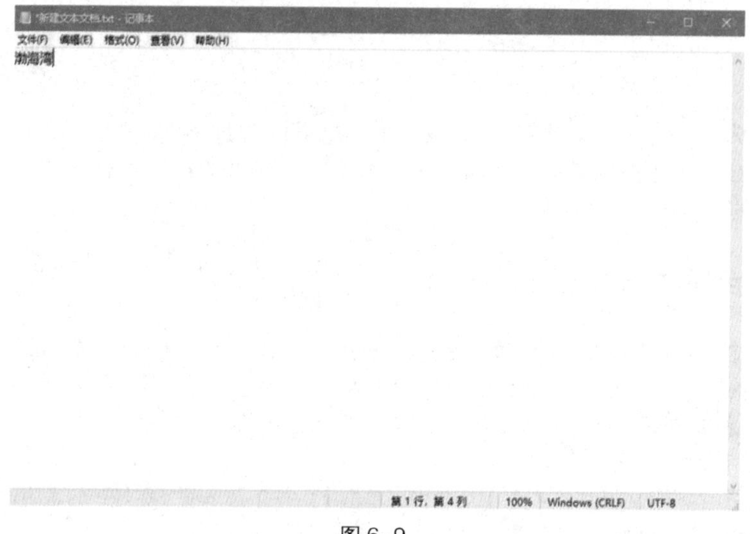

图 6-9

6.3.2 简拼输入词组

简拼输入是指输入汉字词语时，仅输入汉字的汉语拼音首字母即可输入汉字的方法。简拼输入的方法因减少了输入字母的数量，可以快速提高输入速度。下面以输入词组“渤海湾”为例，介绍简拼输入的操作方法。

第1步 在记事本中，使用“微软拼音体验版”输入法输入词组“渤海湾”的拼音 bhw，如图 6-10 所示。

第2步 在键盘上按空格键确认选择词条 1，再次按空格键即可完成使用简拼输入法输入词组的操作，如图 6-11 所示。

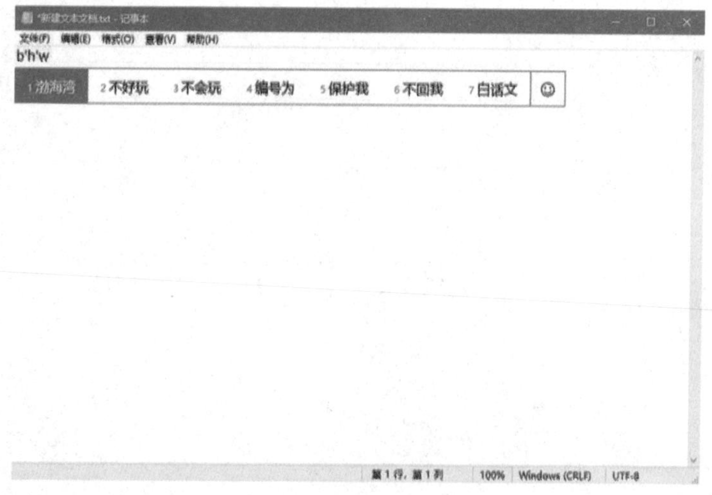

图 6-10

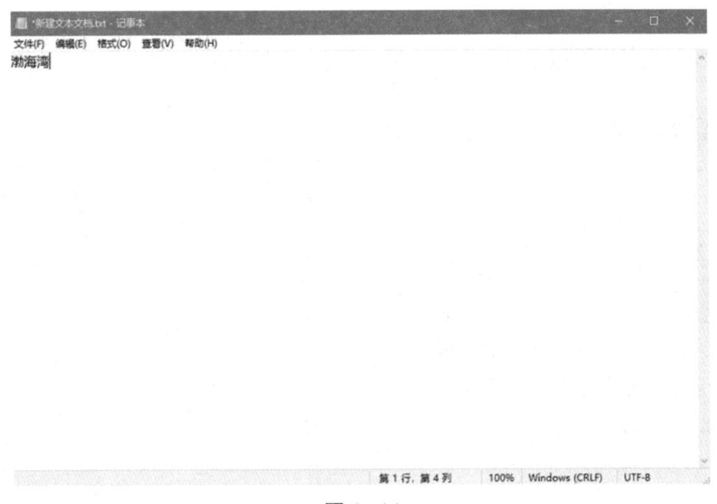

图 6-11

6.4 五笔输入法

五笔输入法是当前使用最广泛的一种中文输入法。由于五笔输入法依据汉字的字形特征和书写习惯，采用字根输入方案，因此具有重码少、词汇量大、输入速度快等特点。本节将详细介绍五笔输入法的有关知识。

6.4.1 汉字的构成

五笔输入法属于汉字的形码输入方法，采用字形分解、拼形输入（相对于“拼音输入”）的编码方案。它按照汉字构成的基本规律，结合电脑处理汉字的能力，将汉字分成笔画、字根和单字三个层次。

❶ 笔画

笔画是书写汉字时一次写成的连续不断的线段，自身可以成为简单的文字，如汉字“一”。

五笔输入法依据书写汉字时的运笔方向，将汉字的基本构成单位规定为横、竖、撇、捺、折五种基本笔画。

❷ 字根

字根是构成汉字最重要、最基本的单位，由若干笔画交叉连接而形成。组成单字时，相对不变的结构称为字根。字根具有形状和含义。

❸ 单字

五笔输入法中，单字是指字根与字根之间按照一定的位置关系拼装组合而成的汉字。例如我、你、幸和福等，在五笔字型输入法中，都被称为“单字”。

笔画是汉字最基本的组成单位，是字根五笔输入法中构成单字的灵魂。

6.4.2 五笔字根在键盘上的分布

五笔输入法精选出 130 个常用字根，称为“基本字根”。没有入选的字根称为“非基本字根”。“非基本字根”是可以拆分成基本字根的。如汉字“不”，还可以拆分成“一”和“小”两个基本字根。

130 个基本字根中，其本身就是汉字的，如王、木、工等，称为“成字字根”；本身不能构成汉字的，如宀、凵等，称为“非成字字根”。

五笔汉字编码原理是将 130 个常用的基本字根按照一定规律分配在电脑键盘上。只要把五笔输入法的字根对应放在英文字母按键上，这个键盘就成为一个五笔字根键盘。其分布情况，如图 6–12 所示。

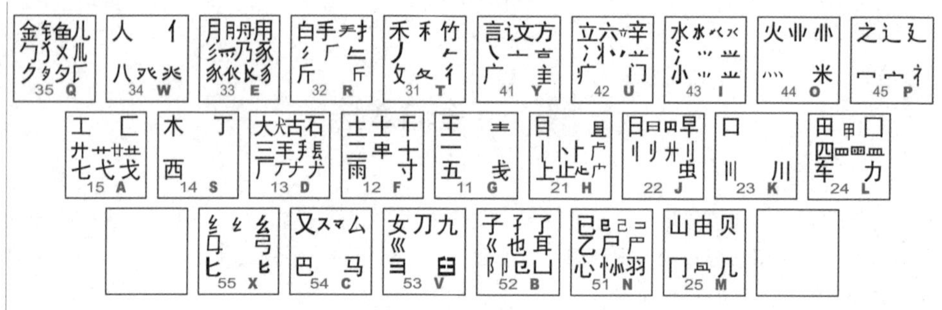

图 6–12

6.4.3 五笔字根助记歌

五笔字根助记歌是为了便于记诵而编写的、包含所有字根的押韵文字歌诀。随着时间的推移，字根口诀先后出现众多的版本，最受大众认可的是由五笔之父王永民先生最初推出的五笔字根口诀。王永民推出的五笔字根助记歌共有 3 个版本，这里介绍最新版本——新世纪版，如表 6–1 所示。

表 6–1 五笔字根助记歌

区	代码	字母	五笔字型记忆口诀
1 横起笔	11	G	王旁青头五一提
	12	F	土士二干十寸雨
	13	D	大三肆头古石厂
	14	S	木丁西边要无女
	15	A	工戈草头右框七

续表

区	代码	字母	五笔字型记忆口诀
2 竖起笔	21 22 23 24 25	H J K L M	目止具头卜虎皮 日曰两竖与虫依 口中两川三个竖 田框四车甲单底 山由贝骨下框里
3 撇起笔	31 32 33 34 35	T R E W Q	禾竹牛旁卧人立 白斤气头叉手提 月舟衣力豕豸臼 人八登祭风头几 金夕犭儿包头鱼
4 捺起笔	41 42 43 44 45	Y U I O P	言文方点在四一 立带两点病门里 水边一族三点小 火变三态广二米 之字宝盖补示衣
5 折起笔	51 52 53 54 55	N B V C X	已类左框心尸羽 子耳了也乃齿底 女刀九巡录无水 又巴甬矣马失蹄 幺母绞丝弓三匕

6.4.4 汉字的拆分原则

学习五笔输入法的过程，其实就是学习如何将汉字拆分成基本字根的过程。下面将介绍拆分方法。

❶汉字的三种字型

对汉字进行分类时，五笔输入法依据汉字书写时的顺序和结构对汉字进行分类。根据汉字字根间的位置关系，可以分为左右型、上下型和杂合型。

❷ 字根之间的结构关系

一切汉字都是由基本字根和非基本字根的单体结构组合而成的。组合汉字时，按照字根之间的位置关系，可以将字根分为 4 种结构，分别是单、散、连和交。

（1）单：是指基本字根本身就是一个汉字，也就是“成字字根”，如口、月、金、王等。

（2）散：是指整字由多个字根组成，并且组成汉字的字根之间有一定距离，既不相连也不相交，如汉、吕、国等。

（3）连：有两种情况。一种是单笔画与基本字根相连，如“白”字由单笔画“丿”和基本字根“日”组合而成。另一种是带点的结构均被认为相连，如“犬”字由右基本字根“大”和单笔画“、”组合而成。

（4）交：是指由多个字根交叉重叠之后组合成的汉字。如“申”字由基本字根“日”和基本字根“丨”交叉组合而成。

❸ 汉字字根的拆分原则

汉字的拆分其实就是将构成汉字的部分拆分成基本字根的逆过程。当然，汉字的拆分也是有一定规律的，根据拆分规律可以总结出拆分的 5 个原则。下面详细介绍这 5 个原则。

（1）书写顺序的原则：拆分汉字时，必须按照汉字的书写顺序拆分，如“明”字的拆分顺序是先拆分其左边的基本字根“日”，然后拆分其右边的基本字根“月”。

（2）取大优先的原则：是指在拆分汉字时，按照书写顺序拆分汉字的同时，要拆出尽可能大的字根，从而保证拆分出的字根数量最少。如“故”字，正确的拆分顺序是先拆分汉字左边的基本字根“古”，然后拆分汉字右边的基本字根“攵”，而不能将其拆分成“十”“口”“攵”

（3）兼顾直观的原则：是指在拆分汉字时要尽量照顾汉字的直观性，一个笔画不能分割在两个字根中，如“国”字正确的拆分顺序是先拆分汉字外围基本字根“囗”，然后拆分汉字内围基本字根“王”和“、”，而不能将其拆分成“冂”“王”“、”和“一”。

（4）能散不连的原则：如果一个汉字能拆分几个基本字根的“散”关系，就不要将其拆分成“连”的关系。有时字根之间的关系介于散和连之间，如果不是单笔画字根，均按照散的关系处理。如“午”字的正确拆分顺序是先拆分汉字的基本字根“𠂉”，然后拆分汉字基本字根“十”，不能将其拆分成“丿”和“干”。

（5）能连不交的原则：如果一个汉字能拆分成几个基本字根的“连”关系，就不要将其拆分成“交”的关系。如“千”字的正确拆分顺序是先拆分基本字根“丿”，然后拆分基本字根“十”，而不能将其拆分成“丿”“一”“丨”。

6.4.5 输入汉字

五笔输入法一般在键盘上敲击四次即可完成一个汉字的输入。使用五笔输入法输入汉字，可以大大提高输入文字的速度，节省操作时间，提升工作效率。下面介绍使用五笔输入法输入汉字的操作方法。

❶ 键名输入

在键盘上从 A ～ Y 的每个键位上的第一个字根，也就是“记忆口诀”中打头的那个字根，称为“键名”。键名输入的方法是将键名所在的按键连击 4 次即可得到该键名字。

❷ 一级简码输入

一级简码是指除 Z 键以外的 25 个字母按键上，每个按键都安排一个使用频率最高的汉字，这 25 个汉字被称为一级简码。其分布情况如图 6–13 所示。

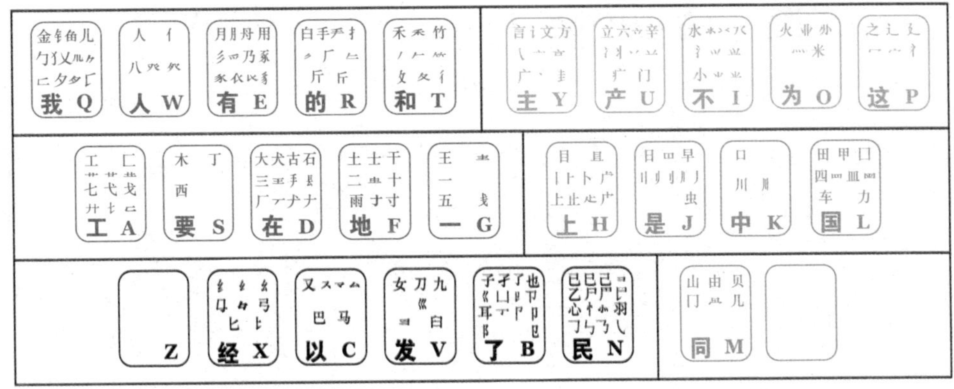

图 6–13

❸ 成字字根汉字的输入

字根表中，除键名以外自身也是汉字的字根，称为“成字字根”。成字字根汉字的编码规则为：成字字根所在的键名代码 + 首笔代码 + 次笔代码 + 末笔代码，不足 4 码时可以用空格代替。

❹ 输入普通汉字

掌握五笔输入法的拆分原则和输入汉字的编码原理后，结合这些知识就可以输入汉字了。下面以输入汉字“超”为例，介绍一下使用五笔输入法输入普通汉字的操作方法。

第 1 步　在 Windows 10 系统桌面上，单击【开始】按钮，在弹出的【开始】菜单中选择【所有程序】菜单项。

第 2 步　在弹出的【所有程序】菜单中，选择【附件】菜单项，在打开的【附件】菜单中选择【记事本】菜单项。

第 3 步　在任务栏中，单击输入法按钮，在弹出的菜单中选择微软五笔菜单项，如图 6–14 所示。

第 4 步　在记事本中输入“超”字的字根所在键，即 fhv，按数字键 1 确认选择词条 1，如图 6–15 所示。

第 5 步　通过以上操作步骤即可使用“微软五笔”输入法得到所需文字“超”，如图 6–16 所示。

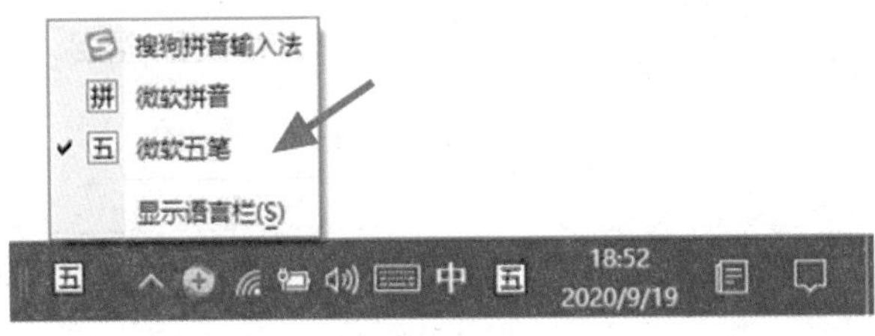

图 6–14

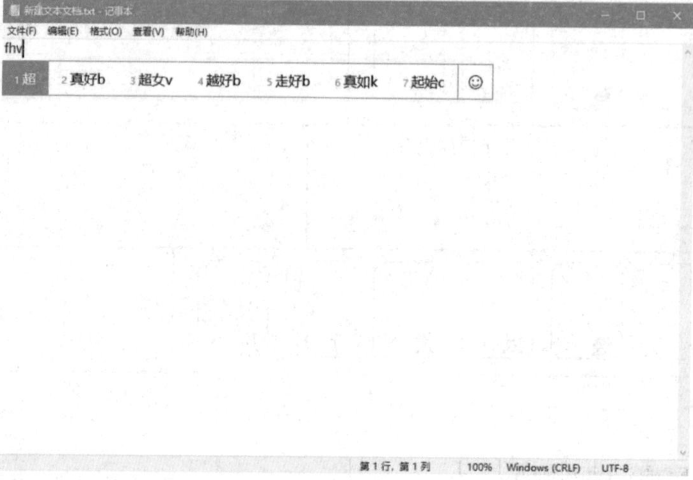
新建文本文档.txt - 记事本
文件(F) 编辑(E) 格式(O) 查看(V) 帮助(H)
fhv
1 超 2 真好b 3 超女v 4 越好b 5 走好b 6 真如k 7 起始c
第 1 行，第 1 列 100% Windows (CRLF) UTF-8

图 6–15

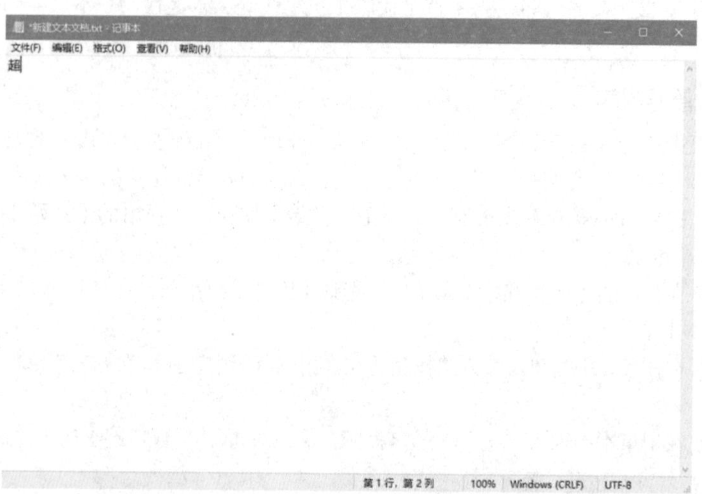
*新建文本文档.txt - 记事本
文件(F) 编辑(E) 格式(O) 查看(V) 帮助(H)
超
第 1 行，第 2 列 100% Windows (CRLF) UTF-8

图 6–16

第七章
网络应用

21 世纪是一个全新的时代，也是被网络信息包围的时代。互联网俨然成为大部分家庭不可或缺的一部分，许多企业也需要通过网络实现与人才、其他企业、市场的对接。

随着网络化社会的推动，人们的工作和生活越来越便捷，越来越离不开网络。甚至有人说，在这个时代，不会使用网络的人都是“现代文盲”，由此可见网络应用的重要性。

7.1 连接网络

计算机网络的应用可以说是当代社会不可逆的发展。如何将电脑连接上网络，这是网络应用的第一步。用户需要去当地的营业厅办理宽带等网络服务，并请工作人员连接好网线。常见的连接网络方式有宽带连接、无线连接几种。

台式电脑进行无线连接需要安装专用的无线网卡，笔记本电脑、平板电脑等产品多在内部装有网卡。目前，无线网卡大多是免安装的，因此不再赘述其安装过程。安装好网卡以后，打开“控制面板”，找到“网络和共享中心”选项（图 7–1）。

在网络共享中心界面选择“更改适配器设置”（图 7–2）。

在网络连接界面选择“WLAN”（图 7–3）。

在网络连接界面搜索网络，并点击需要连接的网络（图 7–4）。

点击连接后，如果网络没有加密就可以直接连接上。如果网络是加密的，系统会跳出“输入网络安全密钥”界面，用户将密钥输入进去，点击确定就可以连接到网络。

如果网络密钥更换导致无法连接到网络，用户可以在网络名称上点击鼠标右键，选择“状态”（图 7–5）。在安全界面（图 7–6）更改安全密钥，重新连接。

所有控制面板项
控制面板 > 所有控制面板项
调整计算机的设置
查看方式: 大图标
360强力卸载 (32 位)
Adobe Gamma (32 位)
Autodesk 打印样式管理器
Autodesk 绘图仪管理器
Flash Player (32 位)
Internet 选项
NVIDIA 控制面板
Realtek高清晰音频管理器
RemoteApp 和桌面连接
Windows Defender 防火墙
Windows 移动中心
安全和维护
备份和还原(Windows 7)
程序和功能
存储空间
电话和调制解调器
电源选项
工作文件夹
管理工具
恢复
键盘
默认程序
凭据管理器
轻松使用设置中心
区域
任务栏和导航
日期和时间
设备管理器
设备和打印机
声音
鼠标
索引选项
同步中心
网络和共享中心
文件历史记录
文件资源管理器选项
系统
颜色管理
疑难解答
英特尔® 显卡设置
用户帐户
邮件
语音识别
自动播放
字体

图 7–1

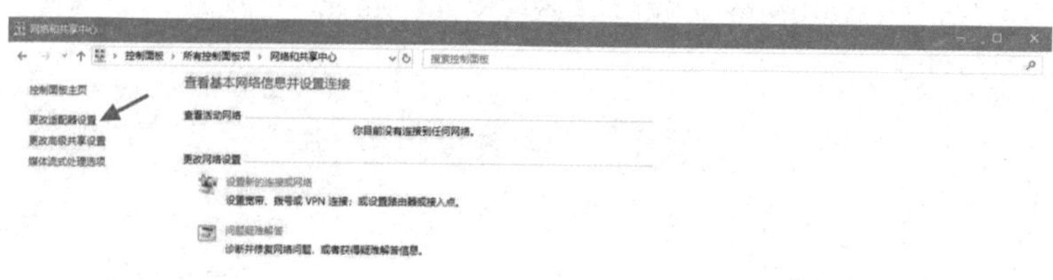
网络和共享中心
控制面板 > 所有控制面板项 > 网络和共享中心
控制面板主页
更改适配器设置
更改高级共享设置
媒体流式处理选项
查看基本网络信息并设置连接
查看活动网络
你目前没有连接到任何网络。
更改网络设置
设置新的连接或网络
设置宽带、拨号或 VPN 连接；或设置路由器或接入点。
问题疑难解答
诊断并修复网络问题，或者获得疑难解答信息。
另请参阅
Internet 选项
Windows Defender 防火墙

图 7–2

网络连接
控制面板 > 网络和 Internet > 网络连接
组织
WLAN
未连接
Intel(R) Dual Band Wireless-A...
1 个项目

图 7–3

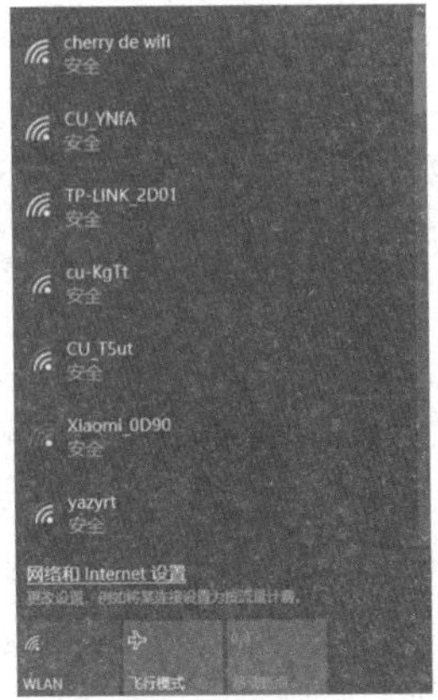
cherry de wifi
安全
CU_YNfA
安全
TP-LINK_2D01
安全
cu-KgTt
安全
CU_T5ut
安全
Xiaomi_0D90
安全
yazyrt
安全
网络和 Internet 设置
WLAN
飞行模式

图 7–4

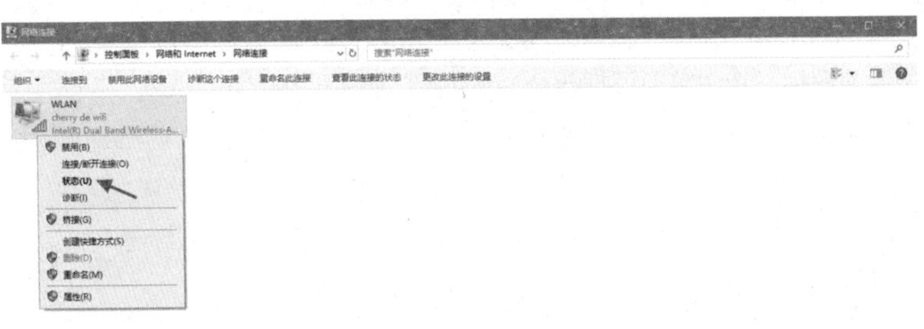
控制面板
网络和 Internet
网络连接
组织
连接到
禁用此网络设备
诊断这个连接
重命名此连接
查看此连接的状态
更改此连接的设置
WLAN
cherry de wifi
禁用(B)
连接/断开连接(O)
状态(U)
诊断(I)
桥接(G)
创建快捷方式(S)
删除(D)
重命名(M)
属性(R)
1 个项目 选中 1 个项目

图 7–5

cherry de wifi 无线网络属性
连接
安全
安全类型(E):
WPA2 - 个人
加密类型(N):
AES
网络安全密钥(K)
显示字符(H)
高级设置(D)
确定
取消

图 7–6

7.2 浏览器操作

上网，说得简单一点就是通过网络实现用户的需求，如查找相应的音视频、搜索信息、查阅新闻等。浏览器操作即用户在上网的过程中，需要或可能需要进行的一些操作。下面以QQ 浏览器 10.6.1 版本为例进行介绍。

7.2.1 打开浏览器

电脑安装了 QQ 浏览器后，通常会有桌面快捷方式（图 7-7），用户只需要双击快捷方式，或者右击快捷方式并选择“打开”，即可打开 QQ 浏览器。如果桌面没有快捷方式，可以在状态栏或者“开始”菜单中找到 QQ 浏览器的图标，选中它即可打开 QQ 浏览器。如果上述方法都无法找到 QQ 浏览器图标，请确认是否正确安装了该软件。

图 7-7

7.2.2 网页操作

网页操作包括打开、切换、刷新、关闭四项内容。

打开网页的方式为：在上网导航界面选中相应的，或者在浏览器窗口上方的地址栏（图 7-8）中输入 / 粘贴需要打开的网址，按下回车键，此时网页就会显示出来。

图 7-8

切换网页的方式为：点击位于浏览器界面上方标签栏中的标题栏（图 7-9），即可实现网页切换。

图 7-9

刷新标签页分为刷新当前标签页和刷新所有标签页两种。

刷新网页的方式为：用鼠标右键点击标签页的标题栏，在右键菜单中选择“刷新”或“刷新所有标签页”即可（图 7-10）。除此之外，按下 F5 键可以直接刷新当前标签页。

为了便于操作，用户还可以设置在一定的时间内自动刷新网页。方式为：在标签页右键菜单中选择“自动刷新”，在右侧菜单中（图 7-11）选择合适的时间区间即可。

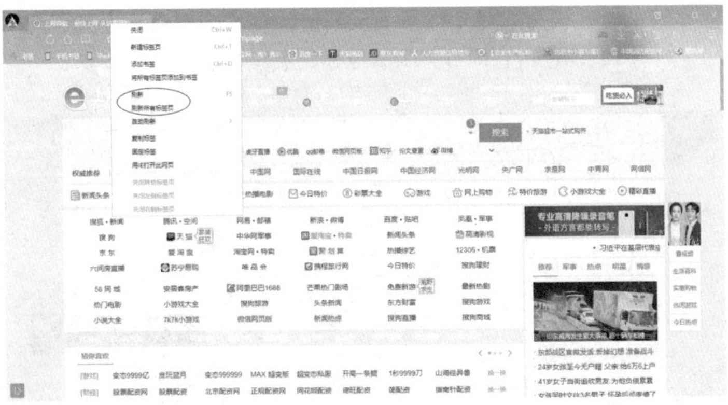

图 7–10

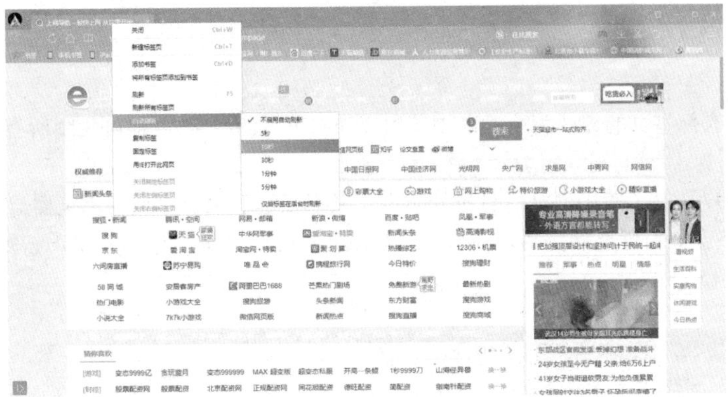

图 7–11

关闭网页分为关闭当前页、关闭其他标签页（已经打开但当前未显示的网页）和关闭所有标签页三种。

关闭当前页的方式为：单击当前页面标题栏显示的“×”（图 7–12），即可关闭当前页。也可双击标题栏，用来关闭当前页。

图 7–12

关闭其他标签页的方式为：将光标移动至其他标签页的标题栏上方，此时中间偏左出现“×”图标（图 7-13），点击它即可关闭其他标签页。

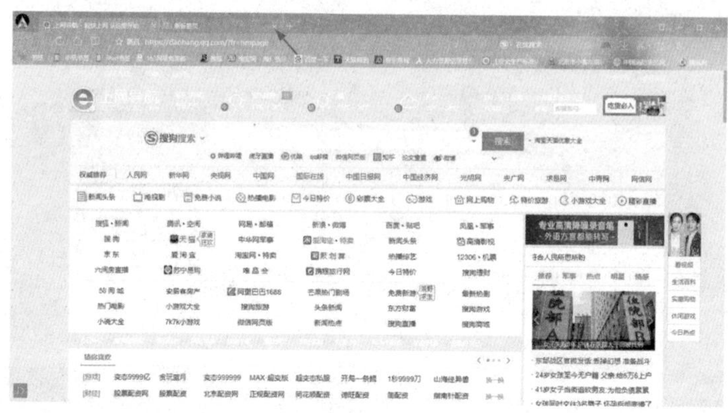

图 7-13

关闭所有标签页的方式为：点击浏览器界面右上方的“×”，即可关闭所有标签页（图 7-14）。

如果用户是初次使用浏览器且打开了两个及以上标签页，在点击浏览器界面右上方的“×”后并不会关闭浏览器，而是弹出一个对话框，用户勾选“不再提示”选项后选择确认即可（图 7-15）。

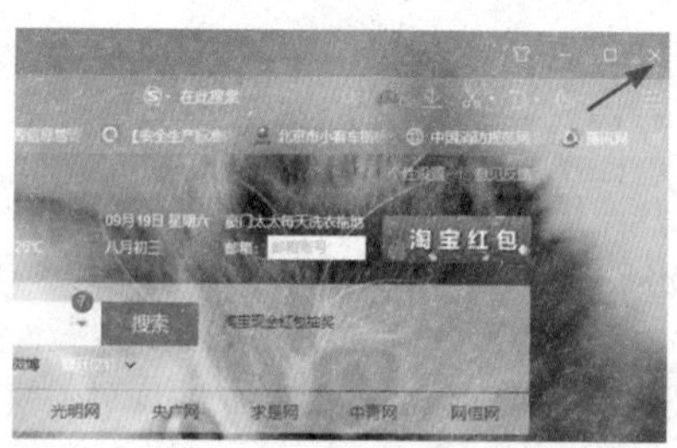

图 7-14

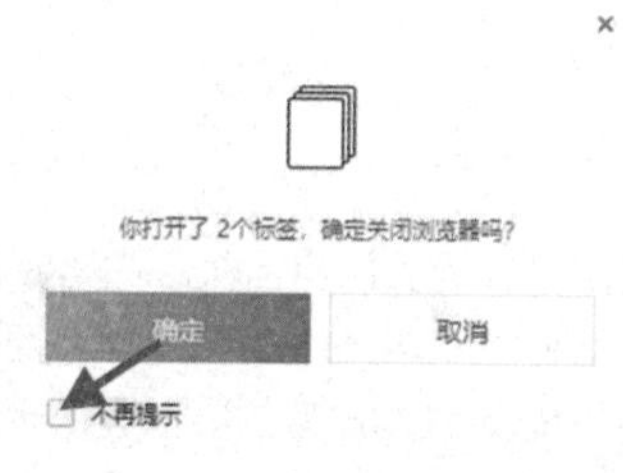

图 7-15

7.2.3 关键词搜索

关键词（keywords）原本应用于图书馆学中，是指快速对某个或某些内容检索时使用的词语。在网络应用普及后，关键词被照搬到该领域，用户可以通过关键词快速地在庞大的网络体系中检索到自己需要掌握的信息。作为通过网络搜索信息的主要方式，关键词搜索能够帮助用户快速了解某事、某物的信息，对于网络使用的作用不言而喻。

关键词搜索首先需要确定关键词，也就是用户想要知道的信息属于哪种类型或者有什么显著的特征，这样可以大大提升搜索效率。比如，想要搜索某地的天气信息，就需要输入某地的名称（现在的技术可以精确到县级单位，使用户可以随时掌握天气情况），之后搜索就可以得到相应的天气信息。再如想学习一道料理，可以通过网络搜索教程，关键词就需要输入菜品或者原材料的名称，进行搜索就可以得到相应的教程。

确定关键词后，将其输入相应的对话框即可。在 QQ 浏览器的主页上，有三个对话框可以输入关键词，分别是上方的地址栏和搜索栏以及位置稍微偏下的搜索栏（图 7–16）。

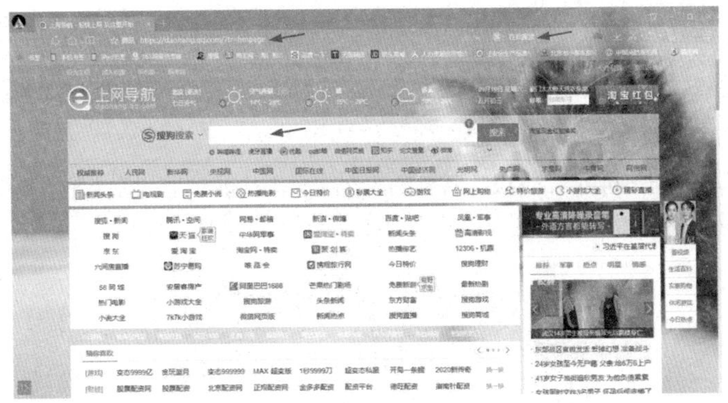

图 7–16

7.2.4 书签

阅读纸质文件或图书时，可以放入一个书签便于下次阅读时快速找到之前读到的内容。在电脑上，同样可以设置书签，快速打开需要使用的界面。

添加书签的方式有两种。第一种是在当前打开的标签页，将地址栏左侧的“☆”符号点亮（图 7–17），该标签页就会添加到书签中。

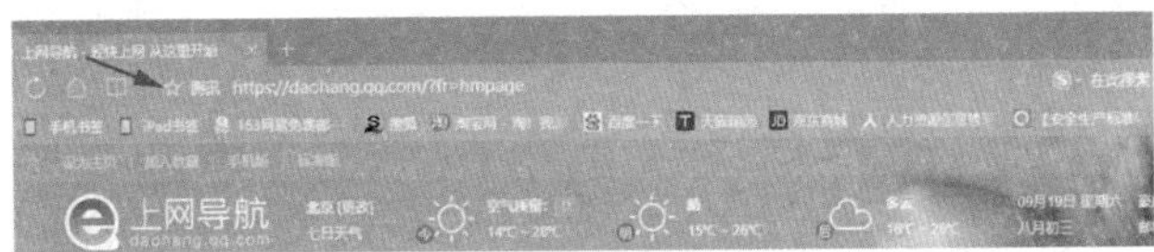

图 7–17

第二种是在标签页的标题栏上点击鼠标右键，选择“添加书签”或“将所有标签页添加到书签”（图 7–18），根据需要选择相应的选项即可。

图 7–18

将网页添加到书签后，可以点击书签，通过拖拽更换书签的前后顺序，以更好地利用书签。如果书签太多，书签栏无法全部显示，可以点击书签栏左侧的“☆”或者右侧的“》”（图 7–19）查看更多书签，打开更多书签的下拉菜单，选择相应的书签即可。

图 7–19

如果不需要再使用书签，可以将其删除。在书签为当前页面的前提下，删除方式为：点击地址栏左侧的“☆”符号，选择“删除”（图 7–20）。

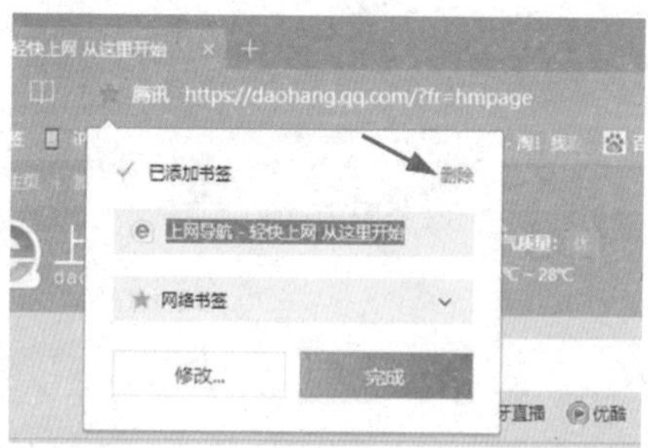

图 7–20

在没有打开书签或书签并非当前页的前提下，删除方式为：用右键点击书签栏的标题，在右键菜单选择“删除”即可（图 7–21）。

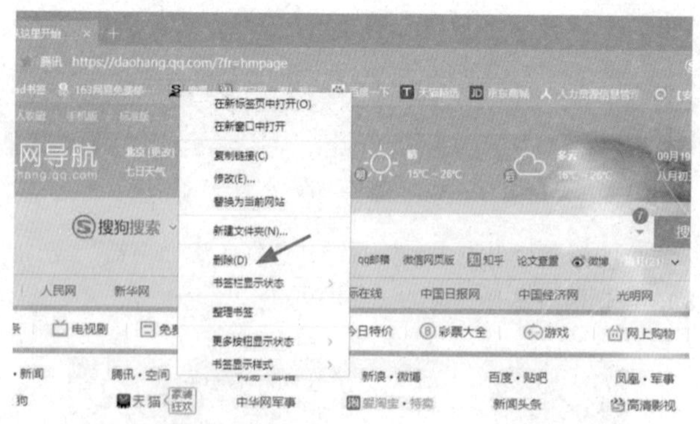

图 7–21

如果需要大量删除书签、从其他设备导入书签、对本地书签分类等操作，可以在书签标题栏的右键菜单中选择“整理书签”。

7.2.5　历史记录

当电脑突然关机、停电等导致浏览器不正常关闭或误将正在使用的网页关闭了，可以点击浏览器右上角的箭头（图 7–22），恢复最近关闭的最后一个网页。

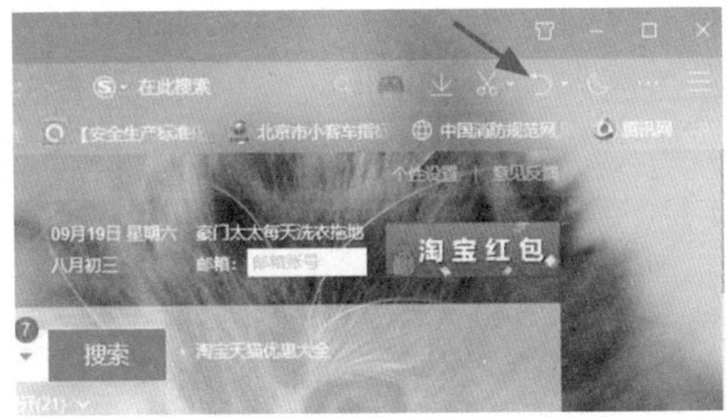

图 7–22

如果想要恢复的网页并非最后一个关闭的，可以选择多点几次或者点开右侧的箭头，选择想要恢复的页面标题即可（图 7–23）。

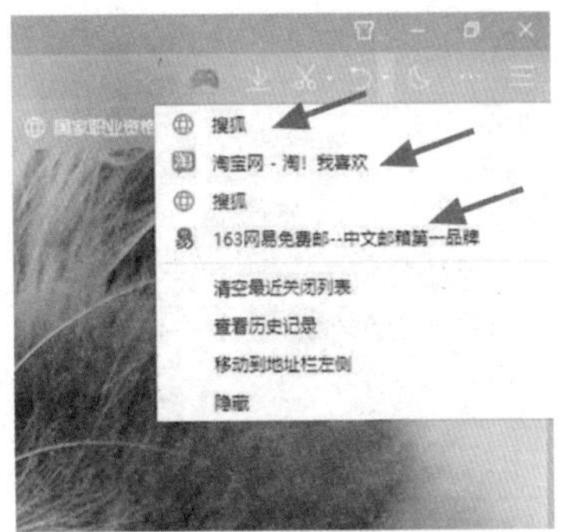

图 7–23

使用完浏览器后，为了不使信息泄露，可以清空最近关闭列表。方式为：在恢复最近关闭的网页下拉菜单中选择“清空最近关闭列表”（图 7–24），选择后当前下拉菜单中的内容将会被清空。

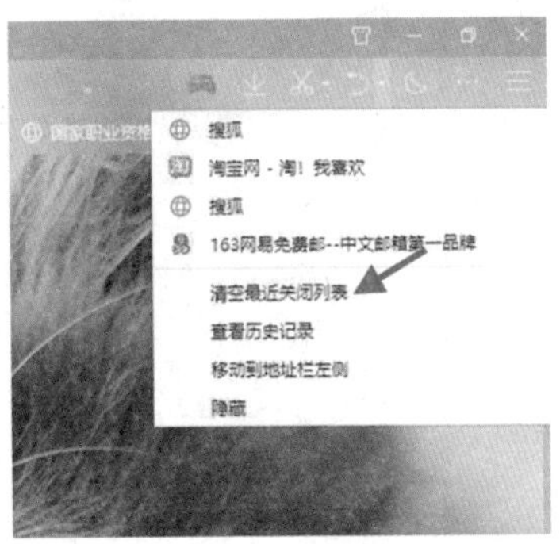

图 7–24

想要删除更多记录，可以在下拉菜单选择“查看历史记录”（图 7-25），在查看历史记录界面，选择右上角的“清空历史记录”（图 7-26）。

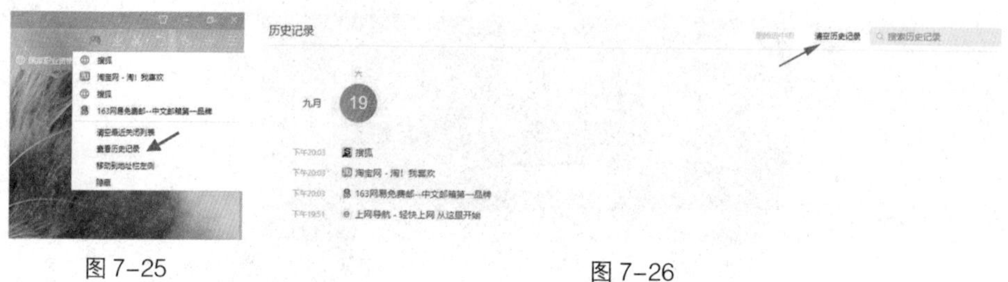

图 7-25　　图 7-26

7.2.6　默认浏览器

用户可以根据自己的喜好，设置不同的浏览器。以 QQ 浏览器为例，设置方式为，打开右上角的“菜单”（图 7-27）。

图 7-27

在下拉菜单中选择“设为默认浏览器”。如果没有这个选项，可以点开“设置”（图 7-28）。

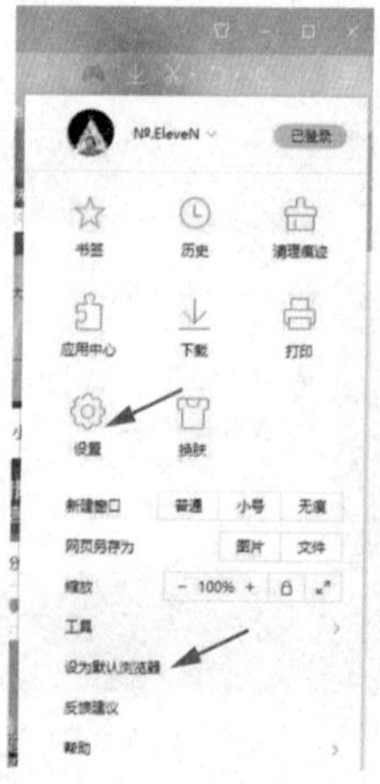

图 7-28

在设置界面的“默认浏览器”选项下选择“将 QQ 浏览器设置为默认浏览器并锁定”(图 7-29)。

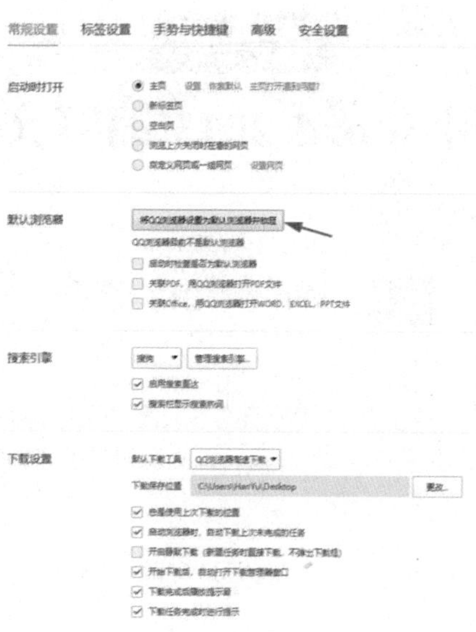

图 7-29

7.2.7 安全设置

在设置界面，用户还可以进行安全设置(图 7-30)，包括默认浏览器防护、主动防御、浏览器底层防护、高危插件隔离、漏洞模块拦截、网站安全云检测、恶意网站拦截、网站备案信息云检测、下载云安全等。这些安全防护设置可以有效保障用户的用网安全，享受安全、高效的网络世界。

图 7-30

第八章 应用 Word 2013 编写文档

8.1 Word 2013 简介

Word 2013 是 Microsoft 公司于 2013 年推出的一款优秀的文字处理软件，主要用于完成日常办公和文字处理等操作。使用 Word 2013 前，首先要初步了解它的基本知识，本节将予以详细介绍。

8.1.1 启动 Word 2013

如果准备使用 Word 2013 进行文档编辑操作，首先需要启动 Word 2013。下面介绍启动 Word 2013 的操作方法。

第1步 在 Windows 10 系统桌面中，单击【开始】按钮，在弹出的菜单中选择【所有程序】菜单项，如图 8–1 所示。

第2步 在所有程序菜单中，选择 Microsoft Office 2013 菜单项，选择 Word 2013 菜单项，如图 8–2 所示。

第3步 进入选择文档模板界面，单击【空白文档】选项，如图 8–3 所示。

第4步 通过上述操作即可启动 Word 2013，如图 8–4 所示。

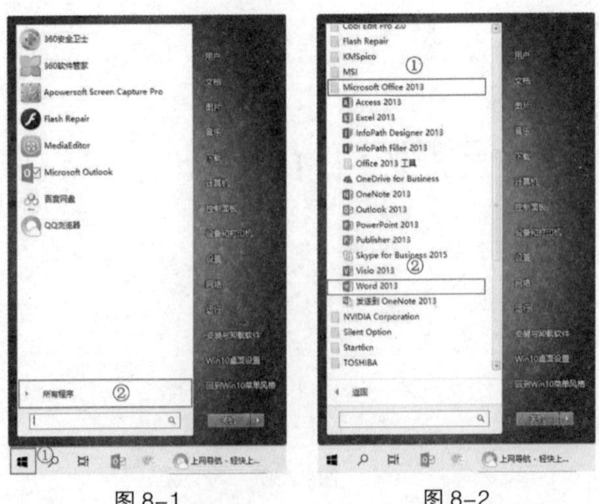

图 8–1　　图 8–2

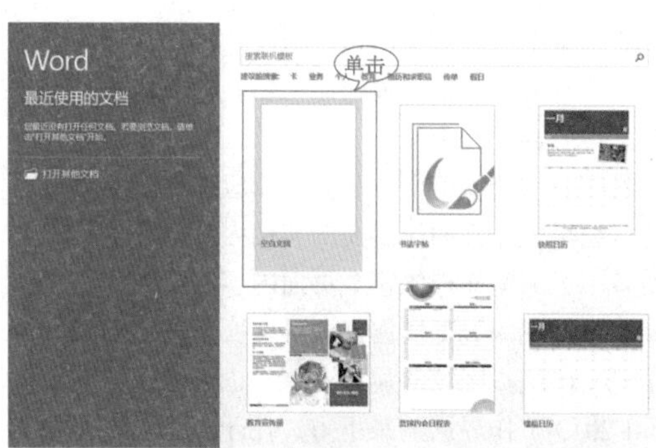

图 8–3

图 8–4

8.1.2　认识 Word 2013 的工作界面

操作 Word 2013 软件之前，首先要认识其工作界面。Word 2013 的工作界面由文件按钮、快速访问工具栏、标题栏、功能区、编辑区、状态栏、视图按钮、显示比例等部分组成，如图 8–5 所示。

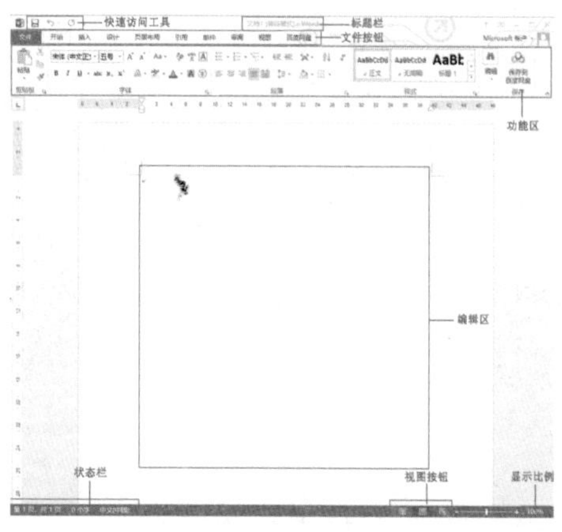

图 8–5

文件按钮：在打开的菜单中可以对文档执行新建、保存和打印等操作。

快速访问工具栏：默认状态下包括保存、撤销粘贴、复印粘贴三个按钮。

标题栏：用于显示文档的标题和类型。

功能区：在每个标签对应的选项卡下，收集了相应的命令。

编辑区：对文档进行编辑操作，制作需要的文档内容。

滚动条：拖动滚动条用于测览文档的整个页面内容。

视图按钮：单击要显示的视图类型按钮，即可切换至相应的视图方式，查看文档。

显示比例：用于设置文档编辑区域的显示比例，也可通过拖动滑块调整。

状态栏：位于 Word 2013 工作界面的最下方，用于查着页面信息，进行语法检查，切换视图模式和调节显示比例等操作。

8.1.3 退出 Word 2013

在 Word 2013 中完成文件的编辑和保存操作后，如果不准备应用 Word 2013，可以选择退出，从而节省内存空间。

在 Word 2013 工作界面中完成文档的保存操作后，选择关闭选项即可退出 Word 2013，如图 8-6 所示。

图 8-6

8.2 文件的基本操作

认识并掌握了启动和退出 Word 2013 的操作方法后，接下来需要学习和掌握文档的基本操作方法。

8.2.1 新建文档

启动 Word 2013 后，如果准备在新的页面录入与编辑文字，就需要新建文档。下面介绍新建文档的操作方法。

第 1 步 在 Word 2013 中单击【文件】按钮，如图 8-7 所示。

第 2 步 在 Backstage 视图中选择【新建】选项，如图 8-8 所示。

第 3 步 在模板中选择准备新建的文档类型，如“空白模板”，如图 8-9 所示。

第 4 步 通过上述步骤即可完成文档的新建，如图 8-10 所示。

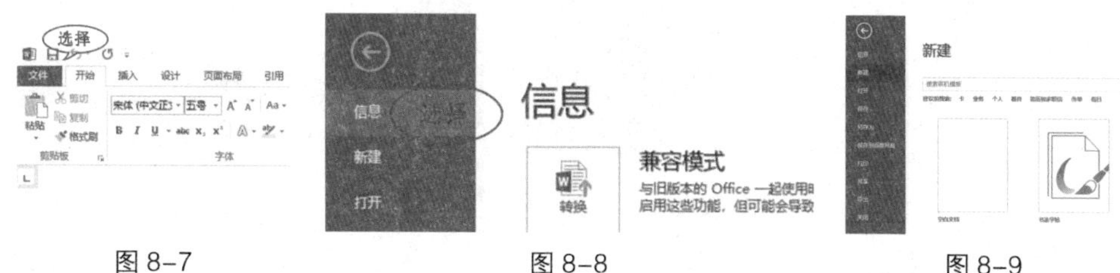

图 8-7　　图 8-8　　图 8-9

图 8-10

8.2.2 保存文档

在 Word 2013 中完成文档编辑后，需要对文档进行保存。下面详细介绍保存文档的方法。

第 1 步 在 Word 2013 中单击【文件】按钮，如图 8-11 所示。

第 2 步 在 Backstage 视图中选择【保存】选项，如图 8-12 所示。

第 3 步 进入【另存为】界面，单击【浏览】按钮，如图 8-13 所示。

第 4 步 弹出【另存为】对话框，选择保存位置，在【文件名】下拉列表框中输入文件名，单击【保存】按钮，如图 8-14 所示。

第 5 步 通过上述步骤即可完成保存文档的操作，如图 8-15 所示。

图 8-11

图 8-12

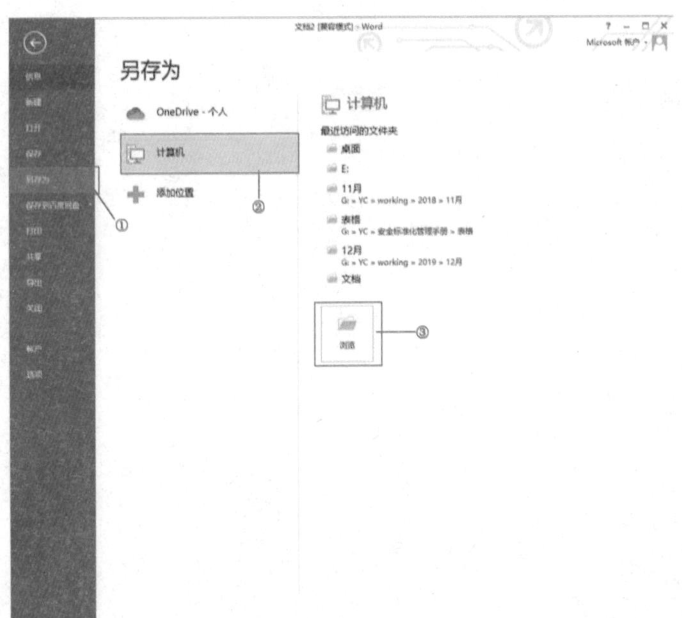

图 8-13

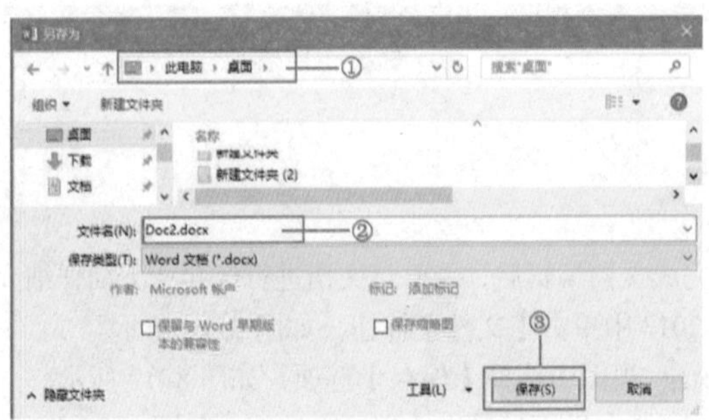

图 8-14

图 8–15

8.2.3 关闭文档

在 Word 2013 中完成文档的编辑操作后，如果不准备使用该文档，则可选择关闭。下面详细介绍关闭文档的操作方法。

保存完文档后，单击文档右上角的【关闭】按钮，即可关闭文档，如图 8–16 所示。

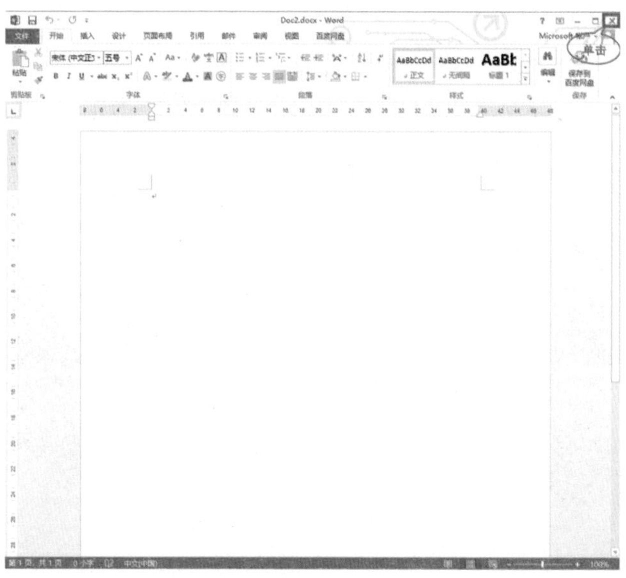

图 8–16

8.2.4 打开文档

如果准备使用 Word 2013 查看或编辑电脑中保存的文档内容，可以在“文件”中选择“打开”选项查看。下面详细介绍打开文档的具体操作方法。

第1步 在 Word 2013 中单击【文件】按钮，如图 8–17 所示。

第2步 在 Backstage 视图中选择【打开】选项，如图 8–18 所示。

第3步 在【最近使用的文档】中选择准备打开的文档，如“Doc2”，如图 8–19 所示。

第4步 通过以上步骤即可打开文档，如图 8–20 所示。

图 8–17　　图 8–18

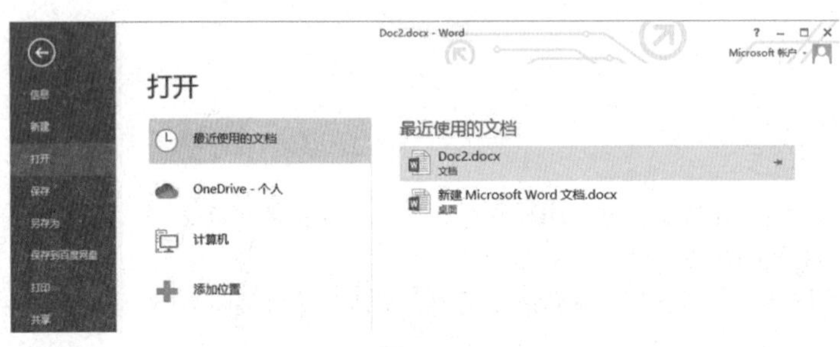

图 8–19

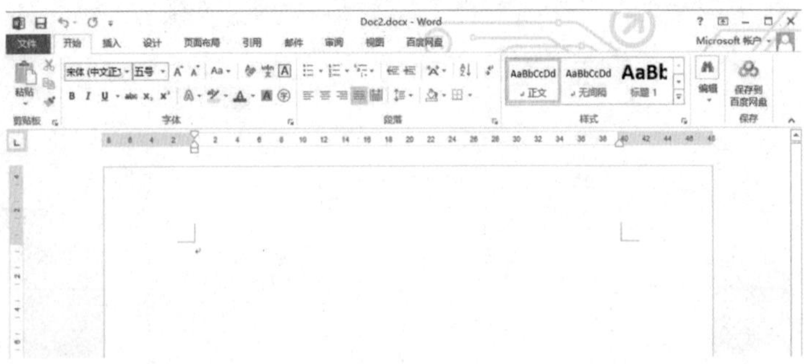

图 8–20

8.3 输入与编辑文本

在 Word 2013 中建立文档后，可以在文档中输入并编辑文本内容，达到制作需要。本节将介绍输入与编辑文本的操作方法。

8.3.1 输入文本

启动 Word 2013 并创建文档后，在文档中定位光标，选择准备应用的输入法，根据选择的输入法，在键盘上按准备输入汉字的编码即可输入文档，如图 8-21 所示。

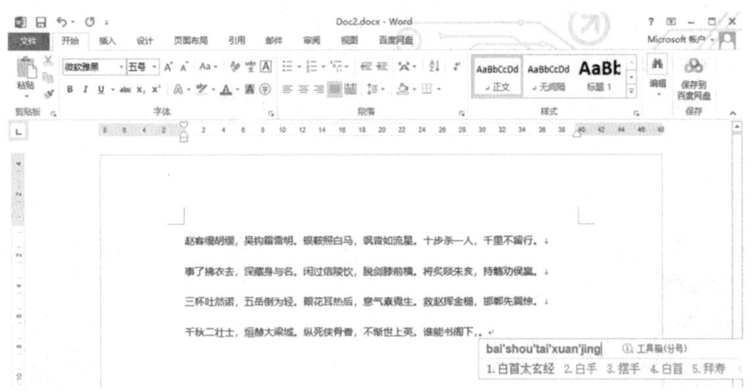

图 8-21

8.3.2 选中文本

如果准备对 Word 文档中的文本进行编辑，首先需要选中文本。下面介绍选中文本的操作方法。

（1）选中任意文本：将光标定位在准备选中文本的左侧或右侧，单击并拖动光标至准备选取文本的右侧或左侧，释放鼠标左键即可选中某段文本。

（2）选中一行文本：移动鼠标指针到准备选中的某一行文本行首的空白处，待鼠标指针变成向右箭头形状时，单击鼠标左键即可选中该行文本。

（3）选中一段文本：将光标定位在准备选中的一段文本的任意位置，然后连续单击鼠标三次即可选中一段文本。

（4）选中整篇文本：移动鼠标指针指向文本左侧的空白处，待鼠标指针变成向右箭头形状时，连续单击鼠标左键三次即可选择整篇文档；将光标定位在文本左侧的空白处，待鼠标指针变成向右箭头形状时，按住 Ctrl 键不放的同时，单击鼠标左键即可选中整篇文档；将光标定位在准备选择整篇文档的任意位置，按 Ctrl+A 组合键即可选中整篇文档。

（5）选中词：将光标定位在准备选中的词的位置，连续两次单击鼠标左键即可选中。

（6）选中句子：按住 Ctrl 键的同时，单击准备选中的句子的任意位置即可选中。

（7）选中垂直文本：将光标定位在任意位置，按住 Alt 键的同时拖动鼠标指针到目标位置，即可选中某一垂直文本。

（8）选择分散文本：选中段文本后，按住 Ctrl 键的同时再选中其他不连续的文本即可选中分散文本。

一些组合键可以帮助用户快速浏览文档中的内容。Word 2013 中常用的组合键有以下几组。

（1）Shift+ ↑组合键：选中光标所在位置至上一行对应位置处的文本。

（2）Shift+ ↓组合键：选中光标所在位置至下一行对应位置处的文本。

（3）Shift+ ←组合键：选中光标所在位置左侧的一个文字。

（4）Shift+ →组合键：选中光标所在位置右侧的一个文字。

（5）Shift+Home 组合键：选中光标所在位置至行首的文本。

（6）Shift+End 组合键：选中光标所在位置至行尾的文本。

（7）Ctrl+Shift+Home 组合键：选中光标位置至文本开头的文本。

（8）Ctrl+Shift+End 组合键：选中光标位置至文本结尾处的文本。

8.3.3 修改文本

在 Word 2013 文档中输入文本时，如果输入错误则可修改文本，保证输入的正确性。下面介绍修改文本的操作方法。

第1步 在 Word 2013 中，选中准备修改的文本内容，选择合适的输入法输入正确的文本内容，如图 8–22 所示。

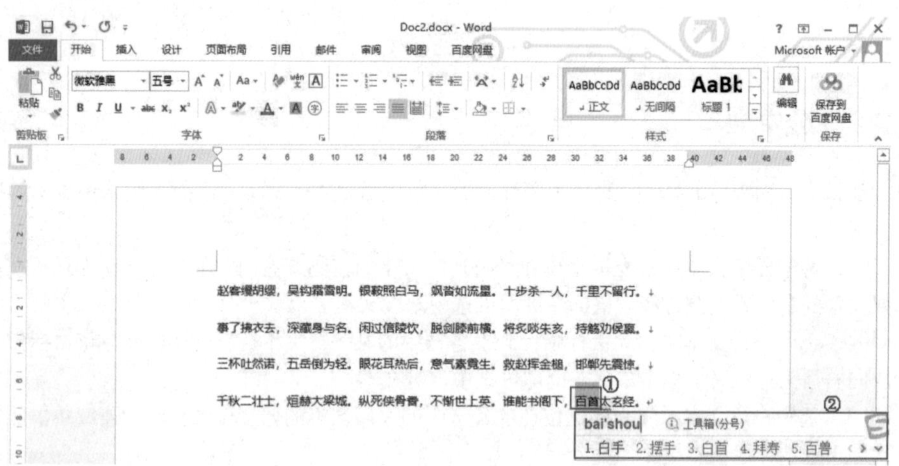

图 8–22

第2步 在键盘上按词组所在的数字序号 1 输入词组，通过上述操作即可修改文本，如图 8–23 所示。

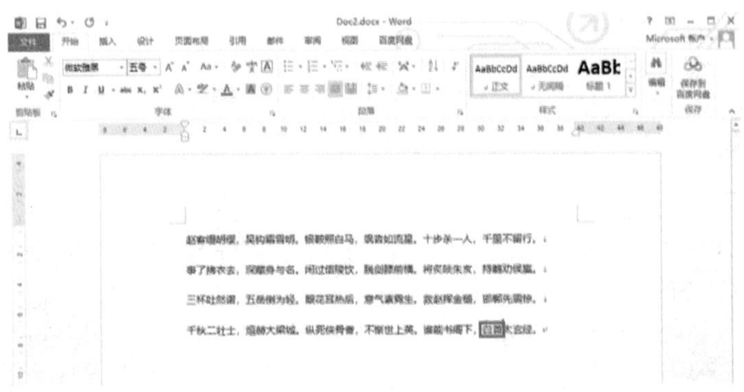

图 8-23

8.3.4 删除文本

启动 Word 2013 并创建文档后，在文档中定位光标即可进行文本的删除操作。下面介绍在 Word 2013 中删除文本的操作方法。

第 1 步 将光标定位在准备删除汉字的右侧，如图 8-24 所示。

第 2 步 在键盘上按 BackSpace 键即可删除光标左侧的文字，如图 8-25 所示。

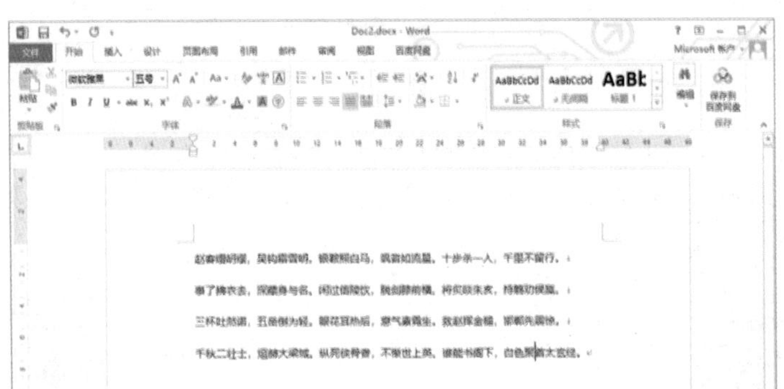

图 8-24

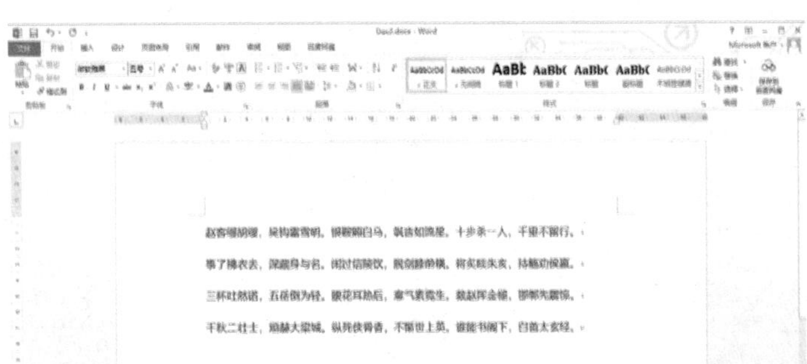

图 8-25

8.3.5 查找与替换文本

在 Word 2013 中，通过查找与替换文本操作可以快速查看或修改文本内容。下面介绍查找文本和替换文本的操作方法。

❶查找文本

在 Word 2013 中，使用寻找文本功能可以查找到文本中的任一字符、词语和符号等内容。下面介绍查找文本的操作方法。

第 1 步 将光标定位在文本的起始位置，单击【查找】下拉按钮，在弹出的列表中选择【查找】选项，如图 8–26 所示。

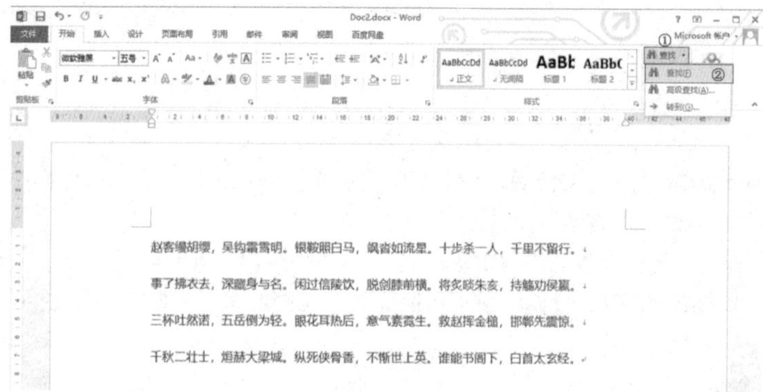

图 8–26

第 2 步 在弹出的【导航】窗格的搜索框中输入查找内容，如图 8–27 所示。

第 3 步 此时工作区中会显示第一个搜索结果，按 Enter 键即可显示下一条搜索结果，如图 8–28 所示。

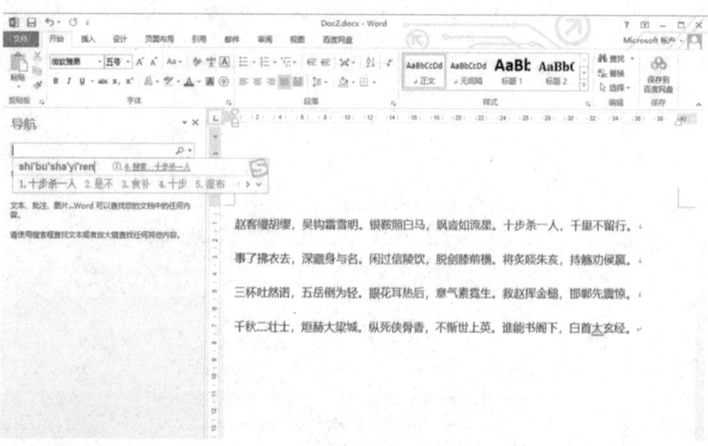

图 8–27

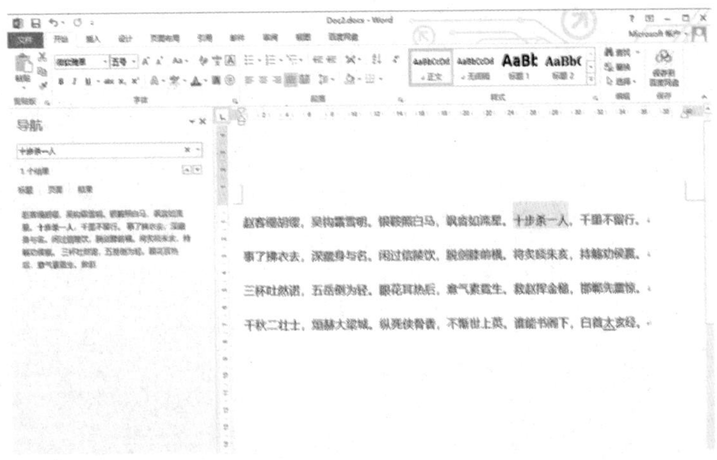

图 8–28

② 替换文本

在 Word 2013 中编辑文本时，如果文本内容出现错误或需要更改时，可以使用替换文本的方法修改。下面介绍替换文本的操作方法。

第1步 将光标定位在文本的起始位置，在【编辑】下选择【替换】选项，如图 8–29 所示。

图 8–29 （8.3–9）

第2步 弹出【查找和替换】对话框，输入查找内容，输入替换为内容，单击【全部替换】按钮，如图 8–30 所示。

第3步 替换完成，弹出 Microsoft Word 对话框，单击【确定】按钮，如图 8–31 所示。

第4步 在文档中可以查看替换后的结果，如图 8–32 所示。

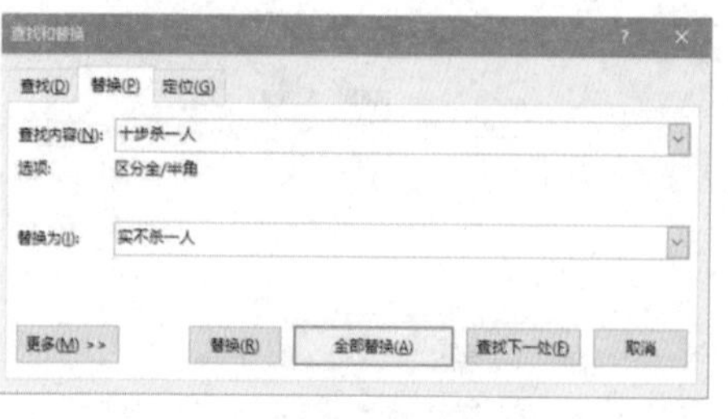

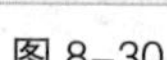
图 8-30

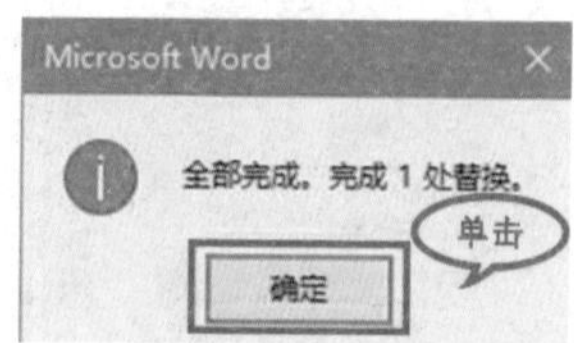

图 8-31

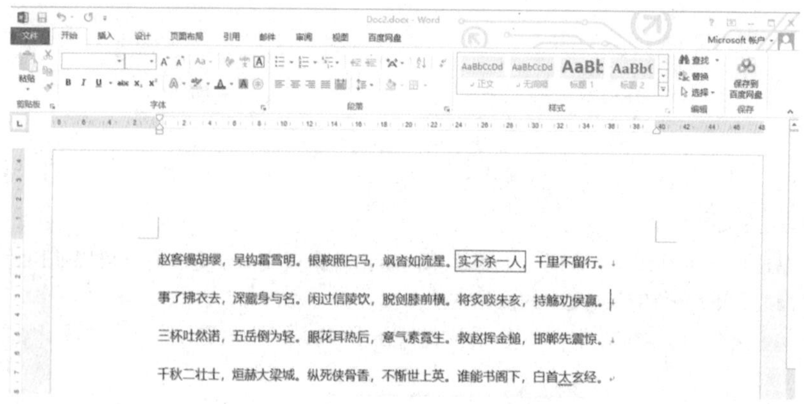

图 8-32

8.4 设置文档格式

在 Word 2013 中输入文本后，可以对文本和段落格式进行设置，从而满足编辑需要。本节将介绍设置文本和段落格式的操作方法，如段落对齐方式、段落缩进等。

8.4.1 设置文本格式

在 Word 2013 中对文本进行格式设置非常简单，下面详细介绍其操作方法。

第 1 步 完成文本输入后，选中准备进行格式设置的文本，在【开始】选项卡下单击【字体】下拉按钮，在弹出的下拉列表中设置字体为“方正瘦金书简体”，如图 8–33 所示。

第 2 步 设置字号为“三号”，如图 8–34 所示。

第 3 步 单击【加粗】按钮，如图 8–35 所示。

第 4 步 单击【斜体】按钮，如图 8–36 所示。

第 5 步 通过以上步骤即可完成文本设置，如图 8–37 所示。

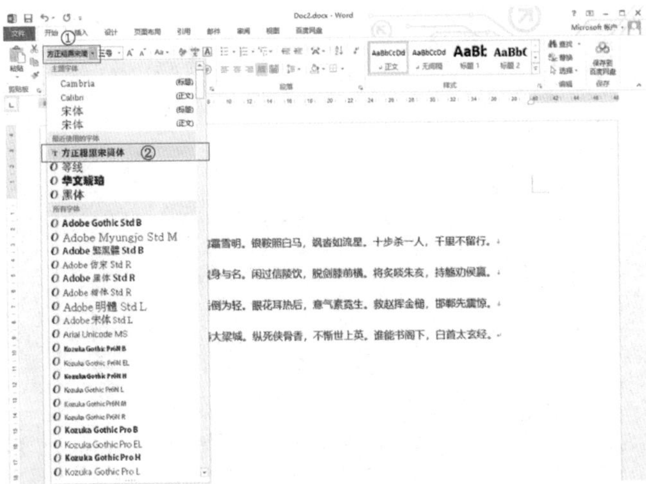

图 8-33

图 8-34

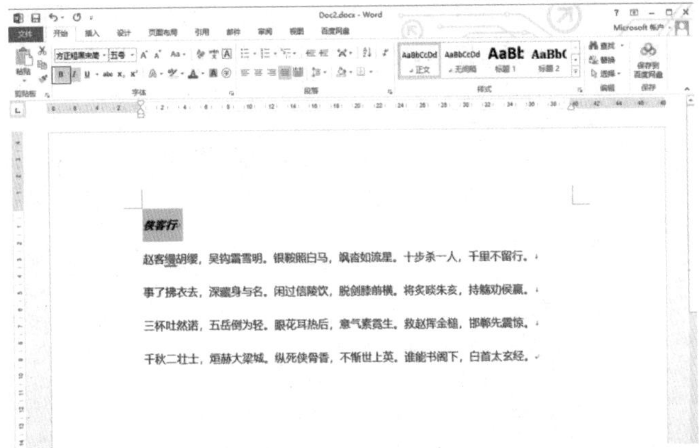

图 8-35

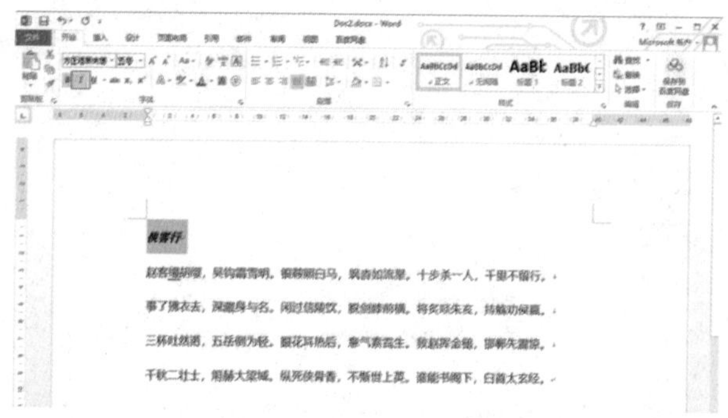

图 8-36

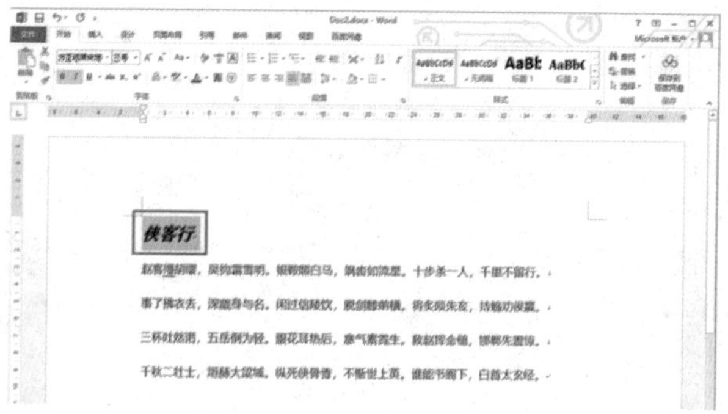

图 8-37

8.4.2 设置段落格式

段落格式是指段落在文档中的显示方式，共有 5 种，分别为文本左对齐、居中、文本右对齐、两端对齐和分散对齐。下面介绍设置段落对齐方式的操作方法。

第1步 将光标定位在准备进行格式设置的段落中，选择【开始】选项卡，在【开始】选项卡下单击【段落】下拉按钮，在弹出的下拉列表中单击【居中】按钮，如图 8-38 所示。

第2步 通过以上步骤即可完成设置段落格式的操作，如图 8-39 所示。

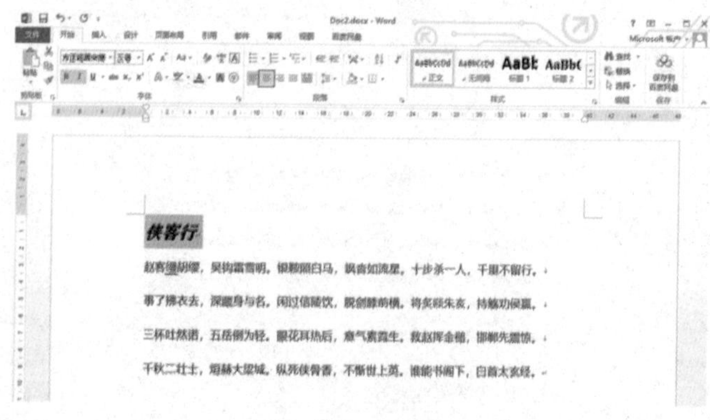

图 8-38

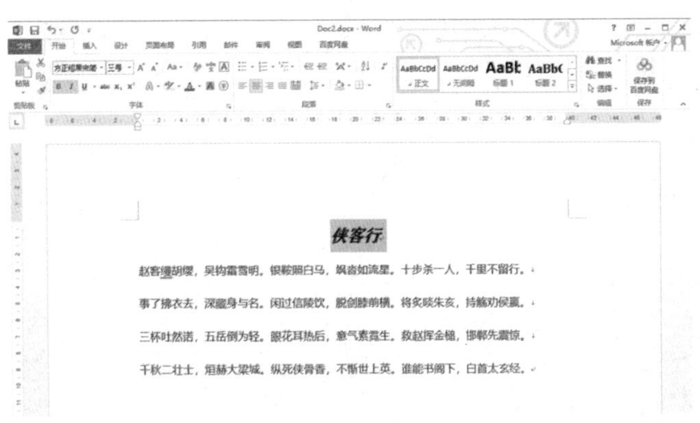

图 8–39

8.5 在文档中插入对象

在 Word 2013 文档中编辑文本时，可以插入艺术字和图片等内容，从而使文档更美观。本节将介绍在 Word 2013 文档中插入对象的方法。

8.5.1 插入图片

使用 Word 2013 编辑文档内容时，可以插入图片，方法非常简单。下面详细介绍其方法。

第 1 步 将光标定位在准备插入图片的位置，选择【插入】选项卡，单击【图片】按钮，如图 8–40 所示。

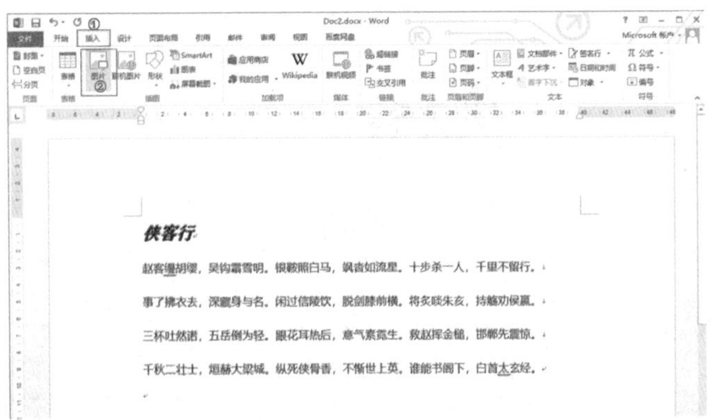

图 8–40

第 2 步 弹出【插入图片】对话框，选择准备插入的图片，单击【插入】按钮，如图 8–41 所示。

第 3 步 通过以上步骤即可完成在文本中插入图片的操作，如图 8–42 所示。

图 8–41

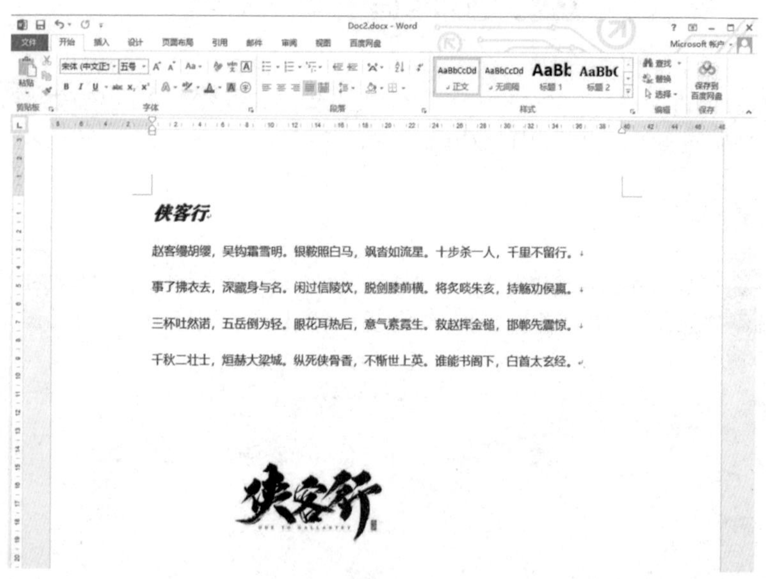

图 8–42

8.5.2 插入艺术字

Word 2013 还有插入艺术字的功能，可以为文档添加生动且具有特殊视觉效果的文字。下面详细介绍插入艺术字的操作方法。

第 1 步 将光标定位在准备插入剪贴画的位置，选择【插入】选项卡，单击【艺术字】下拉按钮，在弹出的下拉列表中选择准备插入的艺术字格式，如图 8–43 所示。

第 2 步 在文档中插入一个艺术字文本框，输入内容，如图 8–44 所示。

第 3 步 通过以上步骤即可完成在文本中插入艺术字的操作，如图 8–45 所示。

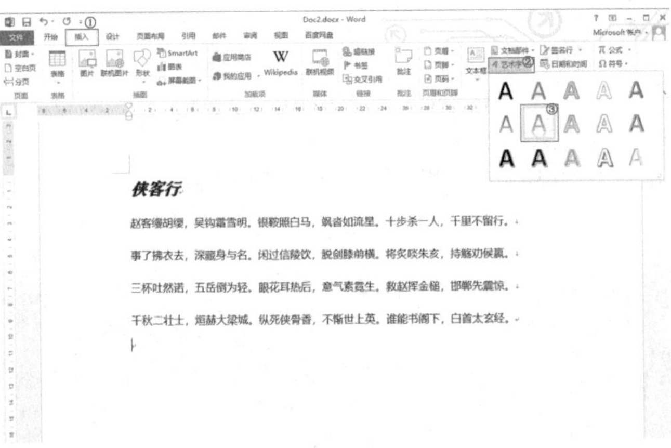

图 8-43

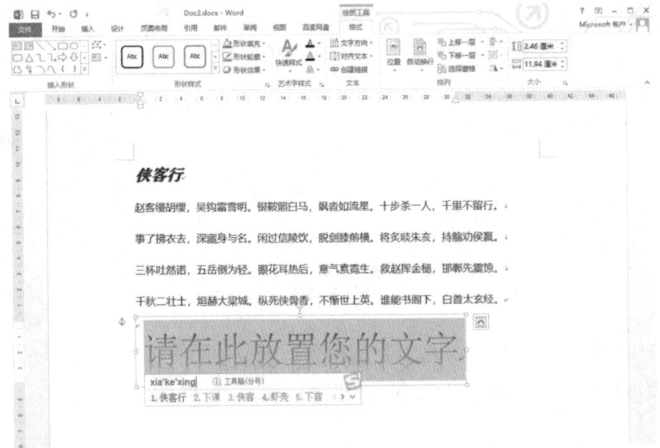

图 8-44

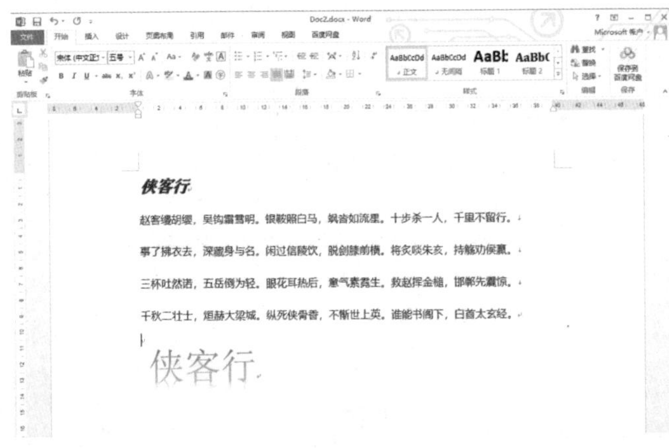

图 8-45

8.5.3 插入文本框

制作文档过程中，一些文本需要显示在图片中，此时可以运用 Word 2013 提供的文本框功能来完成。下面详细介绍插入文本框的操作方法。

第1步 在【插入】选项卡中，单击【文本框】下拉按钮，选择【绘制文本框】选项，如图 8-46 所示。

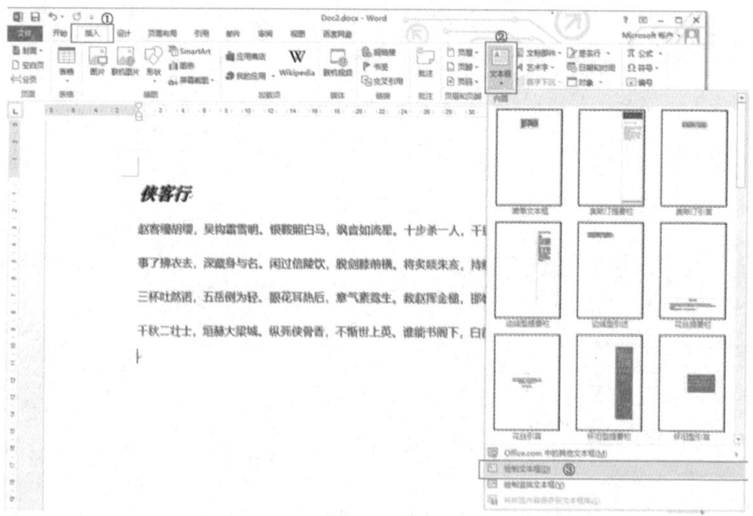

图 8-46

第2步 按住鼠标左键并拖动，拖至目标位置后释放即可在文本中插入一个文本框。在文本框中输入需要的内容即可完成插入文本框的操作，如图 8-47 所示。

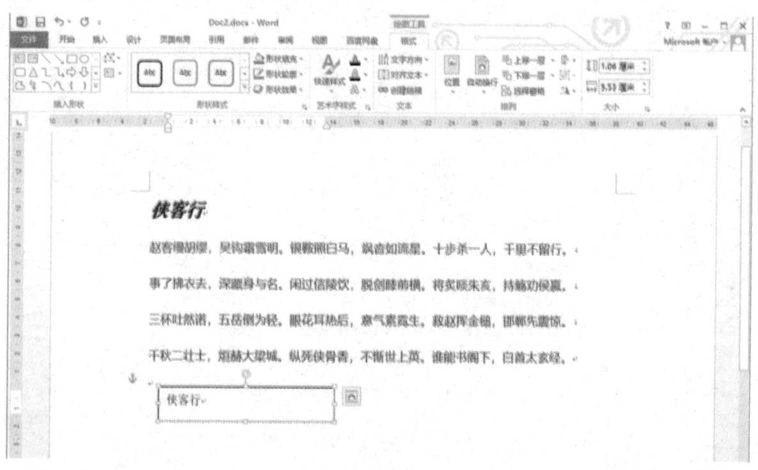

图 8-47

8.6 绘制表格

如果准备在 Word 2013 文档中输入数据，则可将数据显示在表格中，从而使数据更加规范，文档更加美观。本节将介绍在文档中绘制表格的方法，如插入表格、插入行或列、删除行或列、合并与拆分单元格、调整行高与列宽、套用表格样式与设置表格边框和底纹的方法。

8.6.1 插入表格

如果准备在 Word 文档中使用表格输入数据，首先需要在文档中插入表格。下面介绍在文档中插入表格的操作方法。

第1步 在【插入】选项卡中，单击【表格】下拉按钮，在弹出的下拉列表中单击【插入表格】选项，如图 8-48 所示。

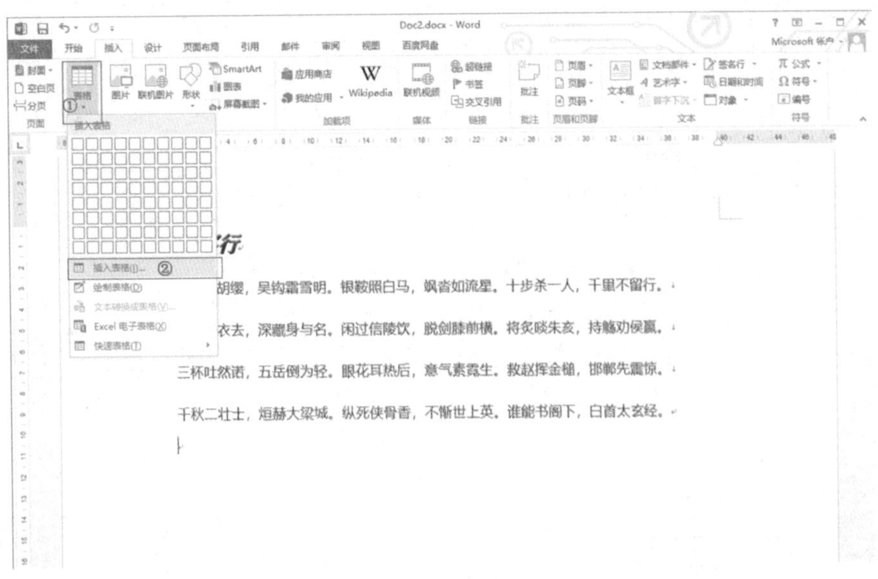

图 8-48

第2步 弹出【插入表格】对话框，在【列数】和【行数】微调框中输入数字，单击【确定】按钮，如图 8-49 所示。

第3步 通过以上步骤即可完成在文本中插入表格的操作，如图 8-50 所示。

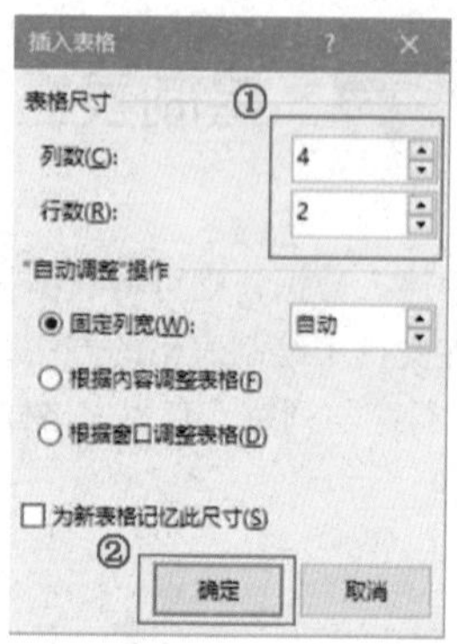

图 8-49

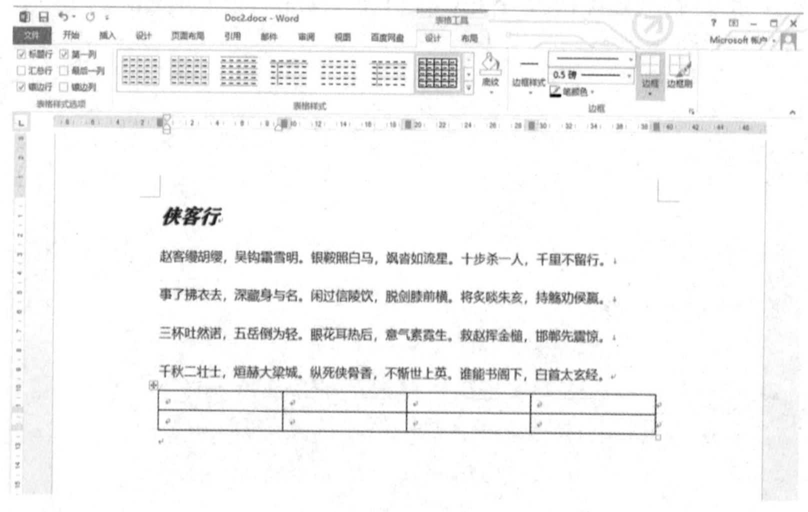

图 8-50

8.6.2 调整行高与列宽

插入表格时，Word 对单元格的大小有默认设置。在 Word 2013 中绘制表格后，可以调整其行高与列宽，从而正确显示表格内容。下面介绍调整行高与列宽的操作方法。

第 1 步 将光标定位在表格中，在【布局】选项卡中，单击【单元格大小】下拉按钮，在弹出的列表中，分别在【高度】和【宽度】微调框中输入数值，如图 8-51 所示。

第 2 步 通过以上步骤即可完成调整行高和列宽的操作，如图 8-52 所示。

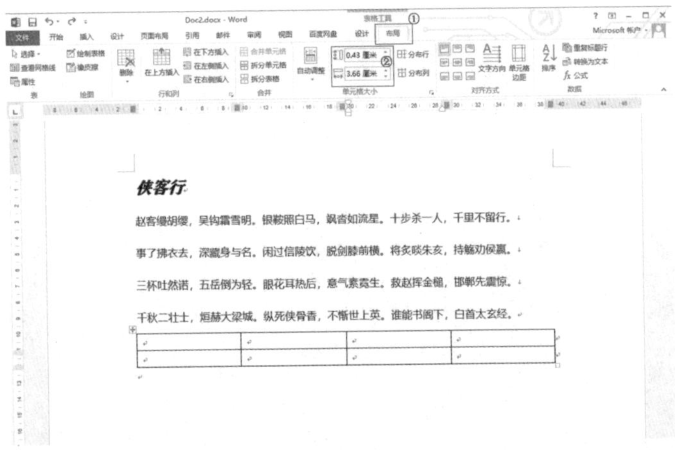

图 8-51

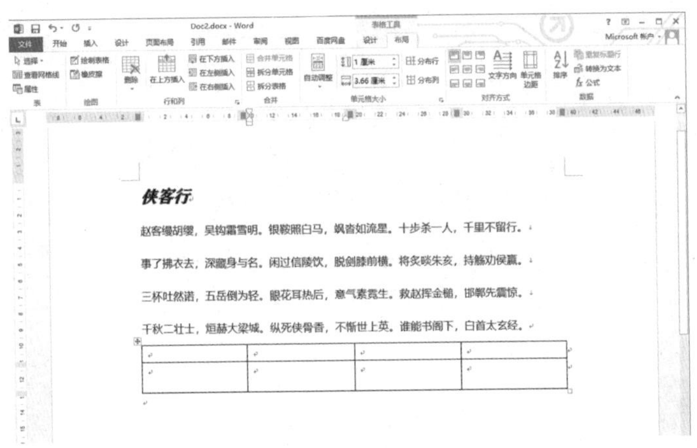

图 8-52

8.6.3 合并与拆分单元格

在 Word 2013 表格中，通过合并与拆分单元格操作可以调整表格的格式，绘制出符合要求的表格。下面介绍合并与拆分单元格的操作方法。

第 1 步 选中准备合并的单元格，选择【布局】选项卡，单击【合并单元格】按钮，如图 8-53 所示。

第 2 步 通过上述操作即可合并单元格，如图 8-54 所示。

第 3 步 将光标定位在准备拆分的单元格中，选择【布局】选项卡，单击【拆分单元格】按钮，如图 8-55 所示。

第 4 步 弹出【拆分单元格】对话框，在【列数】和【行数】微调区中输入数值，单击【确定】按钮，如图 8-56 所示。

第 5 步 通过以上步骤即可完成拆分单元格的操作，如图 8-57 所示。

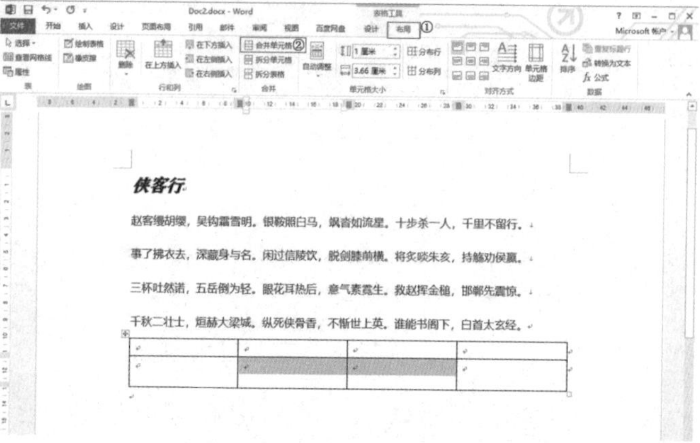

图 8-53

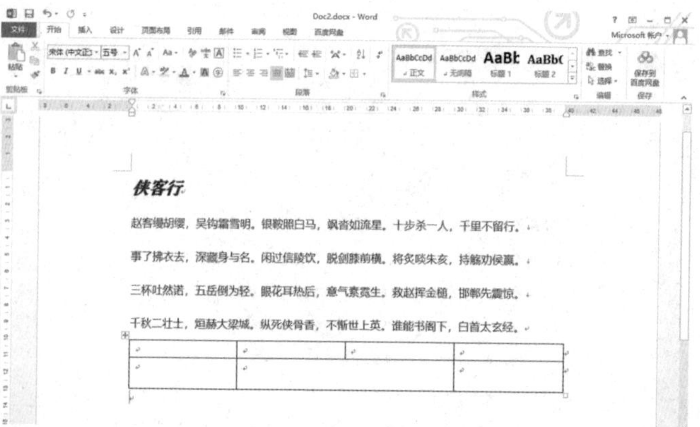

图 8-54

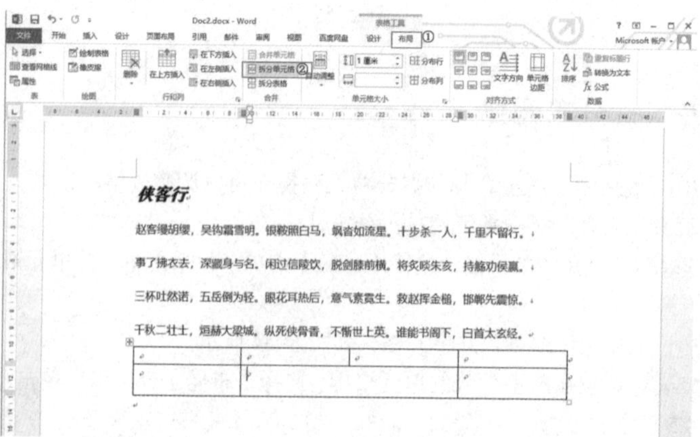

图 8-55

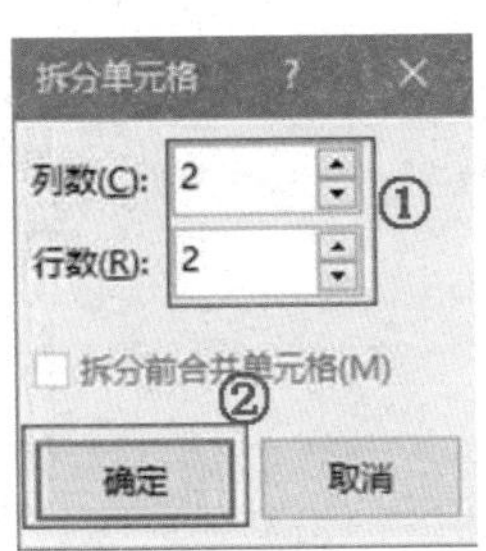

图 8–56

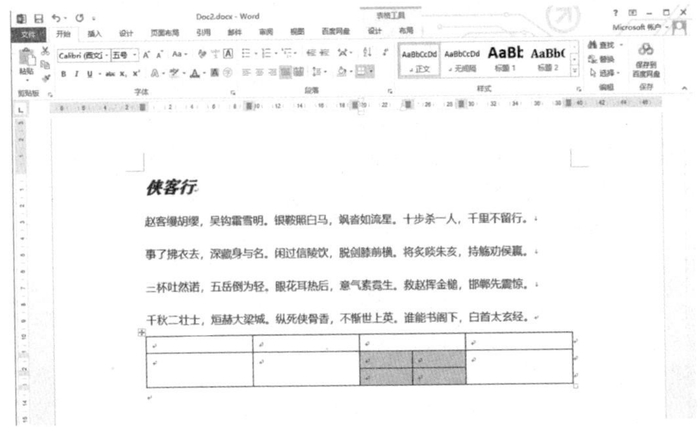

图 8--57

8.6.4　插入与删除行与列

在 Word 2013 中进行表格的编辑操作时，可以根据需要插入或删除行和列，完善表格内容。下面介绍插入和删除行与列的操作方法。

❶插入行和列

插入行和列的方法非常简单，下面介绍操作方法。

第 1 步　将光标定位在表格中，选择【布局】选项卡，单击【在下方插入】按钮，如图 8–58 所示。

第 2 步　通过上述操作即可插入行，如图 8–59 所示。

第 3 步　将光标定位在表格中，选择【布局】选项卡，单击【在右侧插入】按钮，如图 8–60 所示。

第 4 步　通过上述操作即可插入列，如图 8–61 所示。

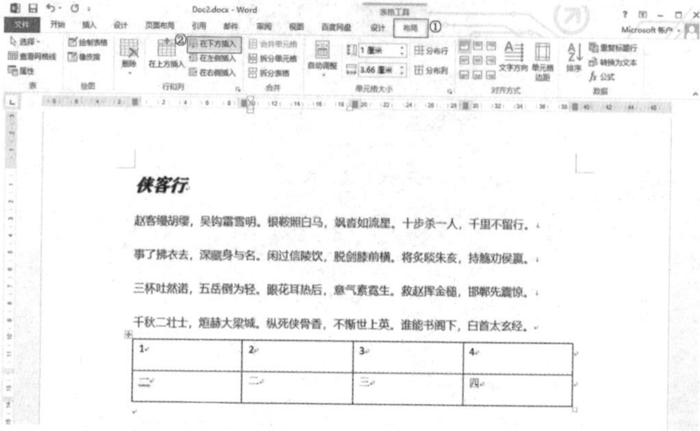

图 8-58

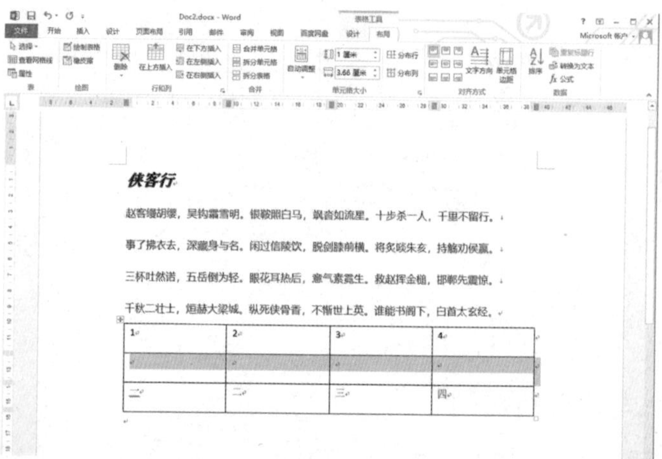

图 8-59

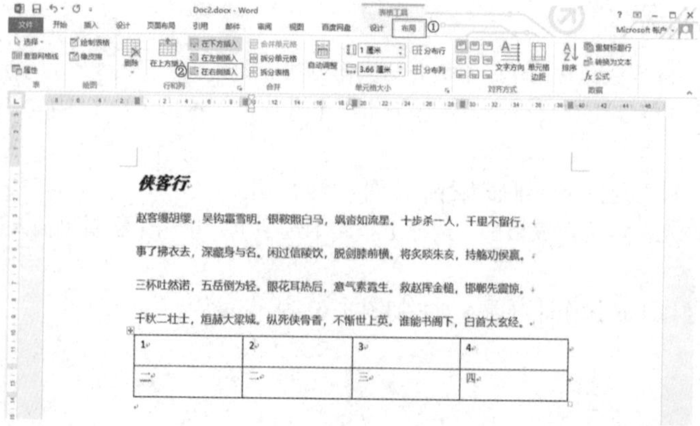

图 8-60

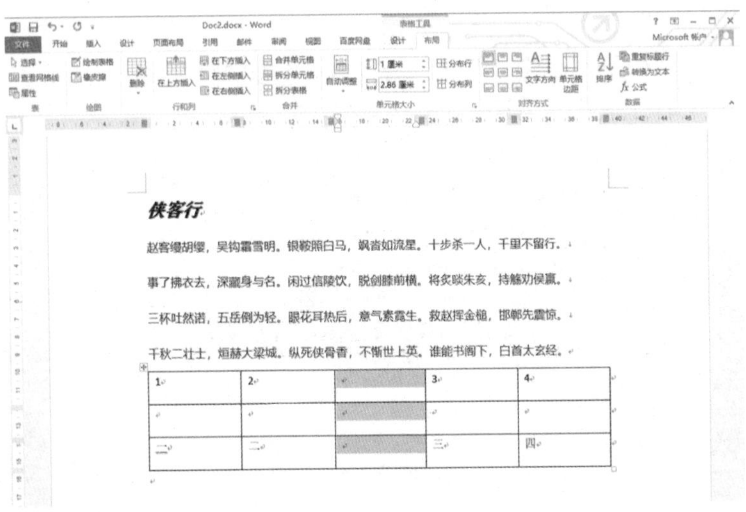

图 8-61

② 删除行和列

删除行和列的方法非常简单，下面详细介绍操作方法。

第1步 将光标定位在表格中，选择【布局】选项卡，在列表中单击【删除】下拉按钮，在弹出的列表中选择【删除行】选项，如图 8-62 所示。

第2步 通过上述操作即可删除行，如图 8-63 所示。

第3步 将光标定位在表格中，选择【布局】选项卡，在列表中单击【删除】下拉按钮，在弹出的列表中选择【删除列】选项，如图 8-64 所示。

第4步 通过上述操作即可删除列，如图 8-65 所示。

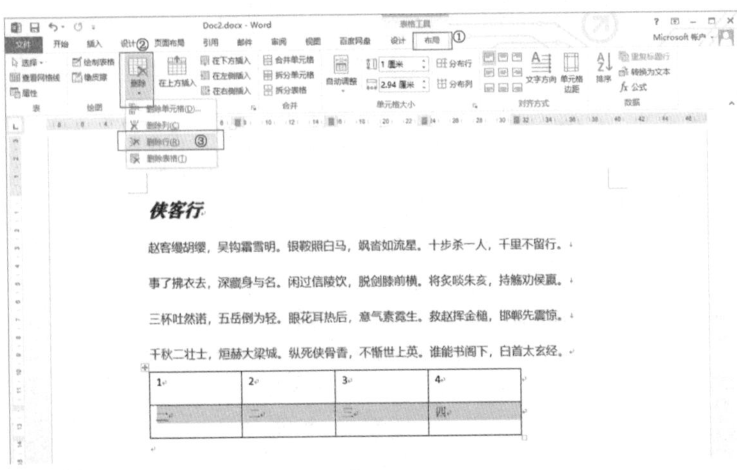

图 8-62

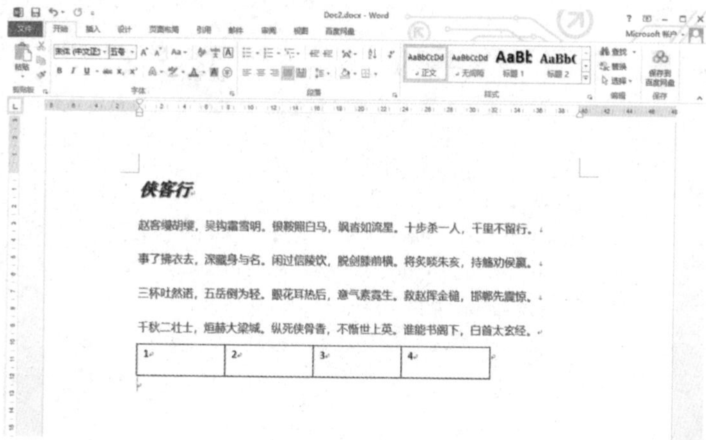

图 8-63

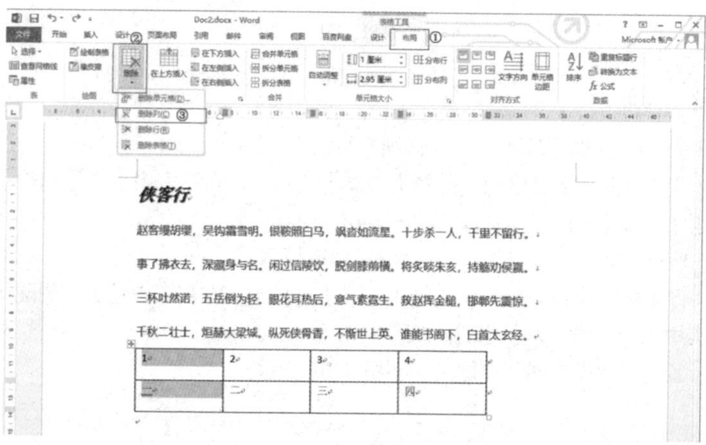

图 8-64

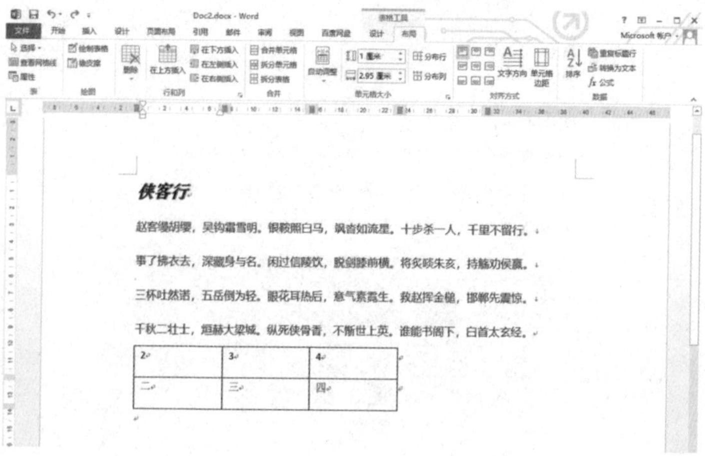

图 8-65

8.6.5　设置表格边框和底纹

在 Word 2013 文档中创建表格后，可以为创建的表格边框和底纹进行设置。如设置边框样式、边框颜色、边框粗细和底纹效果，从而美化 Word 文档。下面介绍设置边框和底纹的操作方法。

第 1 步　将光标定位在表格中，选择【设计】选项卡，在【表格样式】组中单击【边框】按钮，在弹出的下拉列表中单击【边框和底纹】按钮，如图 8-66 所示。

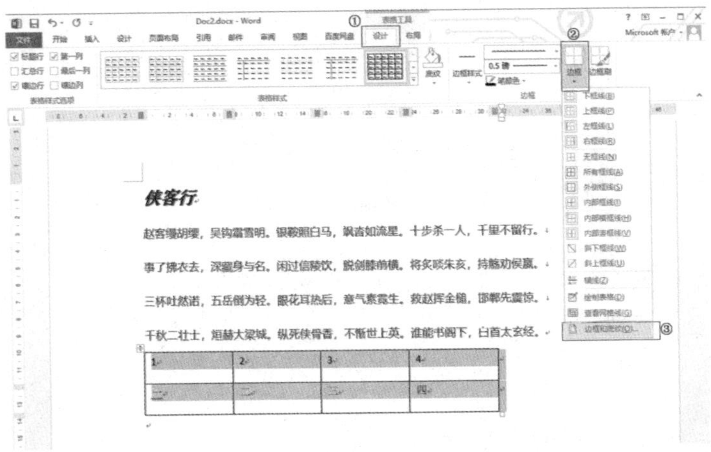

图 8-66

第 2 步　弹出【边框和底纹】对话框，选择【边框】选项卡，在【设置】区域选择【全部】格式，在【宽度】下拉列表框中选择宽度值，如图 8-67 所示。

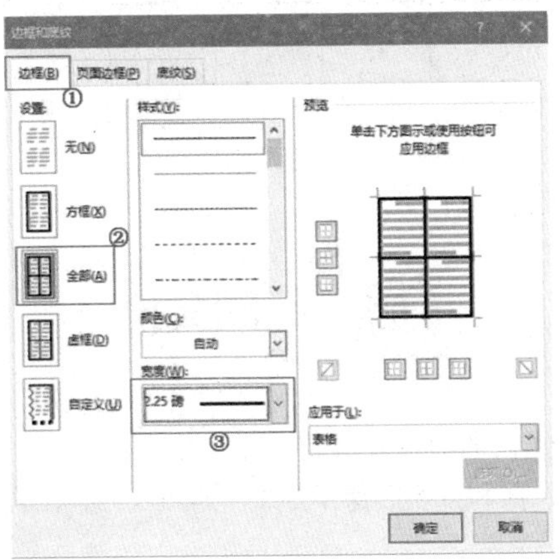

图 8-67

第 3 步　选择【底纹】选项卡，在【样式】下拉列表框中选择 10%，单击【确定】按钮，如图 8-68 所示。

第 4 步　通过上述操作即可给表格添加边框和底纹，如图 8-69 所示。

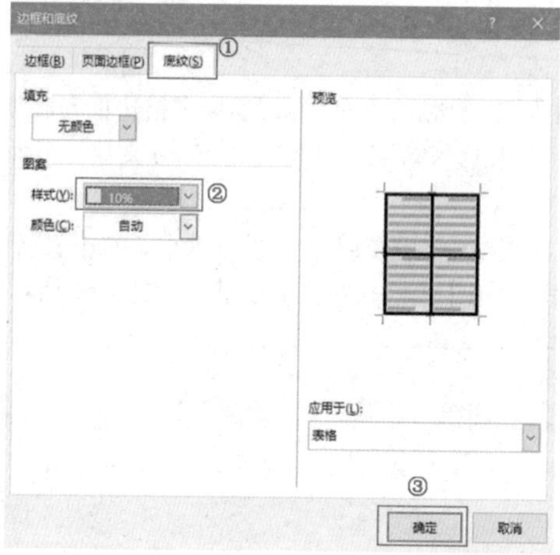

图 8-68

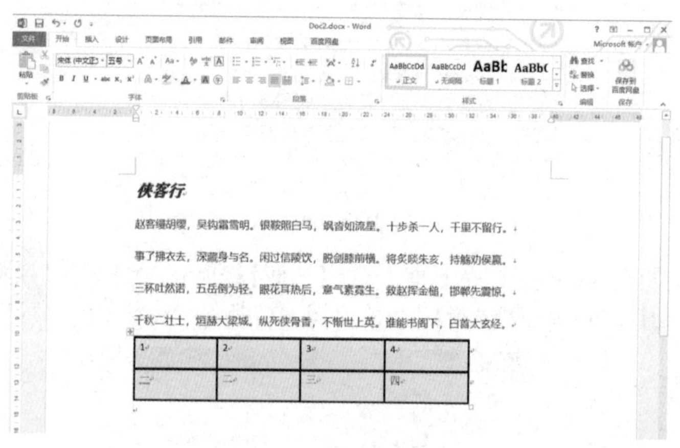

图 8-69

8.7 打印文档

在 Word 2013 中完成文档的编辑操作后，可以对页面进行设置，便于文档的打印和输出。本节将介绍设置文档页面和打印的操作方法，如插入页眉和页脚、设置页边距和纸张大小、打印预览和打印文档的方法。

8.7.1 设置纸张大小

准备打印文档之前，需要先设置纸张的大小。下面介绍设置纸张大小的操作方法。

在当前 Word 程序窗口中，选择【页面布局】选项卡，在【页面设置】组中单击【纸张大小】按钮，在弹出的下拉列表中选择 A4 选项，即可完成设置纸张大小的操作，如图 8-70 所示。

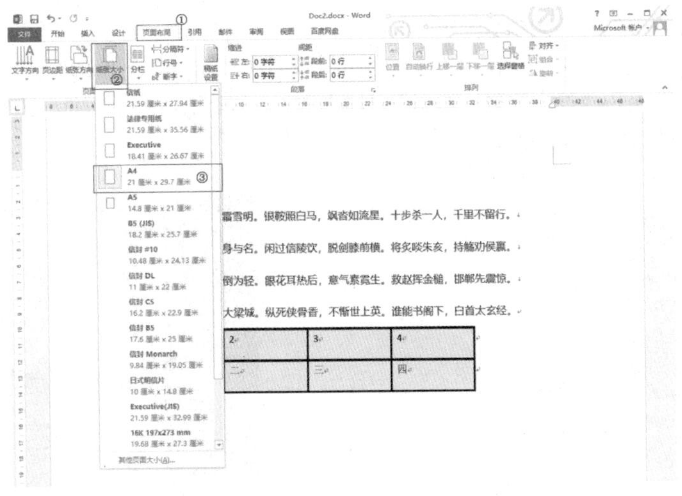

图 8-70

8.7.2 设置页边距

页面边距是指在 Word 文档中文本和页面空白区域之间的距离。如果准备将文档打印到纸上，首先需要设置页边距和纸张大小。下面介绍设置页边距和纸张大小的操作方法。

在当前 Word 中，选择【页面布局】选项卡，单击【页边距】下拉按钮，在弹出的列表中选择【普通】格式，即可完成页边距的设置，如图 8-71 所示。

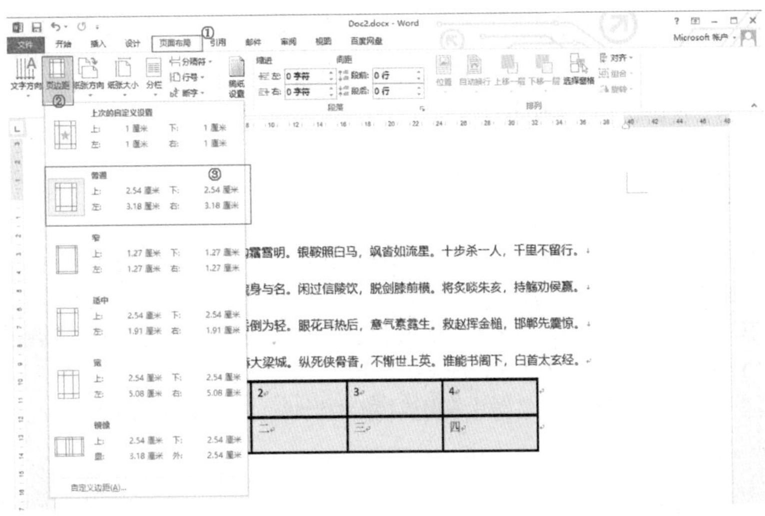

图 8-71

8.7.3 打印文档

在 Word 2013 中完成文档的编辑操作后，可以直接将其打印到纸上，便于文档内容的浏览与保存。下面介绍打印文档的操作方法。

第 1 步 在 Word 2013 中完成编辑后，单击【文件】按钮，如图 8–72 所示。

第 2 步 进入 Backstage 界面，选择【打印】选项，设置打印份数、纸张大小、打印方向等内容，单击【打印】按钮即可打印文档内容，如图 8–73 所示。

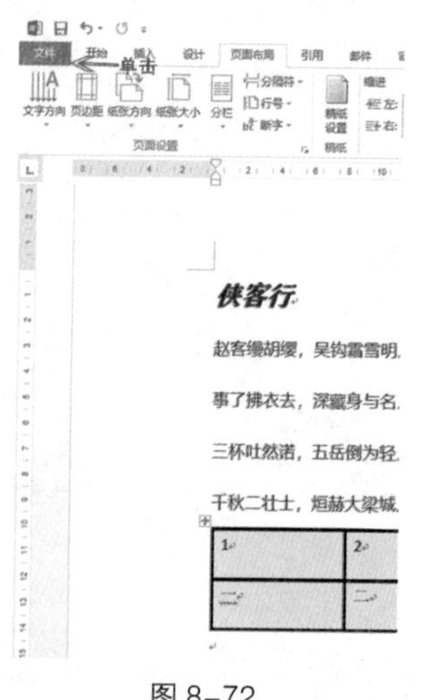

图 8–72

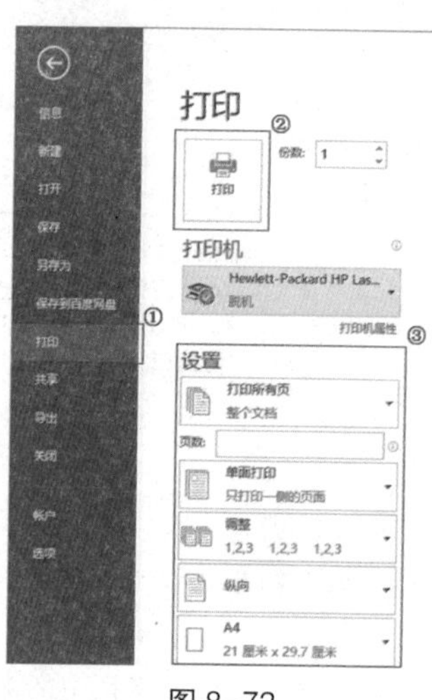

图 8–73

8.8 实践案例与上机指导

通过本章的学习，读者可以掌握 Word 2013 的基本知识以及一些常见的操作方法。下面通过练习，达到巩固学习、拓展提高的目的。

8.8.1 将图片裁剪成特定的形状

在 Word 2013 中，可以将插入文档的图片裁剪成特定的形状，从而美化图片。下面介绍将图片裁剪成特定形状的操作方法。

第 1 步 在文档中选中图片，选择【格式】选项卡，在【大小】组中单击【裁剪】按钮，在弹出的列表中单击【剪裁为形状】选项，在弹出的列表中选择心形，如图 8–74 所示。

第 2 步 通过以上步骤即可将图片裁剪成特定的形状，如图 8–75 所示。

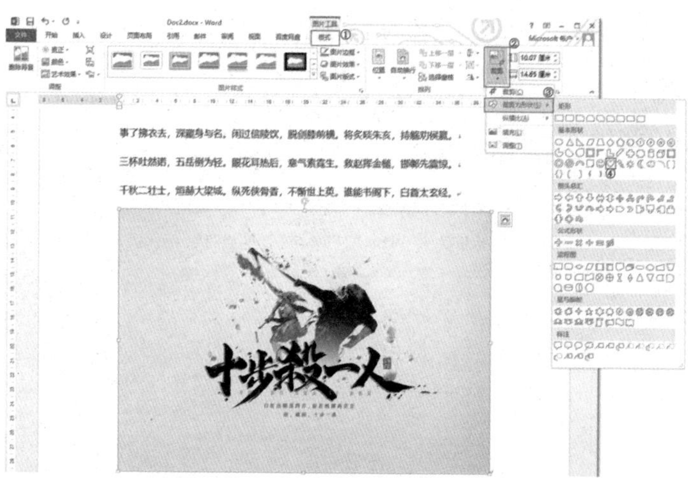

图 8-74

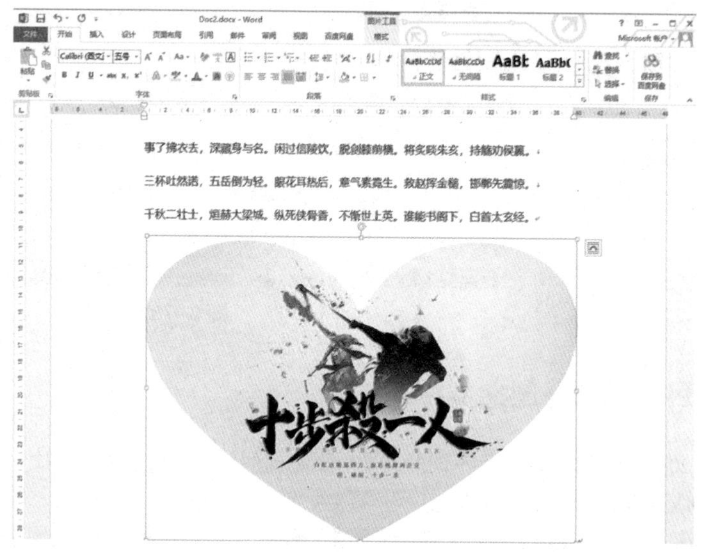

图 8-75

8.8.2 设置文本的显示比例

在 Word 2013 中，默认的文本显示比例为 100%，根据编辑文档的需要也可自行设置文本的显示比例。下面介绍设置文本显示比例的操作方法。

第1步 在 Word 文档中，选择【视图】选项卡，在【显示比例】组中选择【显示比例】选项，如图 8-76 所示。

第2步 弹出【显示比例】对话框，在【百分比】微调框中设置显示比例，单击【确定】按钮，如图 8-77 所示。

第 3 步 完成上述操作即可设置不同的显示比例，如图 8-78 所示。

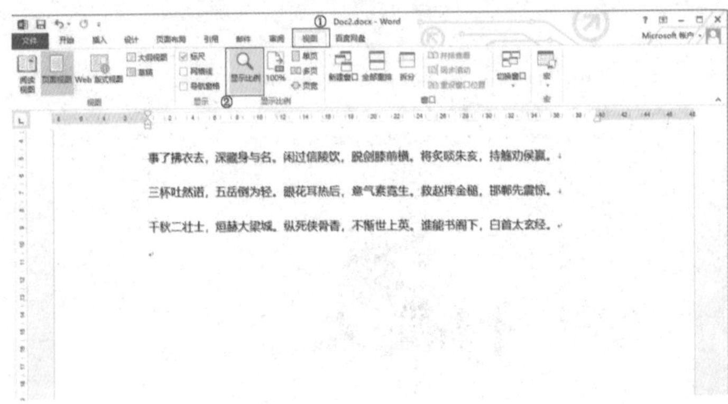

图 8-76

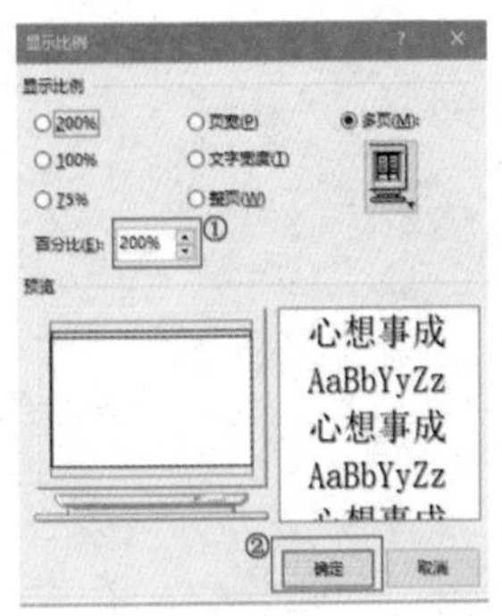

图 8-77

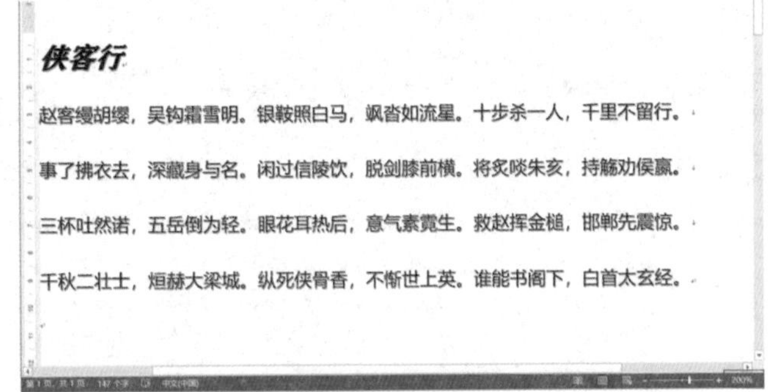

图 8-78

8.8.3 使用格式刷复制文本格式

在 Word 2013 中，如果准备为不同的文本应用相同的格式，可通过格式刷设置。下面介绍使用格式刷复制文本格式的操作方法。

第 1 步 选中文本，选择【开始】选项卡，在【剪贴板】组中单击【格式刷】按钮，如图 8-79 所示。

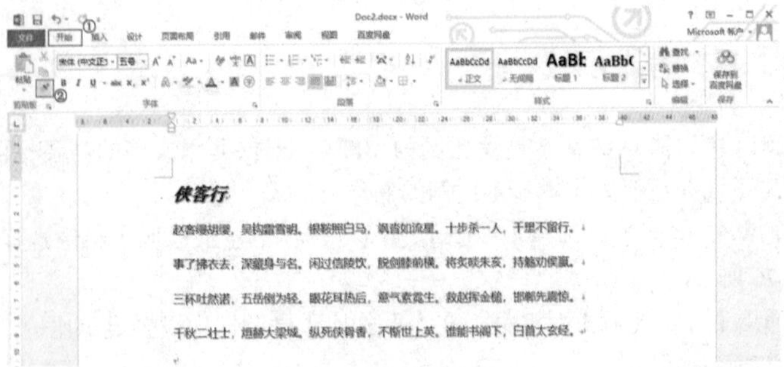

图 8-79

第2步 当鼠标指针变为 形，选中目标文本即可完成使用格式刷复制文本格式操作，如图 8-80 所示。

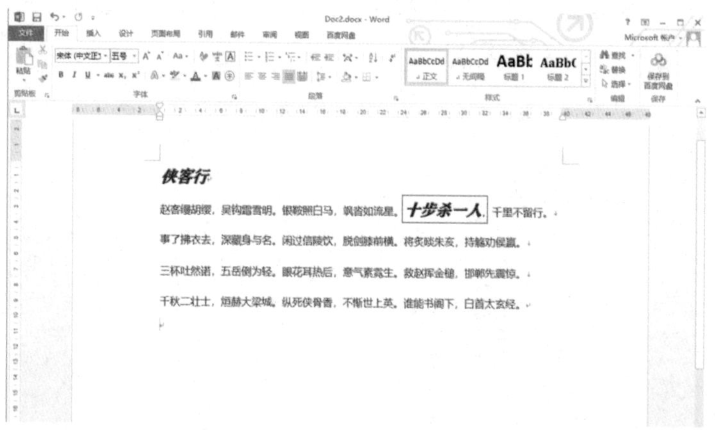

图 8-80

8.8.4 自定义快速访问工具栏

快速访问工具栏位于 Word 窗口的左上方，用户可以根据使用习惯自定义快速访问工具栏中的按钮。下面介绍自定义快速访问工具栏的操作方法。

第1步 在 Word 文档中，单击【自定义快速访问工具栏】下拉按钮，在弹出的下拉菜单中选择【其他命令】菜单项，如图 8-81 所示。

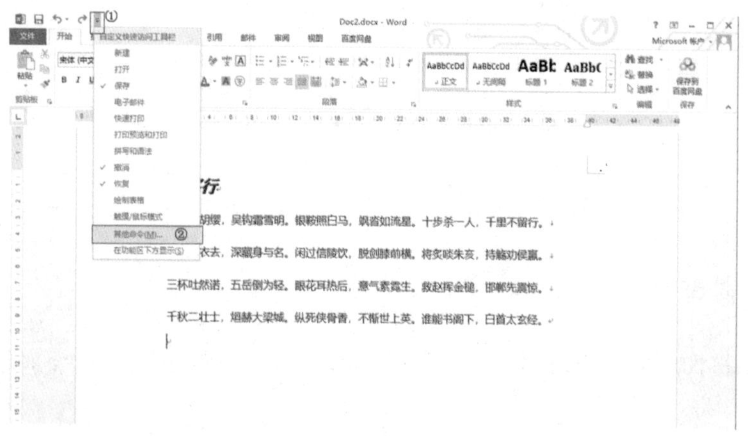

图 8-81

第2步 弹出【Word 选项】对话框，选择【快速访问工具栏】选项，在【从下列位置选择命令】列表框中选择【居中】命令，单击【添加】按钮，单击【确定】按钮，如图 8-82 所示。

第3步 通过上述操作即可在快速访问栏中添加【居中】按钮，如图 8-83 所示。

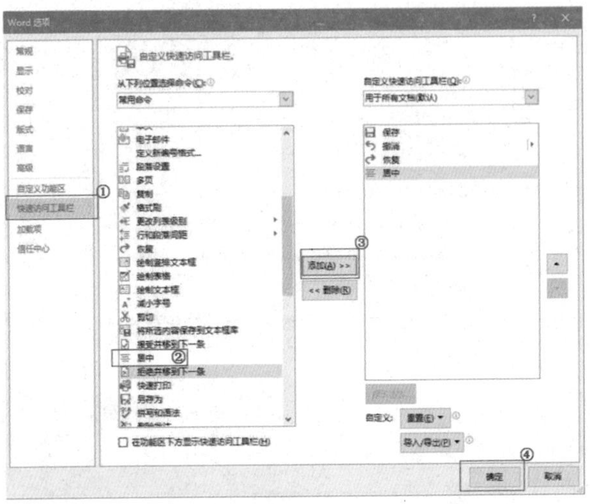

图 8-82

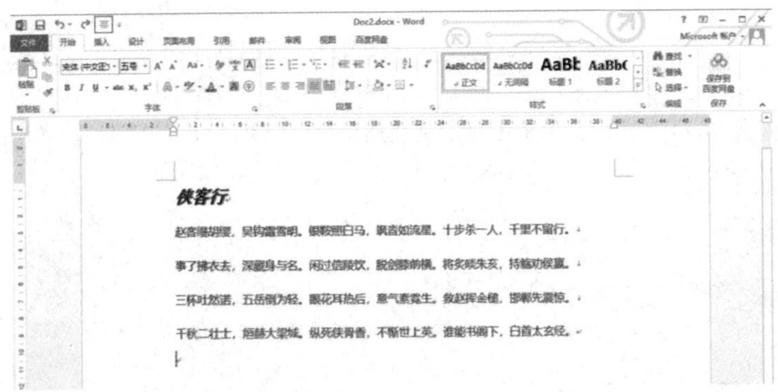

图 8-83

8.8.5 设置分栏

在 Word 2013 中，可以将文档拆分成两栏或多栏，便于阅读文档内容。下面介绍设置分栏的操作方法。

第1步 打开文档后，选择【页面布局】选项卡，在【页面设置】组中单击【分栏】按钮，在弹出的下拉菜单中选择【两栏】菜单项，如图 8-84 所示。

第2步 通过上述操作即可将整篇文档分为两栏，如图 8-85 所示。

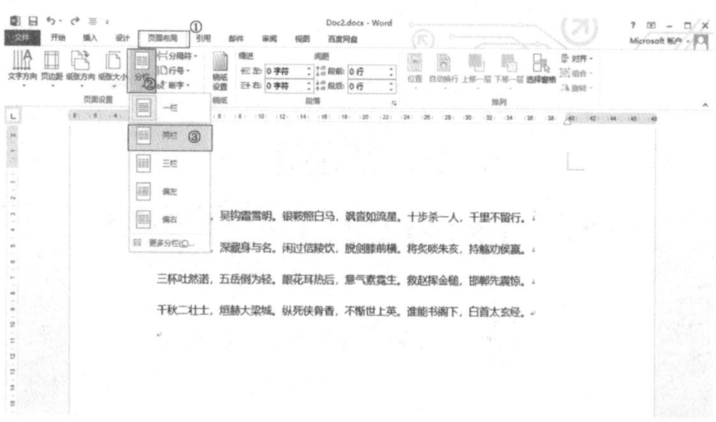
Doc2.docx - Word
文件
开始
插入
设计
页面布局
引用
邮件
审阅
视图
百度网盘
文字方向
页边距
纸张方向
纸张大小
分栏
一栏
两栏
三栏
偏左
偏右
吴钩霜雪明。银鞍照白马，飒沓如流星。十步杀一人，千里不留行。
深藏身与名。闲过信陵饮，脱剑膝前横。将炙啖朱亥，持觞劝侯嬴。
三杯吐然诺，五岳倒为轻。眼花耳热后，意气素霓生。救赵挥金槌，邯郸先震惊。
千秋二壮士，烜赫大梁城。纵死侠骨香，不惭世上英。谁能书阁下，白首太玄经。

图 8-84

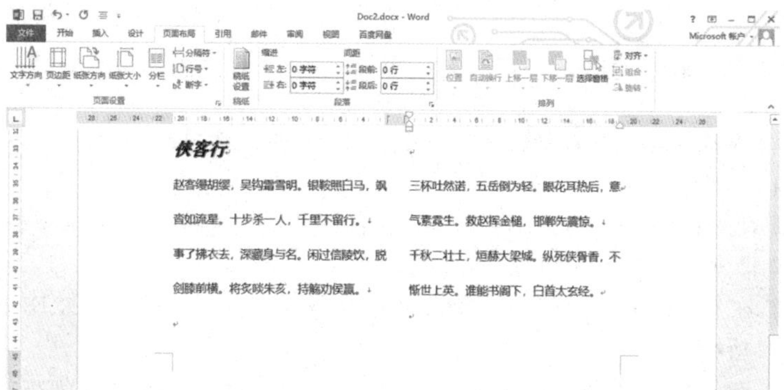
Doc2.docx - Word
文件
开始
插入
设计
页面布局
引用
邮件
审阅
视图
百度网盘
侠客行
赵客缦胡缨，吴钩霜雪明。银鞍照白马，飒
沓如流星。十步杀一人，千里不留行。
事了拂衣去，深藏身与名。闲过信陵饮，脱
剑膝前横。将炙啖朱亥，持觞劝侯嬴。
三杯吐然诺，五岳倒为轻。眼花耳热后，意
气素霓生。救赵挥金槌，邯郸先震惊。
千秋二壮士，烜赫大梁城。纵死侠骨香，不
惭世上英。谁能书阁下，白首太玄经。

图 8-85

第九章
应用 Excel 2013 电子表格

9.1 认识 Excel 2013

Excel 2013 是 Office 2013 的重要组成部分，主要用于完成日常表格制作和数据计算等操作。使用 Excel 2013 前，首先要了解它的基本知识，本节将予以详细介绍。

9.1.1 启动 Excel 2013

如果准备使用 Excel 2013 进行表格的编辑操作，首先需要启动 Excel 2013。下面介绍启动 Excel 2013 的操作方法。

第1步 在 Windows 10 系统桌面中，单击【开始】按钮，在弹出的下拉菜单中选择【所有程序】菜单项，如图 9–1 所示。

第2步 在【所有程序】菜单中，单击 Microsoft office 2013 菜单项，选择 Excel 2013 菜单项，如图 9–2 所示。

第3步 进入选择表格模板界面，单击【空白工作簿】选项，如图 9–3 所示。

第4步 通过上述操作即可启动 Excel 2013，如图 9–4 所示。

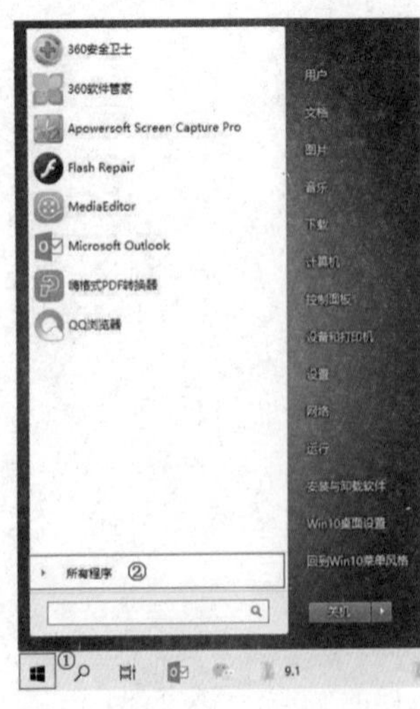

图 9–1

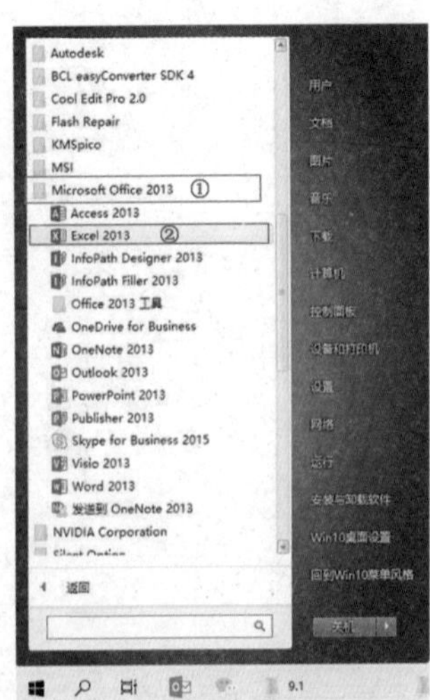

图 9–2

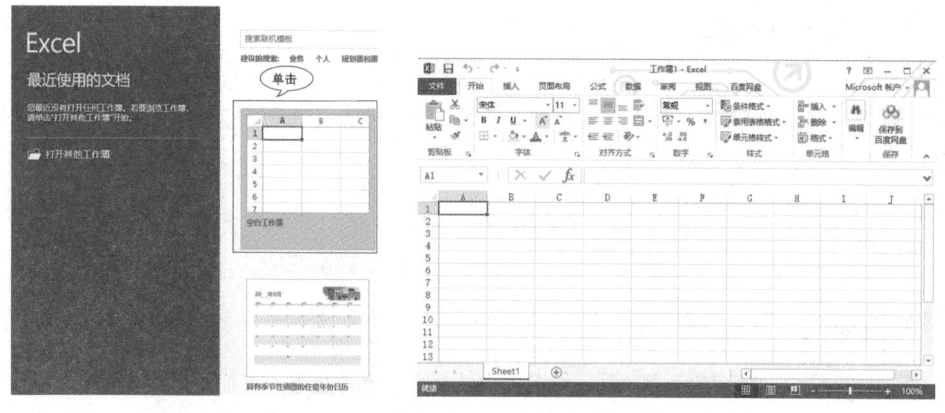

图 9–3　　图 9–4

9.1.2　认识 Excel 2013 的工作界面

在 Windows 10 系统中，启动 Excel 2013 后即可进入它的工作界面。Excel 2013 的工作界面主要由标题栏、快速访问工具栏、功能区、编辑栏、工作表编辑区、滚动条和状态栏等部分组成，如图 9–5 所示。

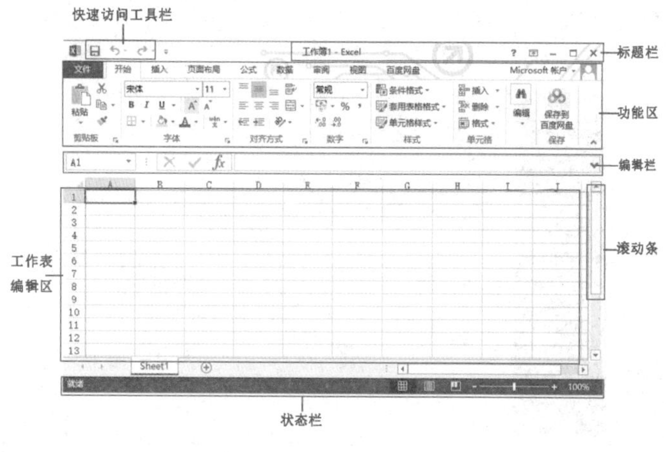

图 9–5

❶标题栏

标题栏位于 Excel 2013 工作界面的最上方，用于显示文档和程序名称。在标题栏的最右侧，为“最小化”按钮、“最大化”按钮、“向下还原”按钮和“关闭”按钮，如图 9–6 所示。

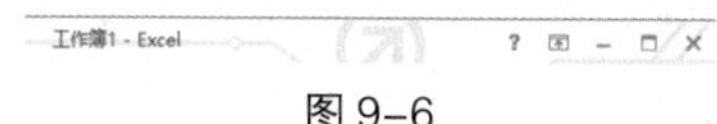

图 9–6

❷ 快速访问工具栏

快速访问工具栏位于 Excel 2013 工作界面的左上方，用于快速执行一些特定操作。在 Excel 2013 的使用过程中，可以根据需要，添加或删除快速访问工具栏中的命令选项，如图 9–7 所示。

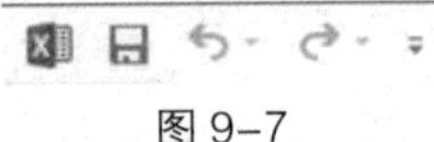

图 9–7

❸ 功能区

功能区位于标题栏的下方，默认情况下由“文件”、“开始”、“插入”、“页面布局”、“公式”、“数据”、“审阅”和“视图”8 个选项卡组成，如图 9–8 所示。

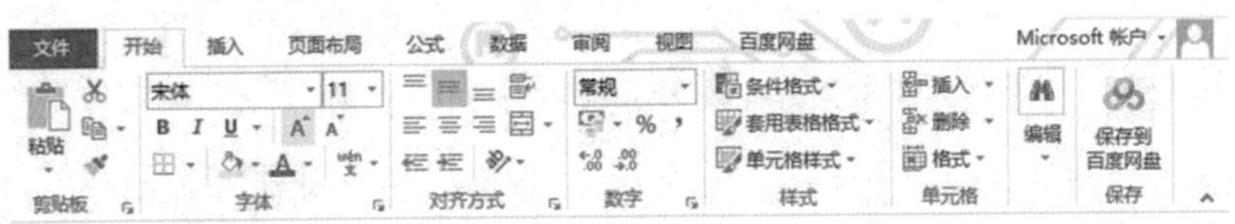

图 9–8

❹ Backstage 视图

在功能区单击“文件”选项卡，可以打开 Backsage 视图，管理文档和相关数据，如新建、打开和保存文档等，如图 9–9 所示。

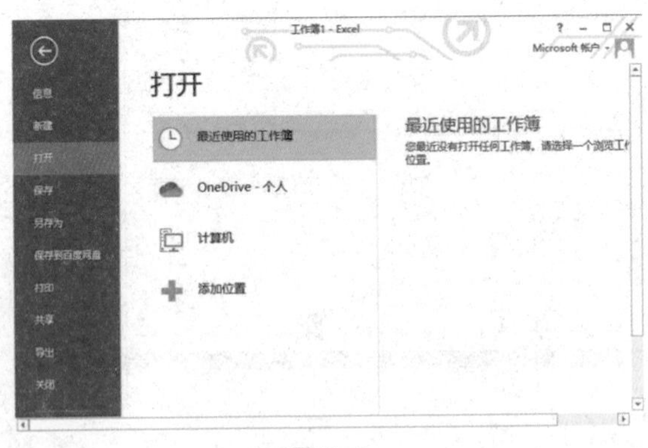

图 9–9

❺ 编辑栏

编辑栏位于功能区的下方，用于显示和编辑当前单元格中的数据与公式。编辑栏主要由名称框、按钮组和编辑框组成，如图 9–10 所示。

图 9–10

❻ 工作表编辑区

工作表编辑区位于编辑栏的下方，是 Excel 2013 中的工作区域，用于进行 Excel 电子表格的创建和编辑等操作，如图 9–11 所示。

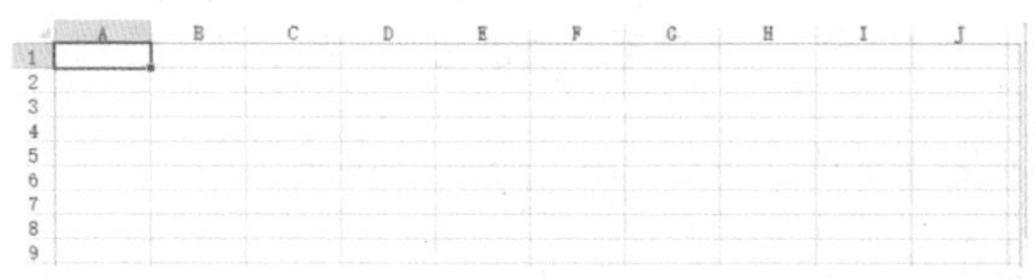

图 9–11

❼ 状态栏

状态栏位于 Excel 2013 工作界面的最下方，用于查看页面信息、切换视图模式和调节显示比例等操作，如图 9–12 所示。

图 9–12

9.1.3 退出 Excel 2013

在 Excel 2013 工作界面中完成表格的保存操作后，如果不准备应用 Excel 2013，单击程序界面右上角的“关闭”按钮即可退出，如图 9–13 所示。

图 9–13

9.2 工作簿的基本操作

认识了 Excel 2013 的工作界面，掌握了启动和退出 Excel 2013 的操作方法后，接下来就可以学习工作簿的基本操作方法。本节将详细介绍新建工作簿、保存工作簿、关闭工作簿和打开工作簿等的操作方法。

9.2.1 新建工作簿

如果准备在新的页面中进行表格的输入与编辑操作，就需要新建工作簿。下面详细介绍新建工作簿的操作方法。

第 1 步 在 Excel 2013 中，切换到【文件】选项卡，如图 9–14 所示。

第 2 步 在 Backstage 视图中，选择【新建】选项，选中准备应用的表格模板，如图 9–15 所示。

第 3 步 通过以上步骤即可新建工作簿，如图 9–16 所示。

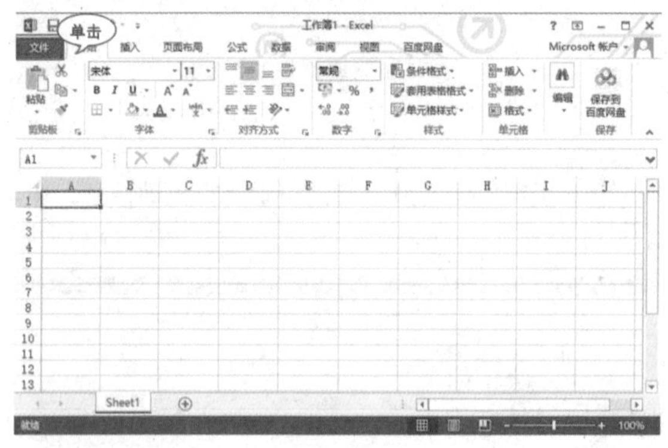

图 9–14

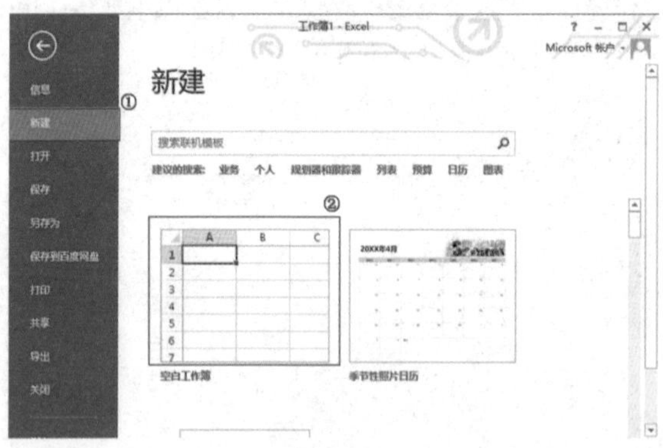

图 9–15

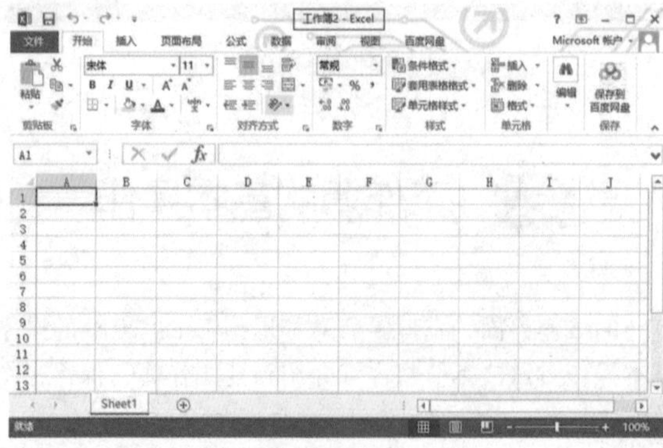

图 9–16

9.2.2 保存工作簿

在 Excel 2013 中完成表格的输入与编辑操作后，可以将工作簿保存到电脑中，便于日后进行表格内容的查看与编辑操作。下面详细介绍保存工作簿的方法。

第 1 步 在 Excel 2013 中，切换到【文件】选项卡，如图 9–17 所示。

第 2 步 在 Backstage 视图中，选择【保存】选项，如图 9–18 所示。

第 3 步 单击【浏览】按钮，如图 9–19 所示。

第 4 步 弹出【另存为】对话框，选择保存位置，在【文件名】下拉列表框中输入名称，单击【保存】按钮，如图 9–20 所示。

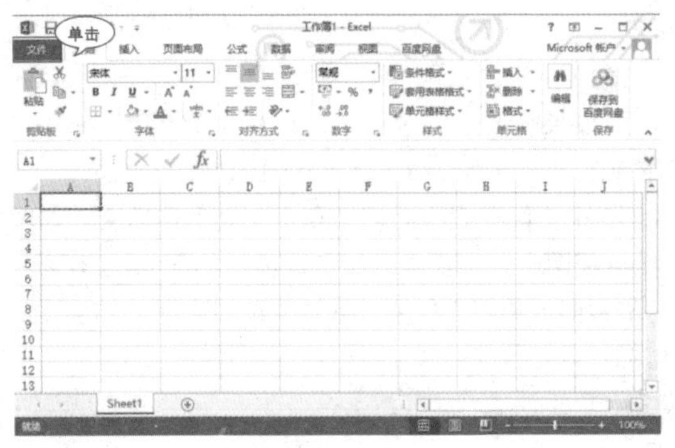

图 9–17

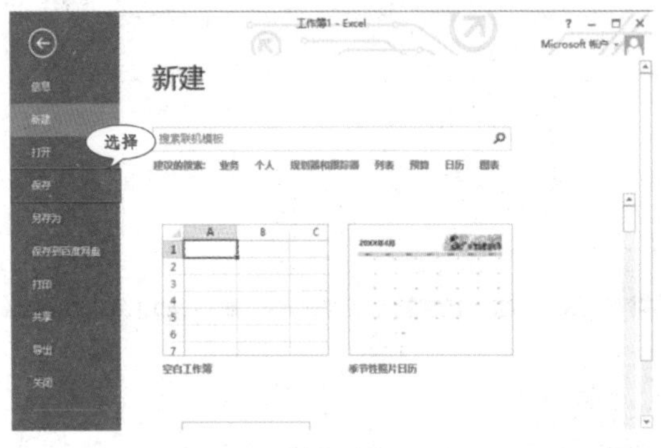

图 9–18

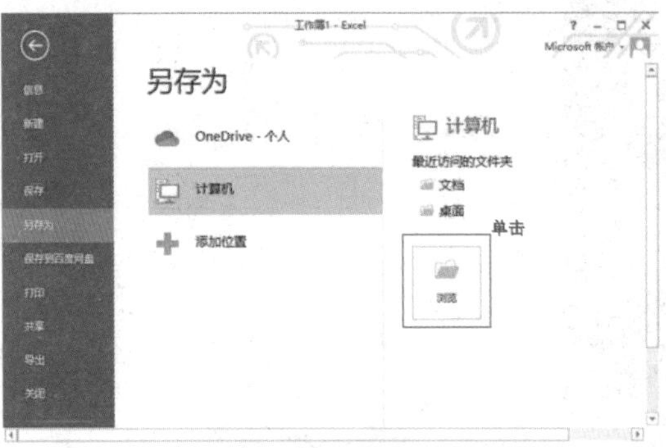

图 9–19

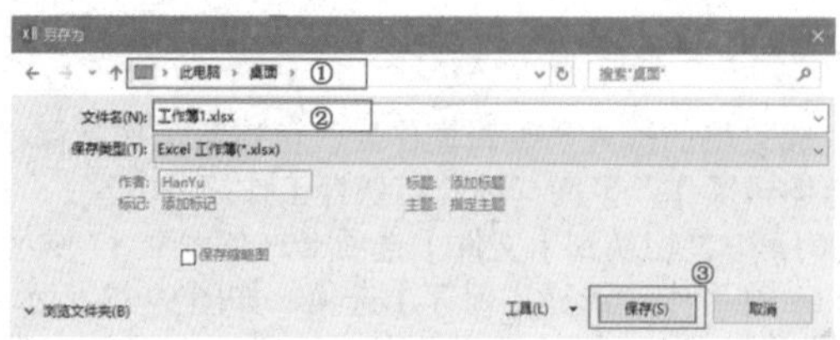

图 9-20

9.2.3 关闭工作簿

用户保存工作簿后，如果需要继续运行 Excel 2013 软件而不对编辑完成的工作簿更改，可以将编辑完成的工作簿关闭。下面介绍关闭工作簿的操作方法。

第 1 步 在 Excel 2013 中，保存表格后切换到【文件】选项卡，如图 9-21 所示。

第 2 步 在 Backstage 视图中，选择【关闭】选项，如图 9-22 所示。

第 3 步 通过以上步骤即可关闭工作簿，如图 9-23 所示。

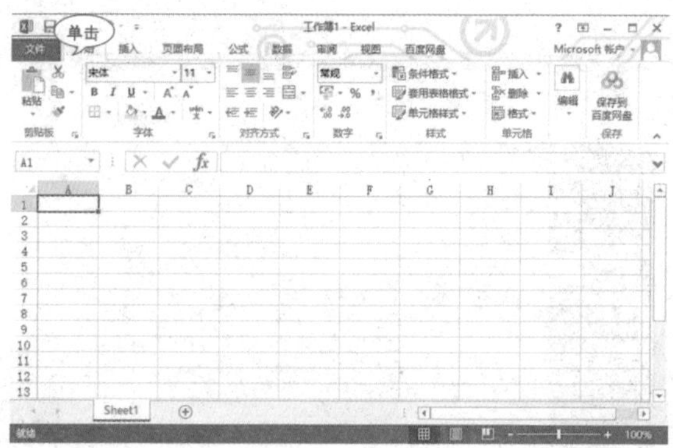

图 9-21

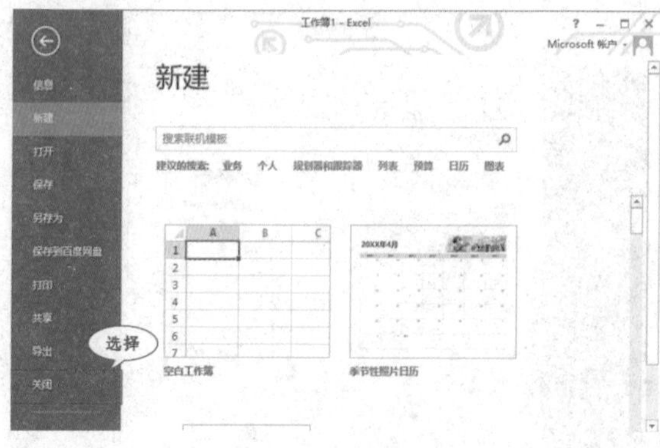

图 9-22

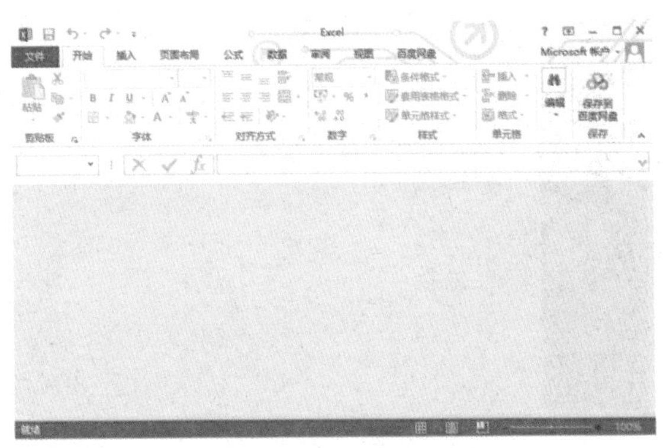

图 9-23

9.2.4 打开工作簿

如果准备使用 Excel 2013 查看或编辑电脑中保存的工作簿内容，可以打开工作簿。下面介绍打开工作簿的方法。

第 1 步 在 Excel 2013 中，保存表格后切换到【文件】选项卡，如图 9-24 所示。

第 2 步 在 Backstage 视图中，选择【打开】选项，如图 9-25 所示。

第 3 步 在【最近使用的工作簿】区域单击准备打开的工作簿，如图 9-26 所示。

第 4 步 通过以上步骤即可打开工作簿，如图 9-27 所示。

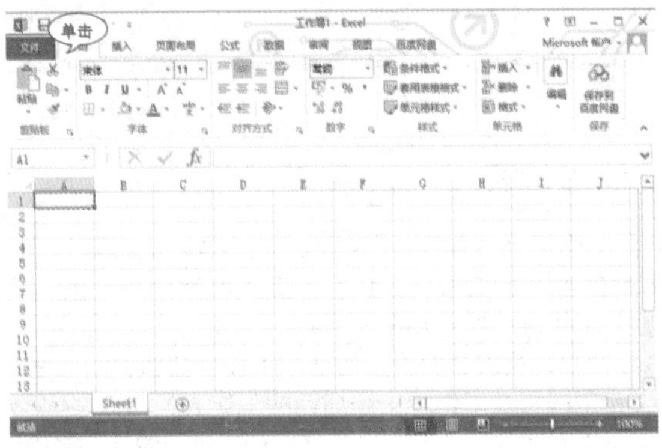

图 9-24

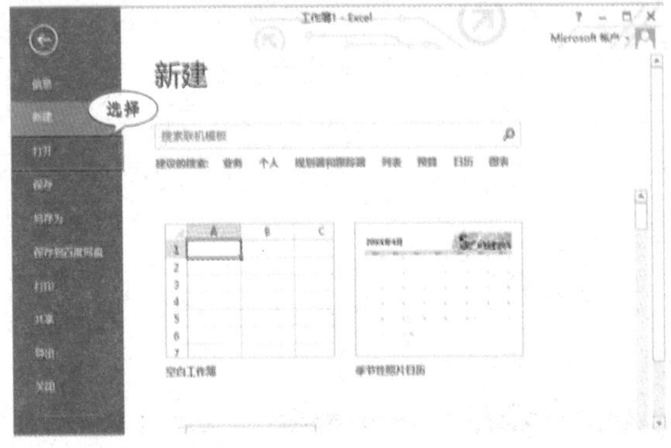

图 9-25

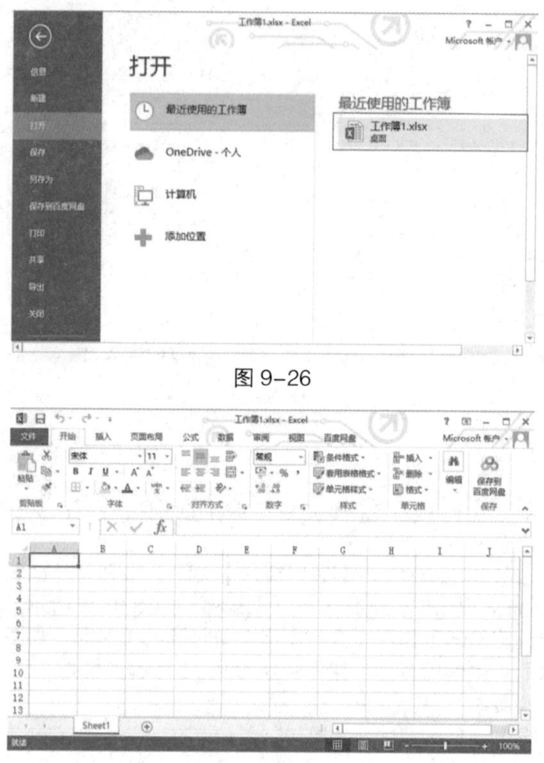

图 9–26

图 9–27

9.2.5 插入与删除工作表

在 Excel 2013 中，工作簿默认包含 1 个工作表，名称为 Sheet 1，根据需要也可插入新工作表。如果工作簿中包含多个工作表，且有不准备使用的，可以将其删除。下面介绍在 Excel 2013 中插入与删除工作表的操作方法。

第1步 启动 Excel 2013，单击界面下方的增加工作表按钮，如图 9–28 所示。

第2步 通过以上步骤即可在工作簿中添加新的工作表，如图 9–29 所示。

第3步 鼠标右键单击准备删除的工作表名称，在弹出的快捷菜单中选择【删除】菜单项即可删除多余的工作表，如图 9–30 所示。

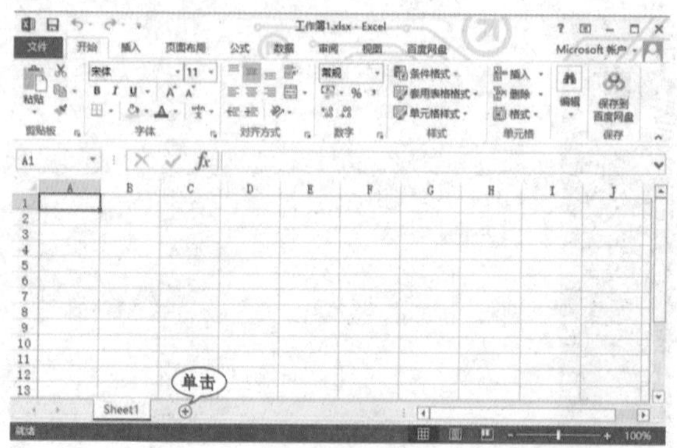

图 9–28

图 9–29

图 9–30

9.3 在单元格中输入与编辑数据

本节将介绍编辑单元格数据的操作方法，包括选择单元格、在单元格中输入数据、自动填充数据和查找替换数据。

9.3.1 输入数据

使用 Excel 2013 软件输入的数据可以是文字，也可以是数字或符号。输入数据的方法一般有两种，即在单元格或编辑栏中输入。下面以输入“123”为例，介绍输入数据的操作方法。

第 1 步 启动 Excel 2013，选中准备输入数据的单元格，输入“123”，单击【输入】按钮，如图 9–31 所示。

第 2 步 通过以上步骤即可完成输入数据的操作，如图 9–32 所示。

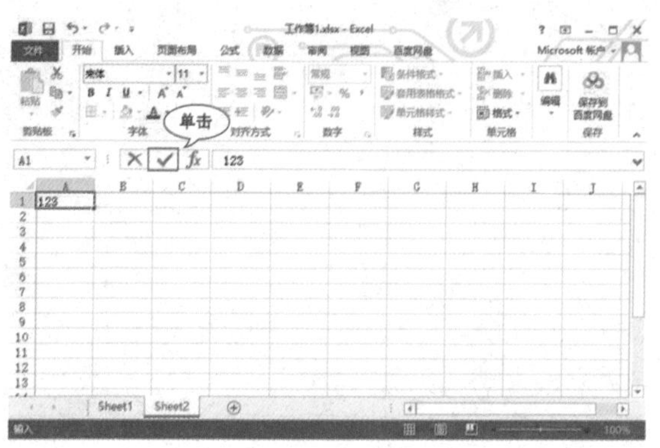

图 9–31

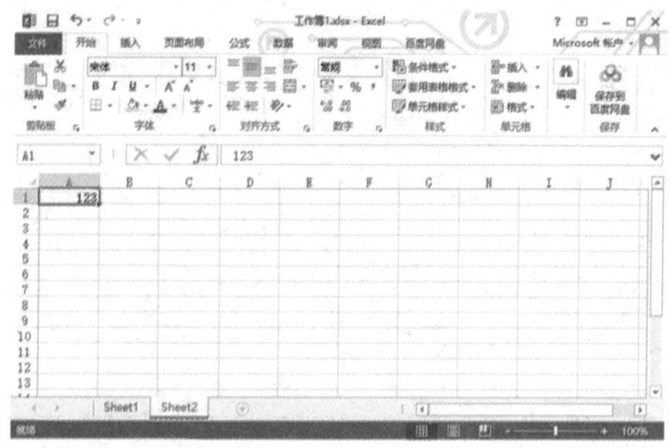

图 9–32

9.3.2 快速填充数据

Excel 2013 的工作表中有无数个单元格，如果准备在连续单元格内输入相同、具有等比或等差数列性质的数据，可以使用快速填充数据的方法。下面介绍快速填充数据的操作方法。

❶快速输入相同的数据

在几个单元格中，通过复制与粘贴的方法可以输入相同的数据。在多个单元格中输入相同的数据，也可以通过填充数据的方法完成。下面介绍如何快速输入相同的数据。

第 1 步 选中准备复制的单元格，将鼠标指针移至单元格右下角，当指针变为 + 时，按住鼠标左键向下拖动至指定单元格的位置，如图 9–33 所示。

第 2 步 通过以上操作即可复制一列或一行单元格，如图 9–34 所示。

第 3 步 鼠标拖动选中准备输入相同数据的单元格，在编辑栏中输入数据“123”，按 Ctrl+Enter 组合键，如图 9–35 所示。

第 4 步 通过以上步骤即可完成输入相同数据的操作，如图 9–36 所示。

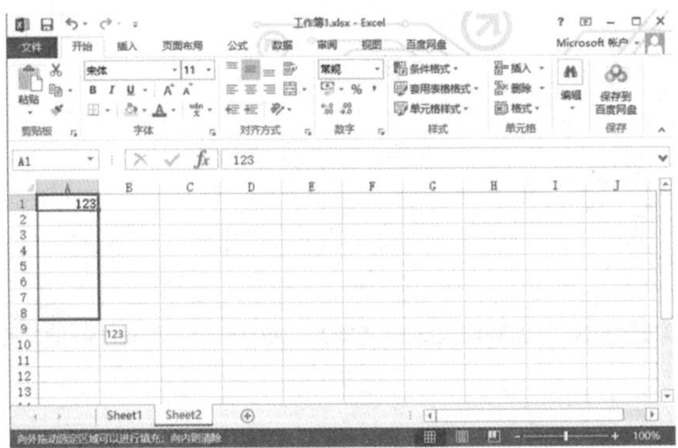

图 9–33

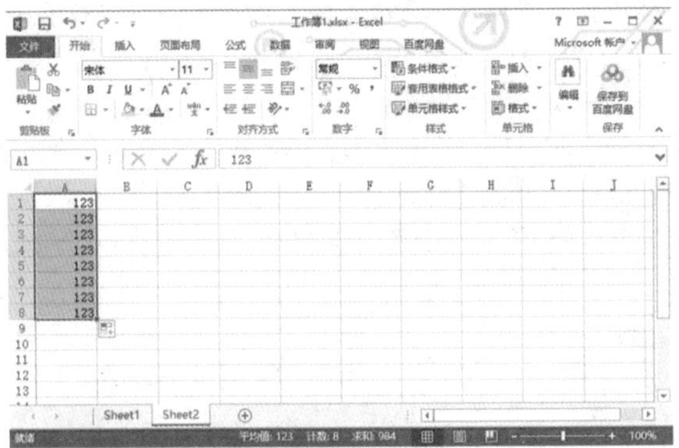

图 9–34

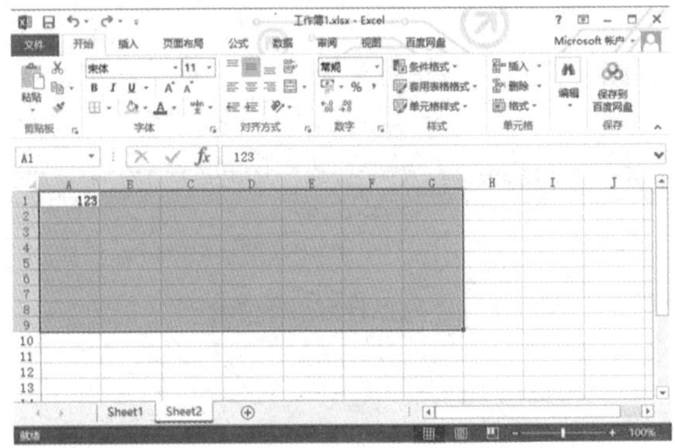

图 9–35

图 9–36

② 快速输入等比数据

输入等比数据的方法非常简单，具体操作如下。

第 1 步 在单元格中输入数据并选中准备输入等比序列的一列单元格，切换到【开始】选项卡，单击【编辑】下拉按钮，在弹出的下拉菜单中选择【填充】菜单项，在弹出的子菜单中选择【序列】菜单项，如图 9–37 所示。

第 2 步 弹出【序列】对话框，选中【列】单选按钮，选中【等比序列】单选按钮，在【步长值】文本框中输入数值，单击【确定】按钮，如图 9–38 所示。

第 3 步 通过上述操作即可完成等比数据的输入，如图 9–39 所示。

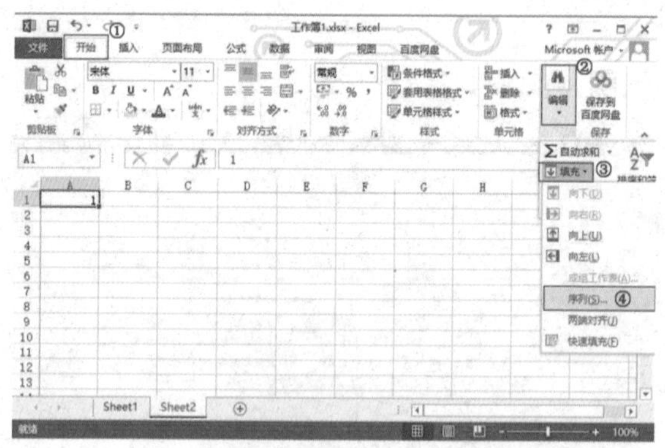

图 9–37

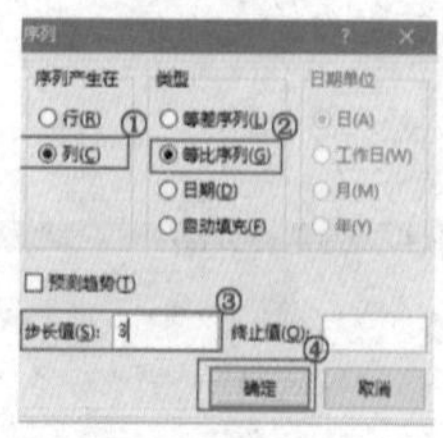

图 9–38

图 9–39

③ 快速输入等差数据

如果一个数列从第二项起，每一项与它的前一项的差等于同一个常数，这个数列就叫作等差数列。

如果需要在多个单元格中输入等差数据，用户可以通过填充数据的方法完成。下面具体介绍快速输入等差数据的操作方法。

第 1 步 在单元格中输入数据并选中准备输入等差序列的一列单元格，切换到【开始】选项卡，单击【编辑】下拉按钮，在弹出的下拉菜单中选择【填充】菜单项，在弹出的子菜单中选择【序列】菜单项，如图 9–40 所示。

第 2 步 弹出【序列】对话框，选中【列】单选按钮，选中【等差序列】单选按钮，在【步长值】文本框中输入数值，单击【确定】按钮，如图 9–41 所示。

第 3 步 通过上述操作即可完成等差数据的输入，如图 9–42 所示。

图 9–40

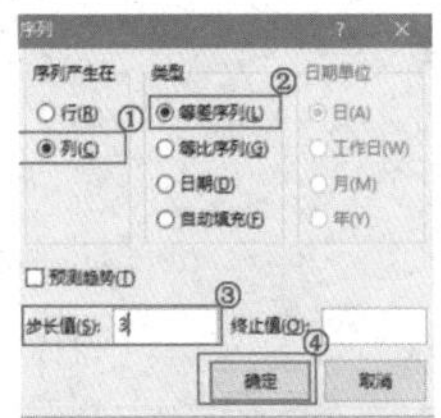

图 9–41

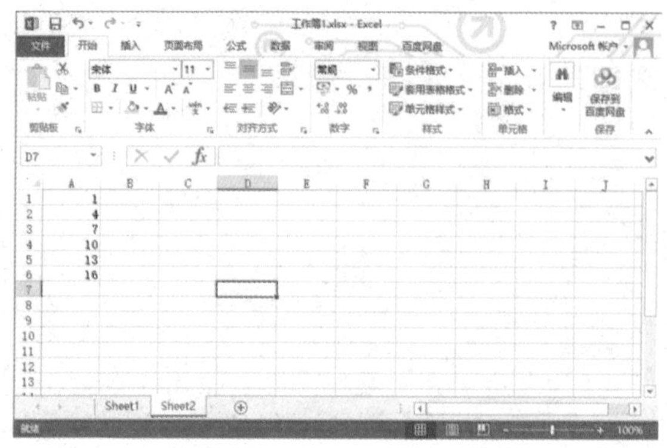

图 9–42

9.3.3 设置数据格式

在 Excel 2013 软件中，默认输入的数据格式为“常规”，可以根据用户的需要更改，如更改为数字、货币、日期、时间等。下面以设置“货币”格式为例介绍设置数据格式的方法。

第 1 步 选中准备更改格式的单元格，切换到【开始】选项卡，单击【数字】下拉按钮，单击【启动器】按钮，如图 9–43 所示。

第 2 步 弹出【设置单元格格式】对话框，切换到【数字】选项卡，在【分类】列表框中选择【货币】选项，在【货币符号（国家 / 地区）】下拉列表框中选择货币符号，单击【确定】按钮，如图 9–44 所示。

第 3 步 通过上述步骤即可完成设置数据格式的操作，如图 9–45 所示，

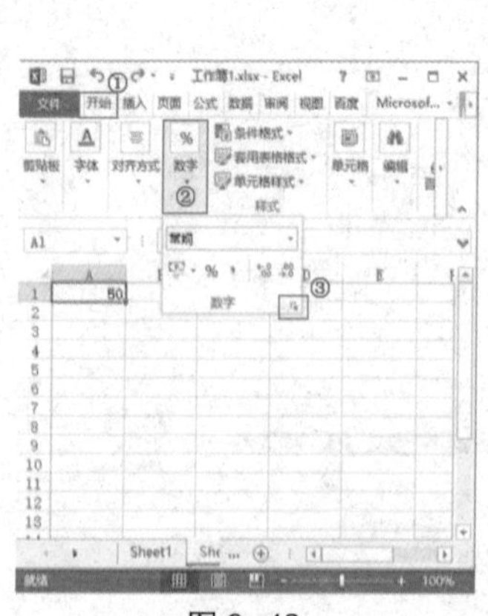

图 9–43

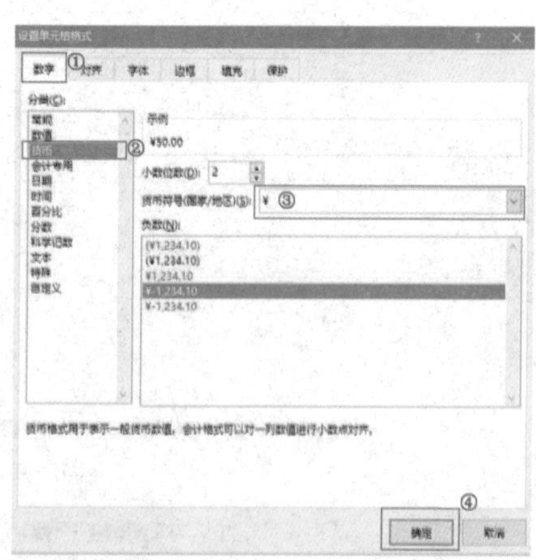

图 9–44

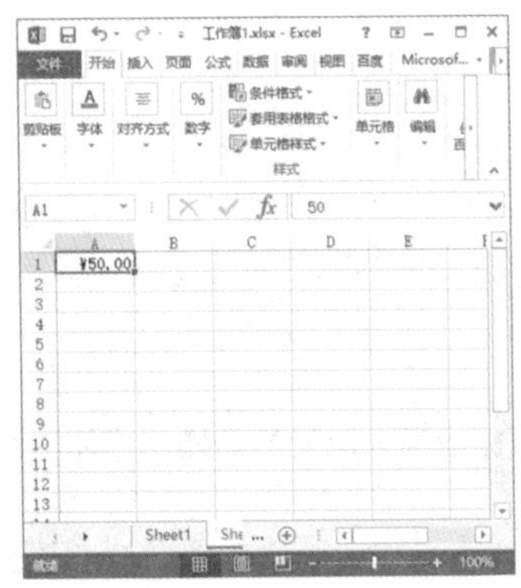

图 9-45

9.3.4 设置字符格式

在 Excel 2013 软件中，用户不但可以输入文字数据，还可以根据爱好对文字的字体、大小、字形和颜色等格式进行设置。下面介绍设置字符格式的方法。

第 1 步 选中准备更改格式的单元格，切换到【开始】选项卡，单击【字体】下拉按钮，单击【启动钮】按钮，如图 9-46 所示。

第 2 步 弹出【设置单元格格式】对话框，切换到【字体】选项卡，在【字体】列表框中选择【方正细珊瑚简体】选项，在【字形】列表框中选择【加粗】选项，在【字号】列表框中选择【18】选项，单击【确定】按钮，如图 9-47 所示。

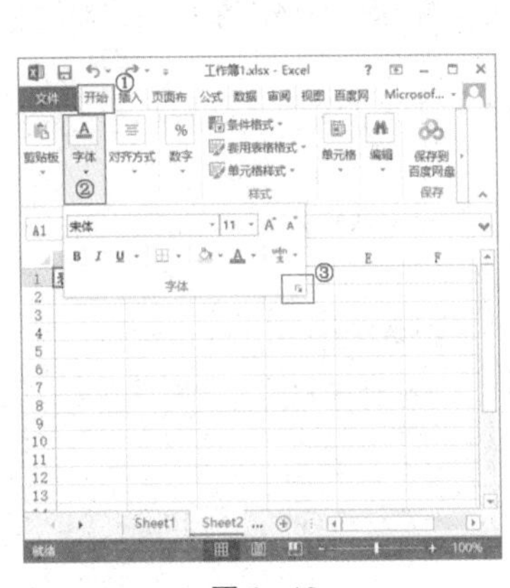

图 9-46

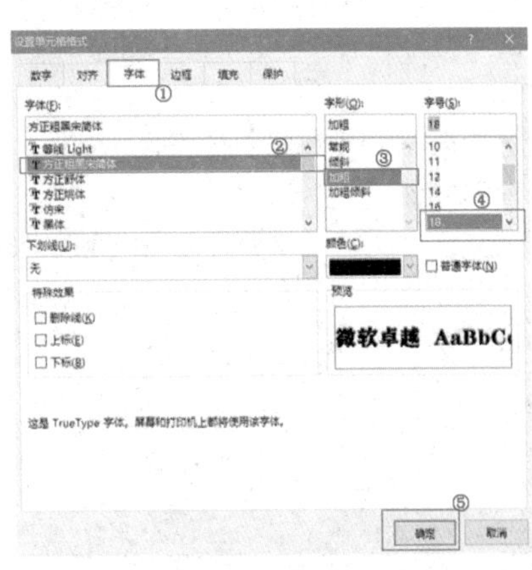

图 9-47

9.4 单元格的基本操作

用户可以根据需要对单元格进行自定义设置，如插入单元格、删除单元格、合并单元格、拆分单元格、设置单元格的行高与列宽、插入或删除整行和整列单元格等。本节将具体介绍单元格的基本操作。

9.4.1 插入与删除单元格

用户可以在指定位置插入或删除单元格，方法非常简单，下面进行具体介绍。

第1步 选中准备插入单元格的位置。切换到【开始】选项卡，单击【单元格】按钮，在弹出的下拉菜单中单击【插入】下拉按钮，单击【插入单元格】菜单项，如图 9-48 所示。

第2步 弹出【插入】对话框，选中【活动单元格下移】单选按钮，单击【确定】按钮，如图 9-49 所示。

第3步 通过上述步骤即可完成插入单元格的操作，如图 9-50 所示。

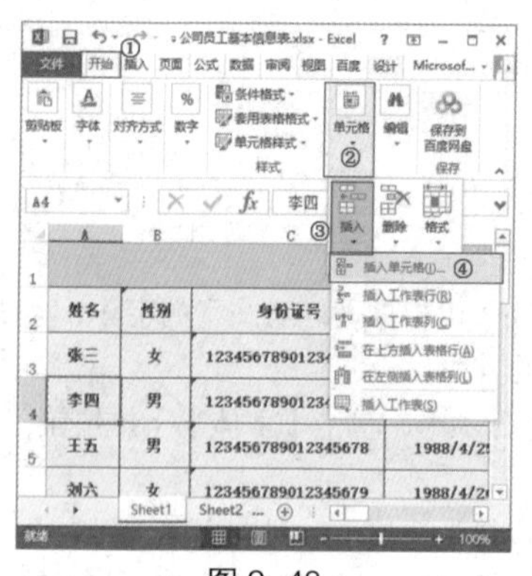
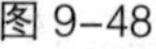

图 9-48

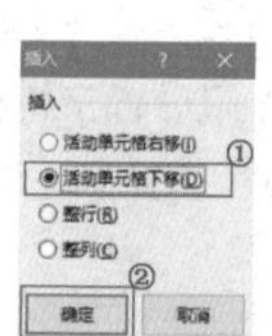

图 9-49

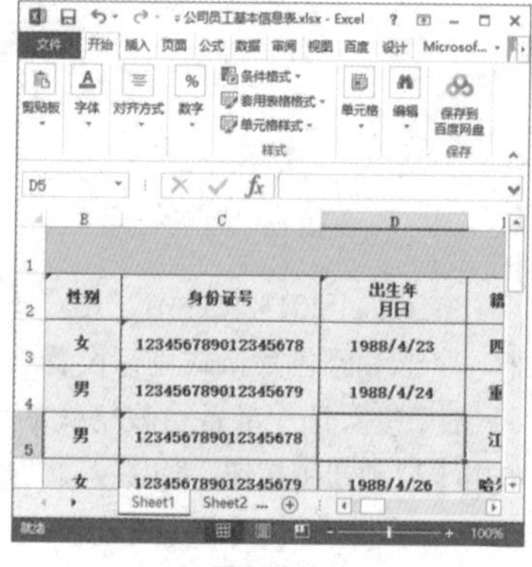

图 9-50

第4步 选中准备删除单元格的位置，切换到【开始】选项卡，单击【单元格】下拉按钮。在弹出的下拉菜单中单击【删除】下拉按钮。选择【删除单元格】菜单项，如图 9-51 所示。

第5步 弹出【删除】对话框，选中【下方单元格上移】单选按钮，单击【确定】按钮，如图 9-52 所示。

第6步 通过上述步骤即可完成删除单元格的操作，如图 9-53 所示。

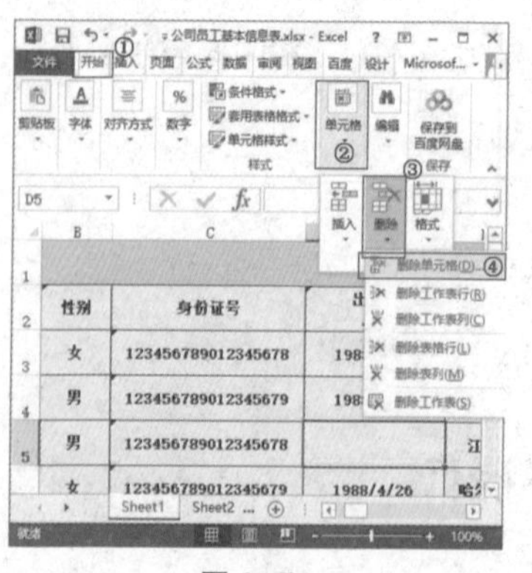

图 9-51

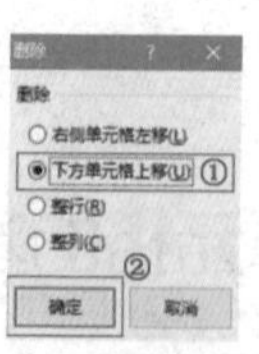

图 9-52

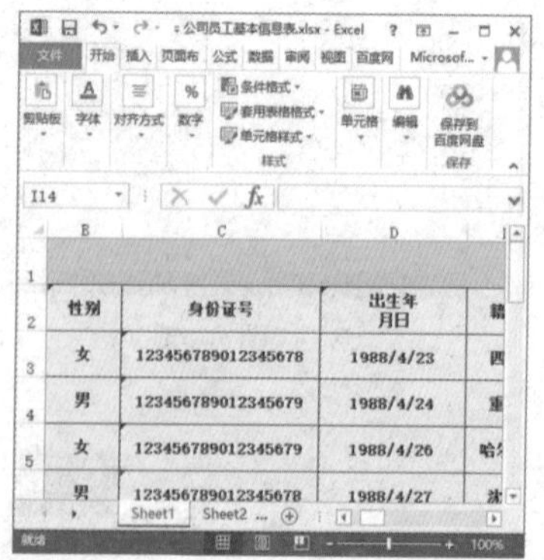

图 9-53

9.4.2 合并与拆分单元格

在 Excel 2013 中，用户可以将两个或多个单元格合并在一起，也可将合并后的单元格拆分。下面介绍合并与拆分单元格的方法。

第 1 步 选中准备合并的单元格，切换到【开始】选项卡，单击【对齐方式】下拉按钮，在弹出的下拉菜单中选择【合并后居中】菜单项，如图 9–54 所示。

第 2 步 通过上述操作即可合并单元格，如图 9–55 所示。

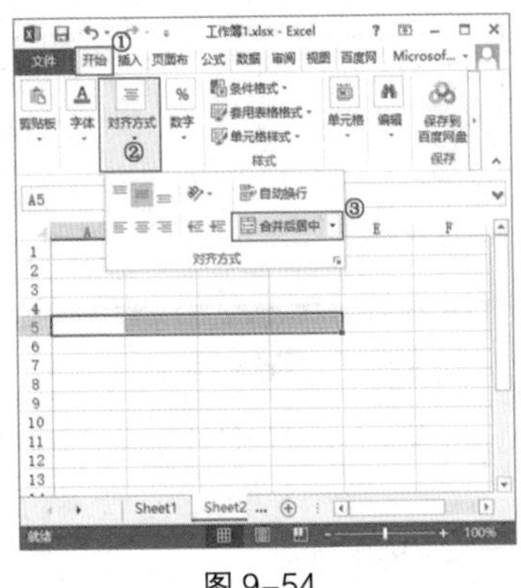

图 9–54

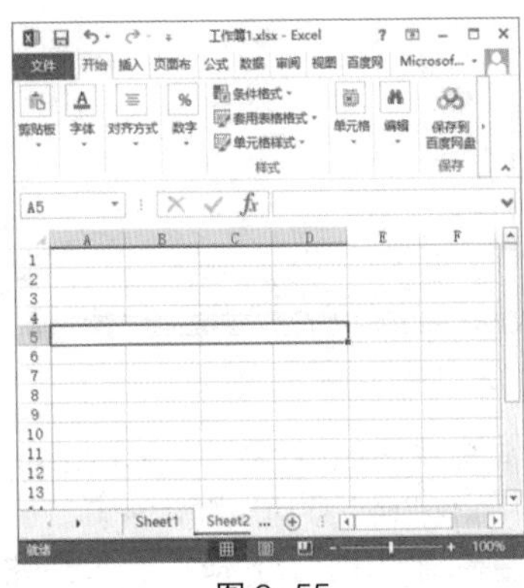

图 9–55

第 3 步 选中准备拆分的单元格，切换到【开始】选项卡，单击【对齐方式】下拉按钮，在弹出的下拉菜单中选择【合并后居中】菜单项，如图 9–56 所示。

第 4 步 通过上述操作即可拆分单元格，如图 9–57 所示。

图 9–56

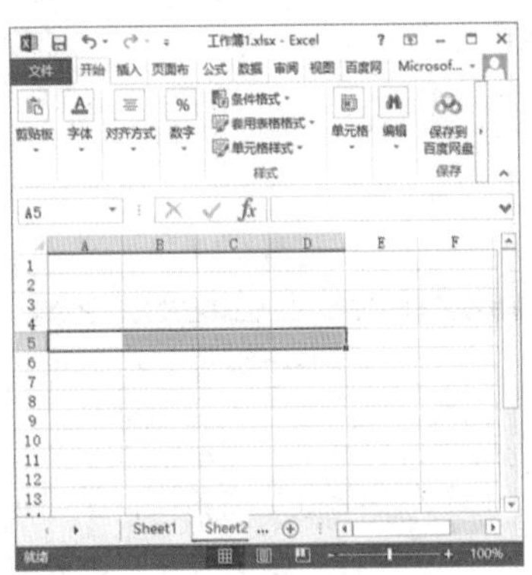

图 9–57

9.4.3 设置行高和列宽

在单元格中输入数据时，会出现数据和单元格尺寸不符合的情况，此时用户可以设置单元格的行高和列宽来解决这一问题。下面介绍设置行高和列宽的操作方法。

第1步 将鼠标指针移至准备改变列宽的字母单元格边缘，当鼠标指针变为左右双箭头时，按住鼠标向左或向右移动，如图 9-58 所示。

第2步 通过上述操作即可改变单元格的列宽，如图 9-59 所示。

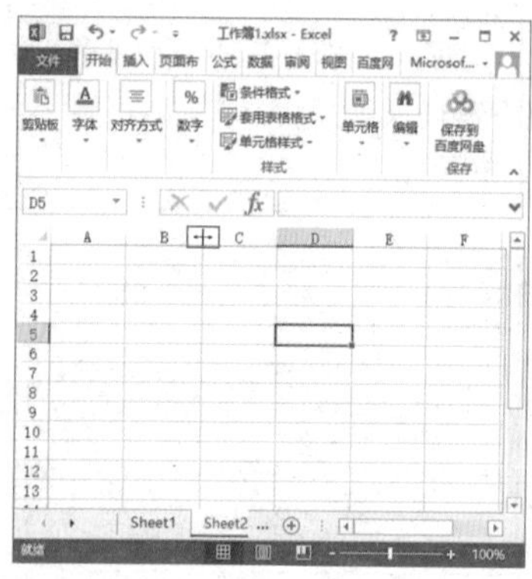

图 9-58

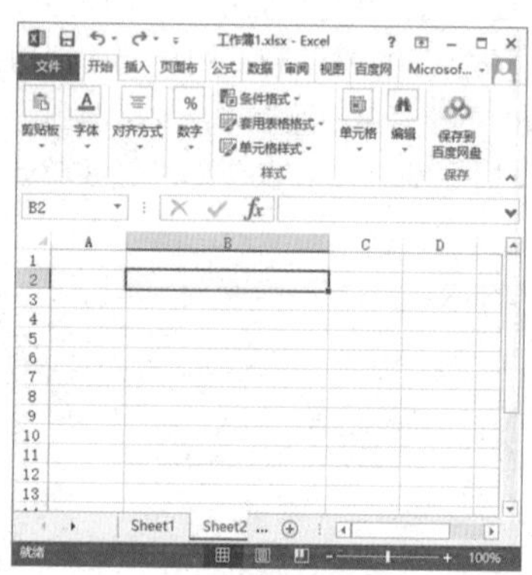

图 9-59

第3步 将鼠标指针移至准备改变行高的数字单元格边缘，当鼠标指针变为上下双箭头时，按住鼠标向上或向下移动，如图 9-60 所示。

第4步 通过上述操作即可改变单元格的行高，如图 9-61 所示。

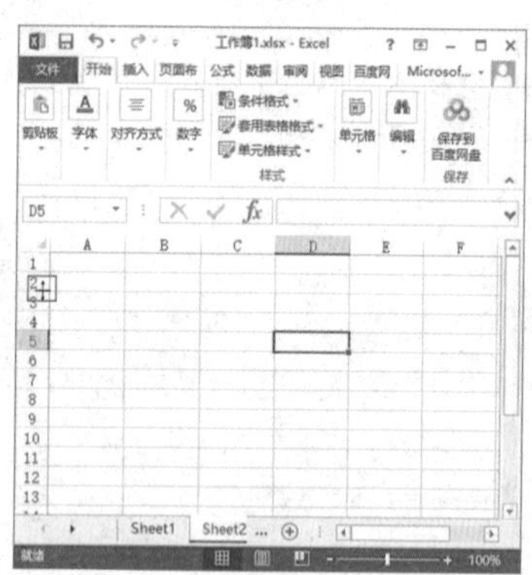

图 9-60

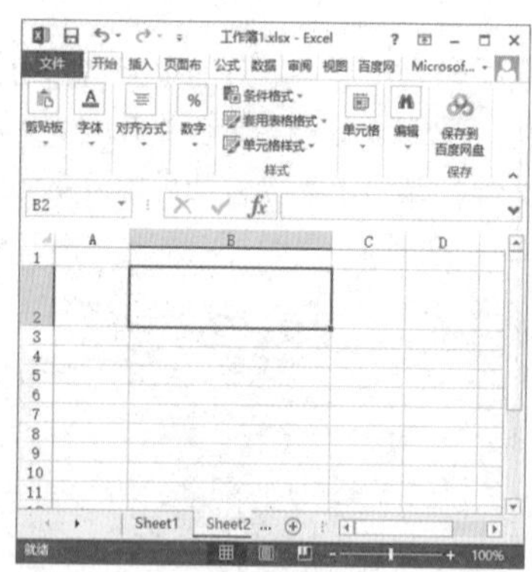

图 9-61

9.4.4 插入与删除行和列

用户可以根据需要插入或删除行和列。下面介绍插入与删除行和列的方法。

第1步 选中准备插入整行单元格的位置，切换到【开始】选项卡，单击【单元格】下拉按钮，在弹出的下拉菜单中单击【插入】下拉按钮，选择【插入工作表行】菜单项，如图 9-62 所示。

第2步 通过以上步骤即可完成行的插入，如图 9-63 所示。

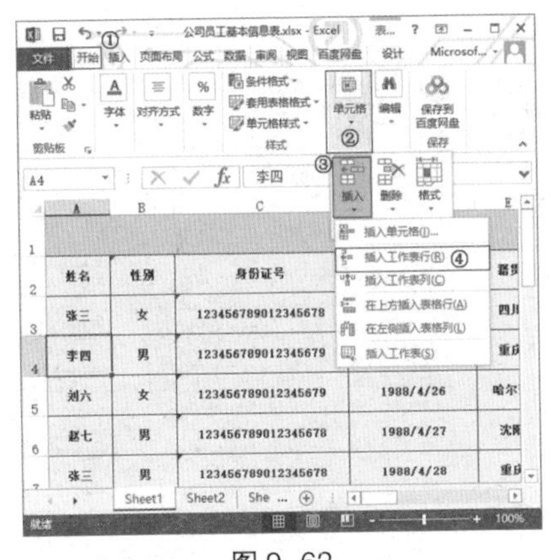

图 9-62

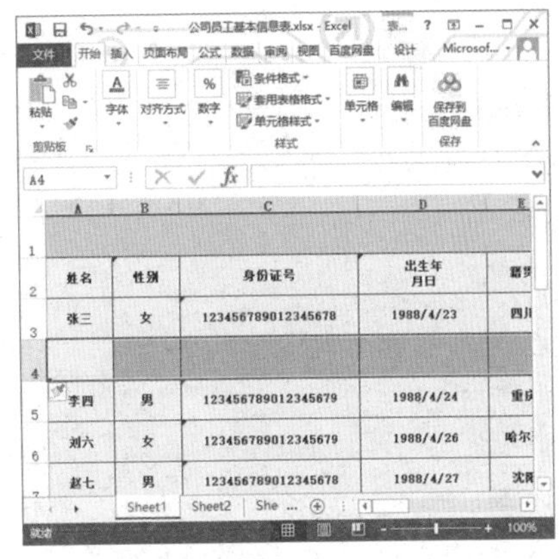

图 9-63

第 3 步 选中准备删除整行单元格的位置，切换到【开始】选项卡，单击【单元格】下拉按钮，在弹出的下拉菜单中单击【删除】下拉按钮，选择【删除工作表行】菜单，如图 9-64 所示。

第 4 步 通过以上步骤即可完成删除行的操作，如图 9-65 所示。

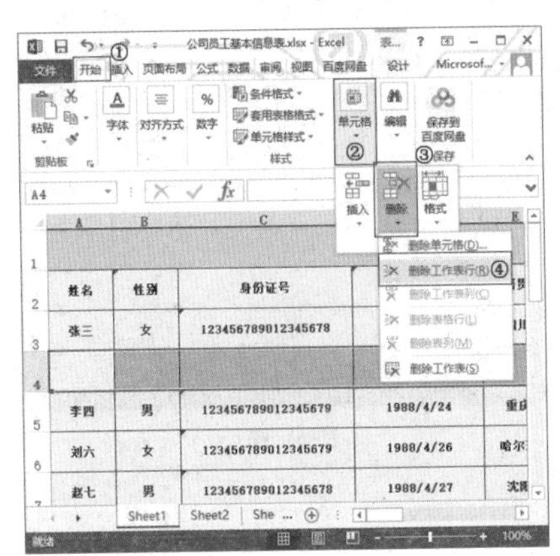

图 9-64

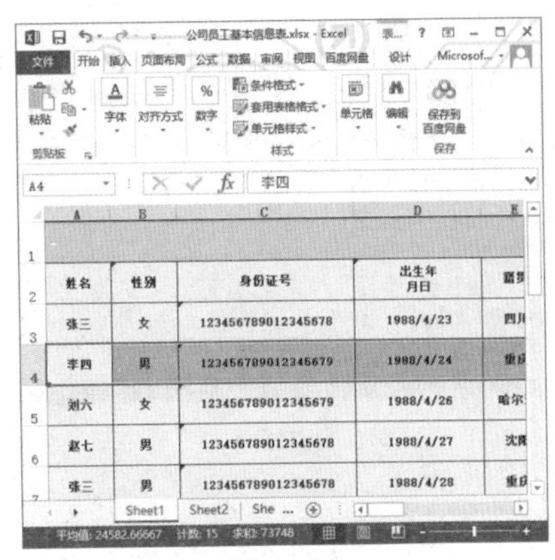

图 9-65

第 5 步 选中准备插入整列单元格的位置，切换到【开始】选项卡，单击【单元格】下拉按钮，在弹出的下拉菜单中单击【插入】下拉按钮，选择【插入工作表列】菜单，如图 9-66 所示。

第 6 步 通过以上步骤即可完成列的插入，如图 9-67 所示。

第 7 步 选中准备删除整列单元格的位置，切换到【开始】选项卡，单击【单元格】下拉按钮，在弹出的下拉菜单中单击【删除】下拉按钮，选择【删除工作表列】菜单，如图 9-68 所示。

第 8 步 通过以上步骤即可完成删除列的操作，如图 9-69 所示。

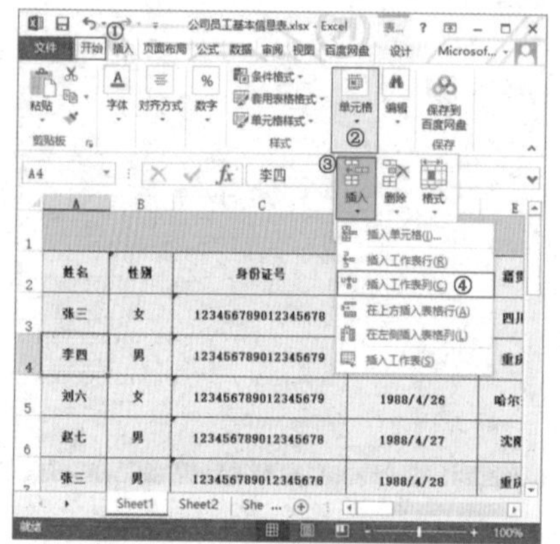

图 9-66

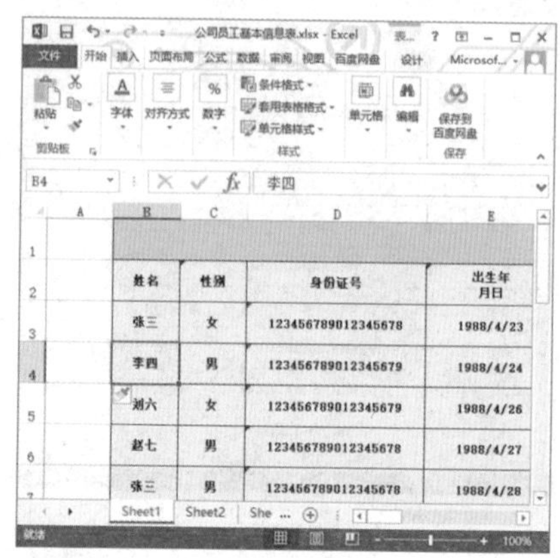

图 9-67

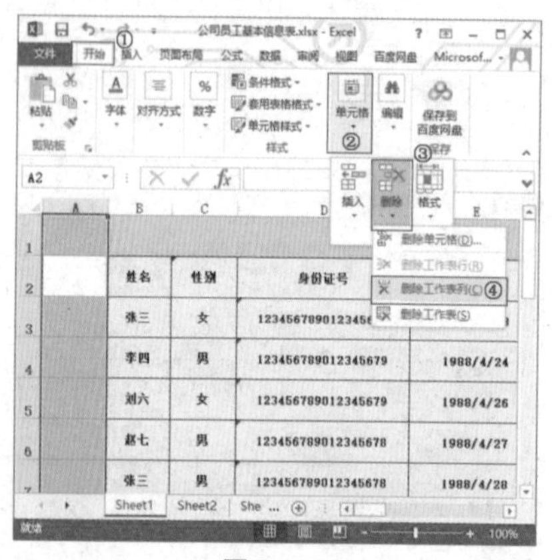

图 9-68

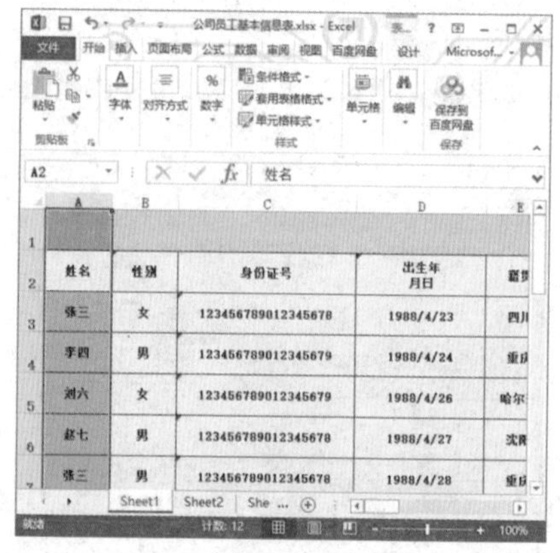

图 9-69

9.4.5 设置文本对齐方式

使用 Excel 2013 对工作表进行编辑时，用户可以将单元格中的数据按照自己设定的对齐方式显示。下面具体介绍设置文本对齐方式的操作方法。

第1步 选中准备进行编辑的单元格，切换到【开始】选项卡，单击【对齐方式】按钮，在弹出的下拉菜单中单击【左对齐】按钮，如图 9-70 所示。

第2步 通过上述步骤即可完成设置文本对齐方式的操作，如图 9-71 所示。

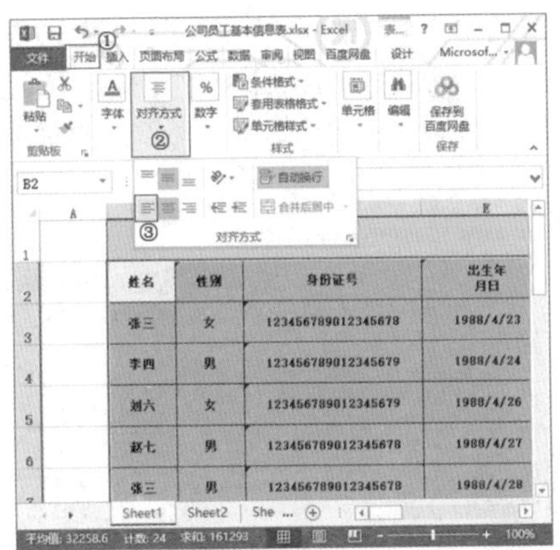

图 9–70

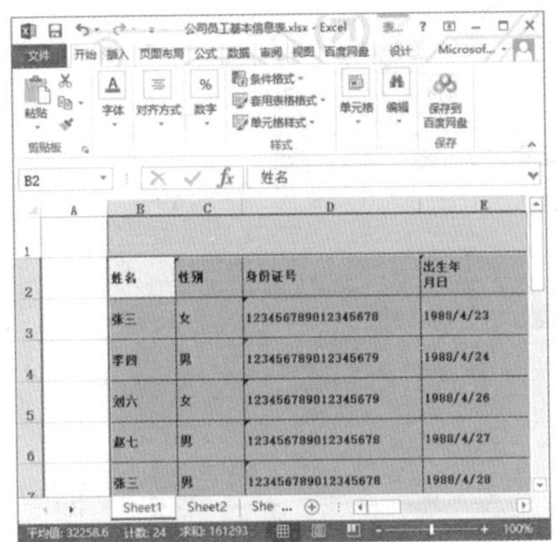

图 9–71

9.5 美化工作表

在 Excel 2013 中完成工作表数据的编辑后，可以对表格边框和填充效果等进行设置，达到美化工作表的目的。本节将介绍美化工作表的操作方法。

9.5.1 设置表格边框

在 Excel 2013 中，为表格设置边框，可以使其更美观。下面介绍设置表格边框的操作方法。

第1步 选中整个表格，切换到【开始】选项卡，单击【单元格】按钮，在弹出的下拉菜单中单击【格式】按钮，在弹出的子菜单中选择【设置单元格格式】菜单项，如图 9–72 所示。

第 2 步 弹出【设置单元格格式】对话框，切换到【边框】选项卡，在【线条】区域选择边框样式，在【预置】区域选择【外边框】选项，单击【确定】按钮，如图 9-73 所示。

第 3 步 通过上述步骤即可完成设置表格边框的操作，如图 9-74 所示。

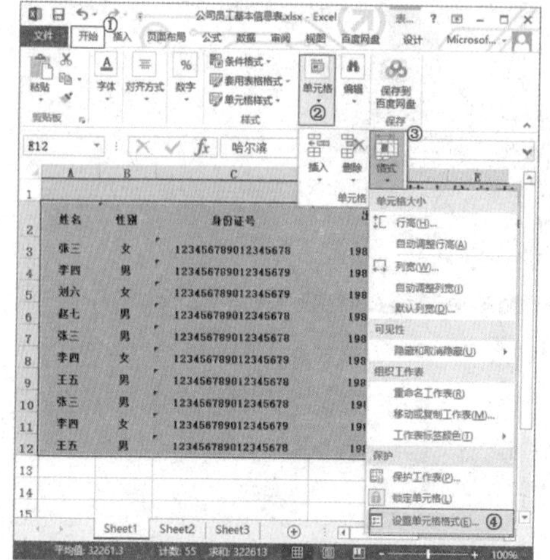

图 9-72

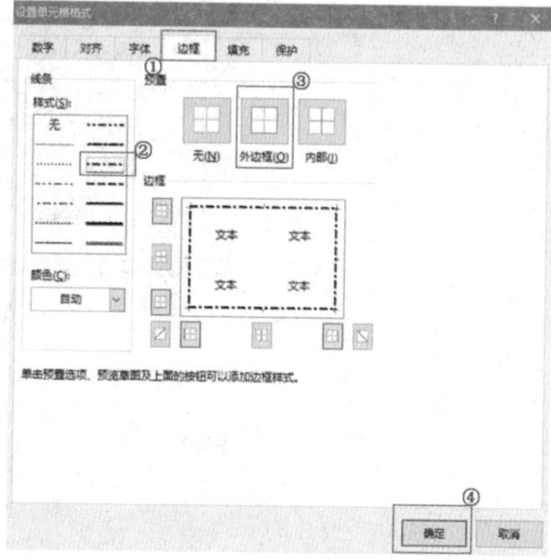

图 9-73

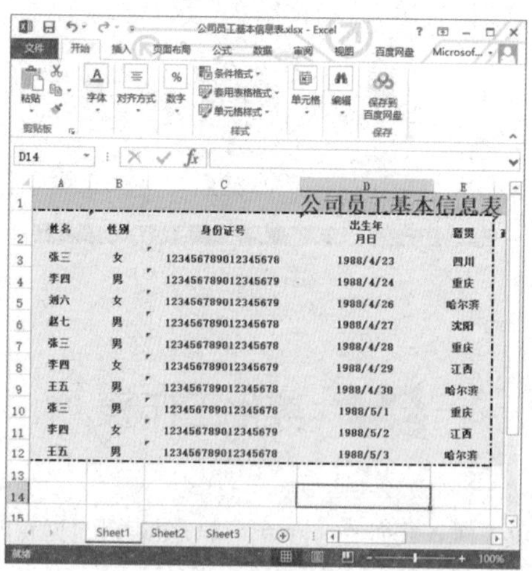

图 9-74

9.5.2 设置表格填充效果

为使工作表更加美观，可以为表格填充效果。下面介绍设置表格填充效果的方法。

第 1 步 选中准备设置填充效果的表格区域，切换到【开始】选项卡，单击【单元格】按钮，在弹出的下拉菜单中单击【格式】按钮，在弹出的子菜单中选择【设置单元格格式】菜单项，如图 9-75 所示。

第 2 步 弹出【设置单元格格式】对话框，切换到【填充】选项卡，在【背景色】区域中选择填充颜色，在【图案样式】下拉列表框中选择填充样式，单击【确定】按钮，如图 9–76 所示。

第 3 步 通过上述步骤即可完成给表格设置填充效果的操作，如图 9–77 所示。

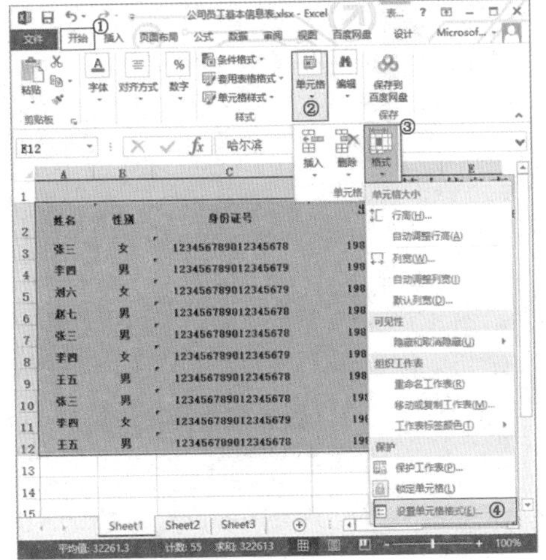

图 9–75

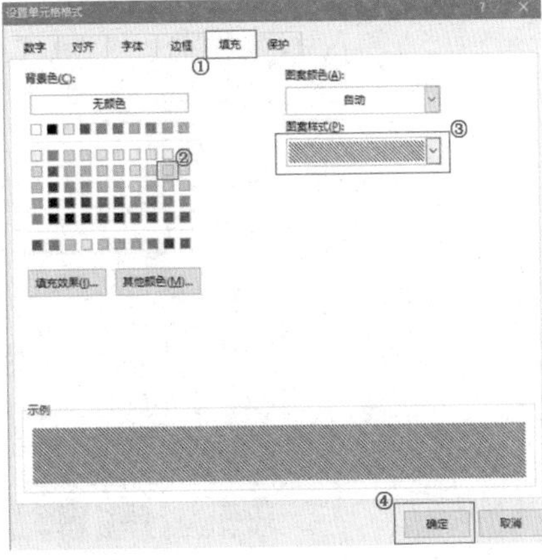

图 9–76

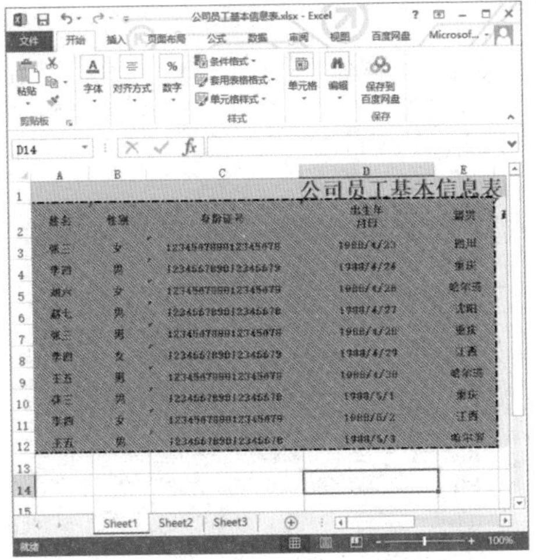

图 9–77

9.5.3 设置工作表样式

Excel 2013 为满足用户对工作表视觉感的需求，提供了各种工作表样式。下面介绍其具体操作方法。

第1步 选中表格，切换到【开始】选项卡，单击【套用表格格式】按钮，在弹出的库中选择表格样式，如图 9–78 所示。

第2步 弹出【套用表格式】对话框，单击【确定】按钮，如图 9–79 所示。

第3步 通过上述步骤即可完成设置工作表样式的操作，如图 9–80 所示。

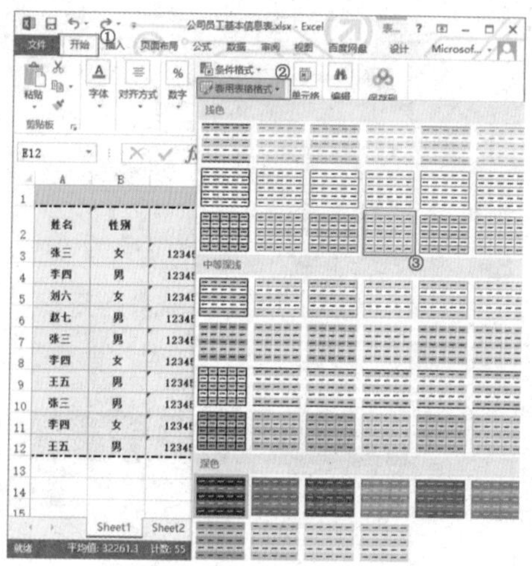

图 9–78

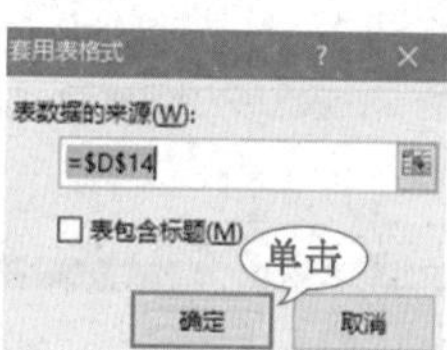

图 9–79

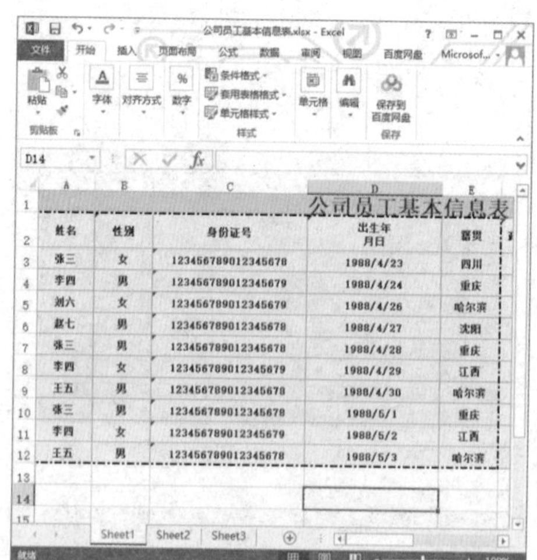

图 9–80

9.6 计算表格数据

使用 Excel 2013 可以进行各种数据的计算和处理、统计分析和辅助决策操作，管理电子表格或网页中的列表。本节将介绍计算表格数据的方法。

9.6.1 引用单元格

默认情况下，Excel 2013 中单元格的引用样式为 A1 引用样式。A1 引用样式是指用单元格中列标和行号的组合来标识单元格或单元格区域。例如，A1 表示引用单元格，A1：K8 表示引用单元格区域，3：15 表示引用整行，B：G 表示引用整列。

Excel 单元格的引用类型包括相对引用、绝对引用和混合引用三种。

（1）相对引用：是基于包含公式和单元格引用的单元格的相对位置。如果公式所在单元格的位置改变，引用也将随之改变。

（2）绝对引用：总是在指定位置引用单元格（例如 A1）。如果公式所在单元格的位置改变，绝对引用将保持不变。如果多行或多列地复制公式，绝对引用将不做调整。默认情况下，新公式使用相对引用，需要将它们转换为绝对引用。例如，如果将单元格 B2 中的绝对引用复制到单元格 B3，则在两个单元格中一样，都是 A1。

（3）混合引用：具有绝对列和相对行，或是绝对行和相对列。绝对引用列采用 $A1、$B1 等形式。绝对引用行采用 A$1、B$1 等形式。如果公式所在单元格的位置改变，相对引用改变，绝对引用不变。如果多行或多列地复制公式，相对引用自动调整，绝对引用不做调整。例如，如果将一个混合引用从 A2 复制到 B3，它将从 =$A1 调整到 =$B1。

9.6.2 输入公式

公式是 Excel 工作表中进行数值计算的等式。公式输入以“=”开始，简单的公式有加、减、乘，除等计算。下面介绍输入公式的操作方法。

第1步 选中准备显示结果的单元格，在编辑栏中输入公式，如“=A2+B2+C2+D2”，单击【输入】按钮，如图 9-81 所示。

第2步 通过以上步骤即可计算出单元格内数字的总和，如图 9-82 所示。

图 9-81

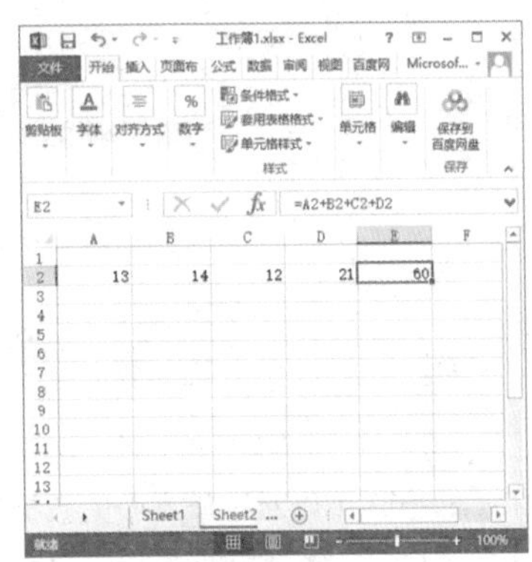

图 9-82

9.6.3 输入函数

Excel 2013 中的函数是一些预定义的公式。这些公式使用一些称为参数的特定数值按特定的顺序或结构计算。下面介绍输入函数的操作方法。

第 1 步 选中准备显示结果的单元格，切换到【公式】选项卡，单击【函数库】按钮，在弹出的下拉菜单中单击【自动求和】按钮，在弹出的子菜单中选择【求和】菜单项，如图 9-83 所示。

第 2 步 在选中的单元格中可以看到 Excel 自动输入的公式，如图 9-84 所示。

第 3 步 按回车键即可完成求和的操作，如图 9-85 所示。

图 9-83

图 9-84

图 9-85

9.7 管理表格数据

使用 Excel 2013 可以对工作表中的数据进行管理，如排序数据、筛选数据等，使其更加清晰地显示数据内容。本节将具体介绍管理表格数据的操作方法。

9.7.1 排序数据

排序是指将数据按一定的规律进行整合排列，使其有规律地显示数据。下面介绍排序数据的操作方法。

第1步 选中准备排序的数据，切换到【数据】选项卡，在【排序和筛选】组中单击【排序】按钮，如图 9-86 所示。

第2步 通过以上步骤即可完成排序数据的操作，如图 9-87 所示。

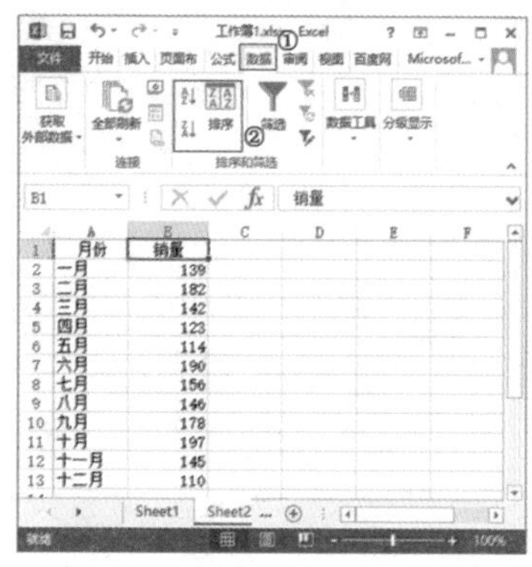

图 9-86

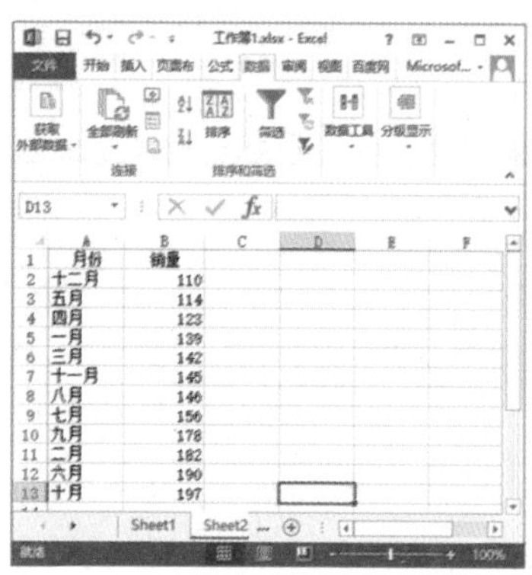

图 9-87

9.7.2 筛选数据

筛选数据是将工作表中满足筛选条件的数据显示出来，不满足筛选条件的数据将被隐藏。下面介绍筛选数据的具体操作方法。

第1步 选中准备筛选的数据，切换到【数据】选项卡，在【排序和筛选】组中单击【筛选】按钮，如图 9-88 所示。

第2步 在每个科目名称单元格中出现下拉按钮，单击“语文”单元格中的下拉按钮，在弹出的下拉菜单中选择【数字筛选】菜单项，在弹出的子菜单中选择【大于或等于】菜单项，如图 9-89 所示。

第3步 弹出【自定义自动筛选方式】对话框，在下拉列表框中输入“95”，单击【确定】按钮，如图 9-90 所示。

第4步 通过以上操作即可完成对数据的筛选，如图 9-91 所示。

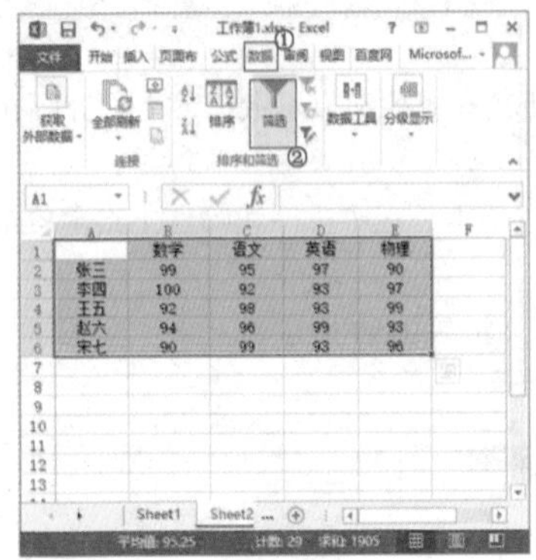

图 9–88

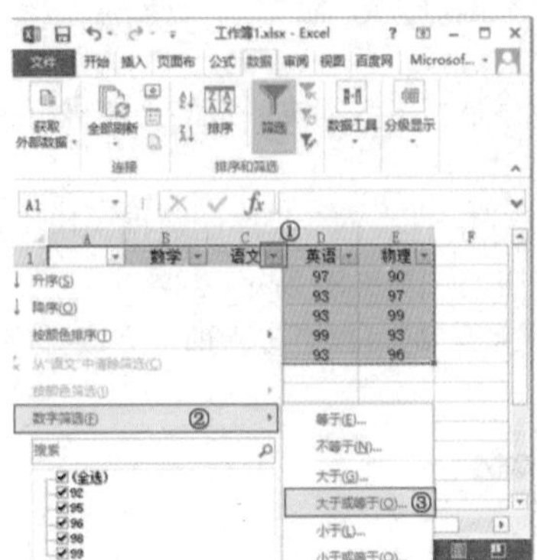

图 9–89

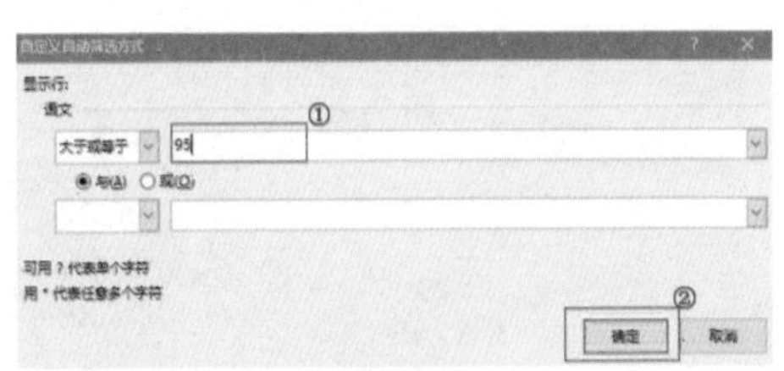

图 9–90

图 9–91

9.8 实践案例与上机指导

通过本章的学习，读者可以掌握 Excel 2013 的基本知识以及一些常见的操作方法。下面通过练习，达到巩固学习、拓展提高的目的。

9.8.1 分类汇总数据

分类汇总是指对所选数据进行指定的分类。分类汇总数据的方法非常简单，下面介绍其操作方法。

第 1 步 选中准备分类汇总的数据，切换到【数据】选项卡，在【排序和筛选】组中单击【升序】按钮，如图 9–92 所示。

第 2 步 在【数据】选项卡中，单击【分级显示】按钮，在弹出的下拉菜单中单击【分类汇总】按钮，如图 9–93 所示。

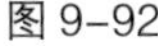

图 9-92

图 9-93

第 3 步 弹出【分类汇总】对话框，选中准备汇总项的复选框，单击【确定】按钮，如图 9-94 所示。

第 4 步 通过以上步骤即可完成分类汇总数据的操作，如图 9-95 所示。

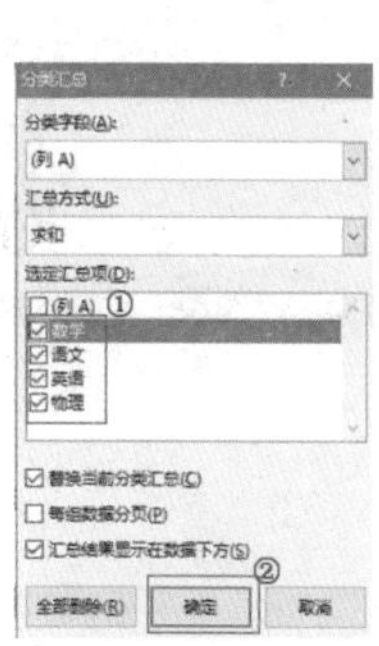

图 9-94

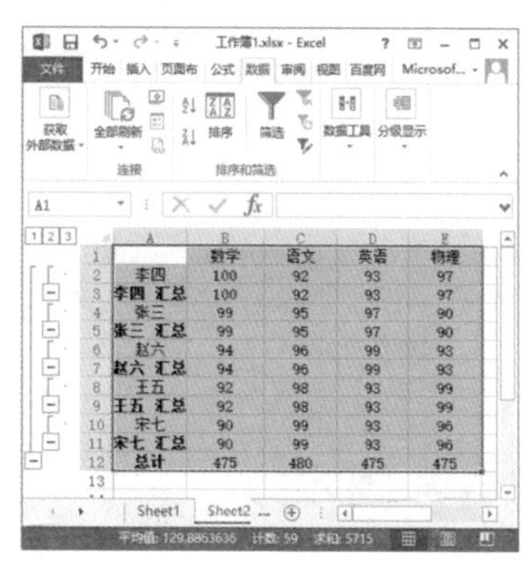

图 9-95

9.8.2 设置工作表背景

在 Excel 2013 中，可以将图像作为工作表的背景显示，从而美化工作表。下面介绍设置工作表背景的操作方法。

第 1 步 打开工作簿后，切换到【页面布局】选项卡，在【页面设置】组中单击【背景】按钮，如图 9-96 所示。

第 2 步 弹出【插入图片】界面，单击【从文件】选项右侧的【浏览】按钮，如图 9-97 所示。

第 3 步 弹出【工作表背景】对话框，选中准备插入的图片，单击【插入】按钮，如图 9-98 所示。

第 4 步 通过以上步骤即可完成设置工作表背景的操作，如图 9-99 所示。

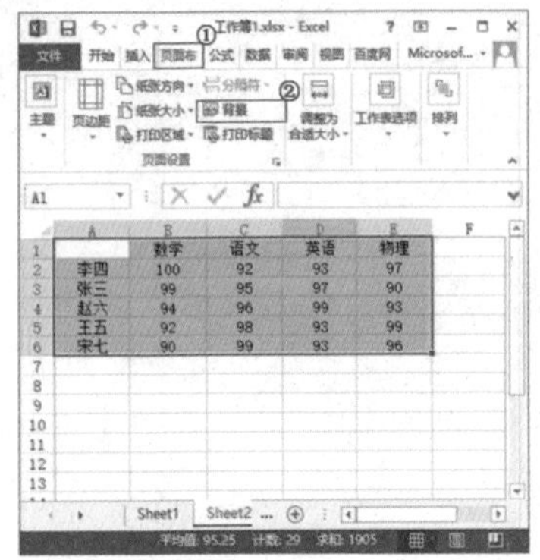

图 9–96

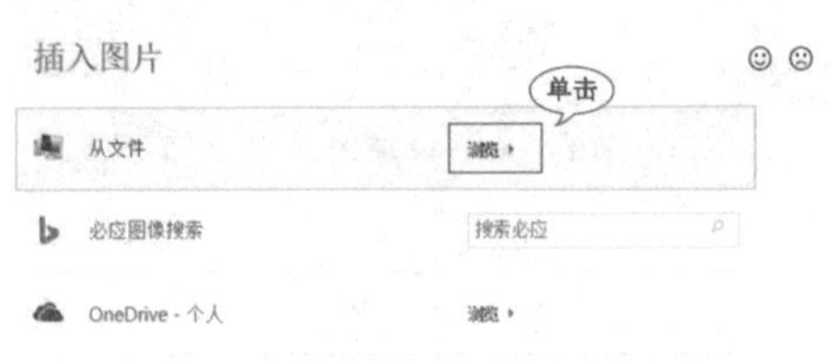

图 9–97

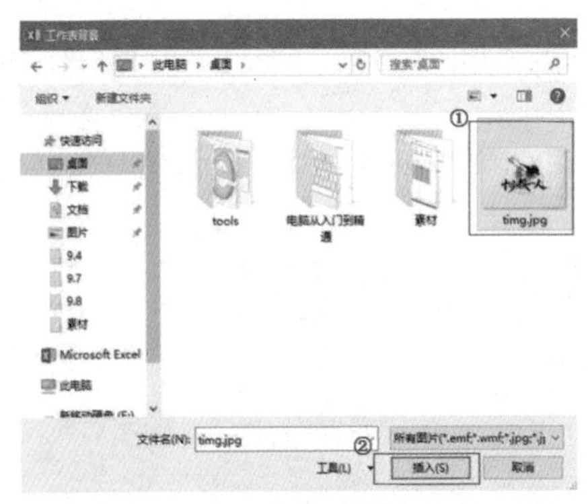

图 9–98

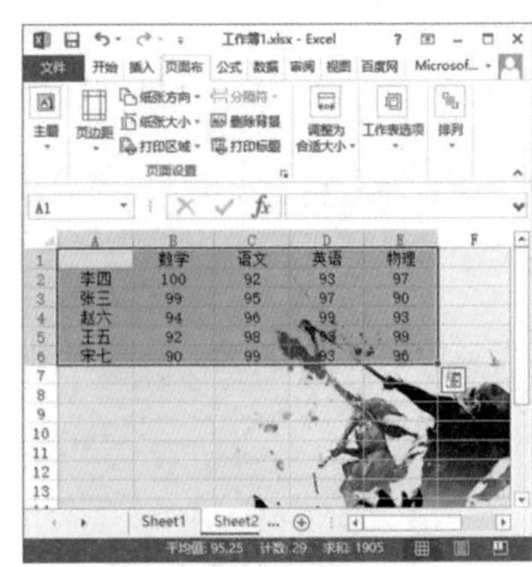

图 9–99

9.8.3 新建选项卡和组

在 Excel 2013 中，根据需要可以新建选项卡和组，将经常使用的命令选项添加到自定义的选项卡和组中，便于表格的编辑操作。下面介绍新建选项卡和组的操作方法。

第 1 步 启动 Excel 2013，切换到【文件】选项卡，如图 9–100 所示。

第 2 步 在 Backstago 视图中选择【选项】选项，如图 9–101 所示。

第 3 步 弹出【Excel 选项】对话框，选择【自定义功能区】选项，在【主选项卡】列表框中选择【开始】选项，单击【新建选项卡】按钮，如图 9–102 所示。

第 4 步 在【主选项卡】列表框中选择该新建组选项，在【新建组】添加命令选项，单击【确定】按钮，如图 9–103 所示。

第 5 步 通过以上步骤即可完成新建选项卡组的操作，如图 9–104 所示。

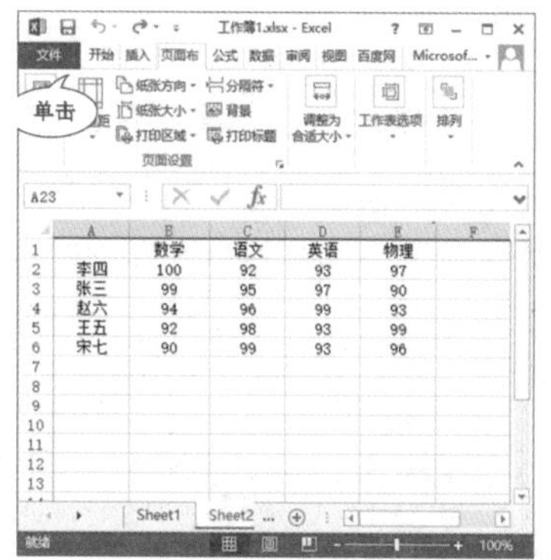

图 9–100

图 9–101

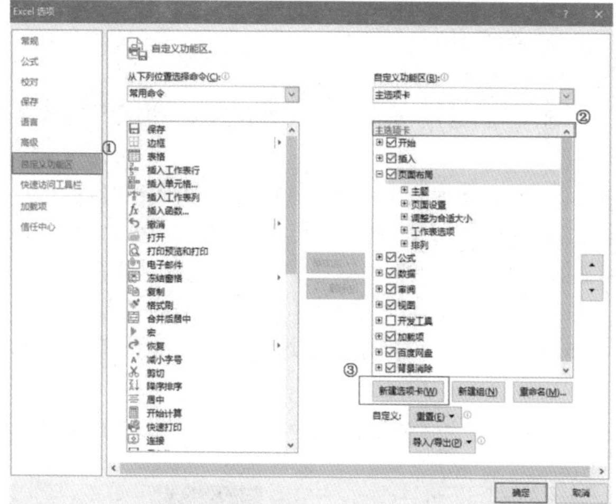

图 9–102

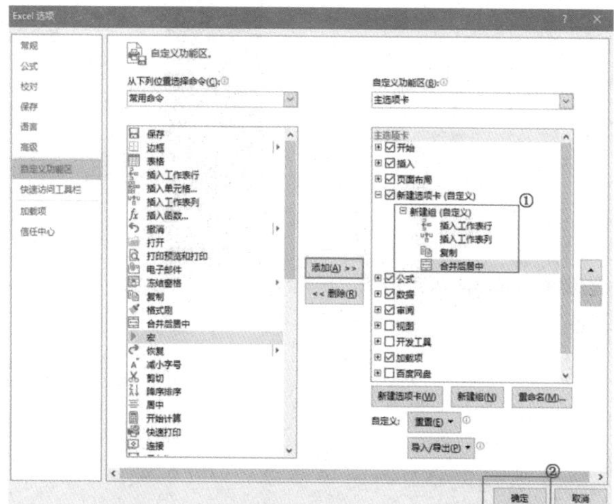

图 9–103

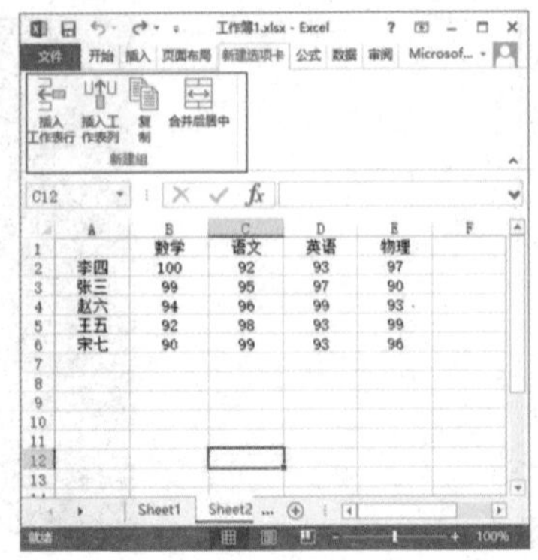

图 9-104

9.8.4 重命名选项卡和组

在 Excel 2013 中，根据需要可以重命名选项卡和组。下面介绍重命名选项卡和组的操作方法。

第1步 启动 Excel 2013，切换到【文件】选项卡，如图 9-105 所示。

第2步 在 Backsage 视图中选择【选项】选项，如图 9-106 所示。

第3步 弹出【Excel 选项】对话框，选择【自定义功能区】选项，在【主选项卡】列表框中选择【新建选项卡（自定义）】选项，单击【重命名】按钮，如图 9-107 所示。

第4步 弹出【重命名】对话框，输入选项卡名称，单击【确定】按钮，如图 9-108 所示。

第5步 通过以上步骤即可完成重命名选项卡的操作，如图 9-109 所示。

图 9-105

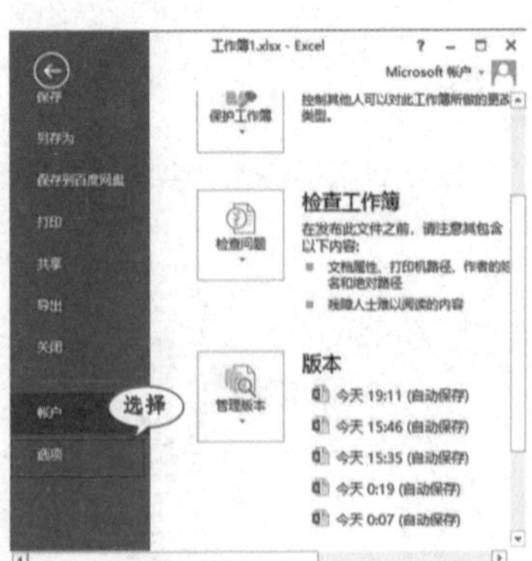

图 9-106

图 9–107

图 9–108

图 9–109

9.8.5 使用条件格式突出表格内容

下面介绍使用条件格式突出表格内容的操作方法。在 Excel 表格中，使用条件格式可以突出显示单元格中的内容，实现数据的可视化效果。

第 1 步 选中表格，切换到【开始】选项卡，在【样式】组中单击【条件格式】按钮，在弹出的下拉菜单中选择【数据条】菜单项，在弹出的菜单中选择一个样式，如图 9–110 所示。

第 2 步 通过以上步骤即可完成使用条件格式突出表格内容的操作，如图 9–111 所示。

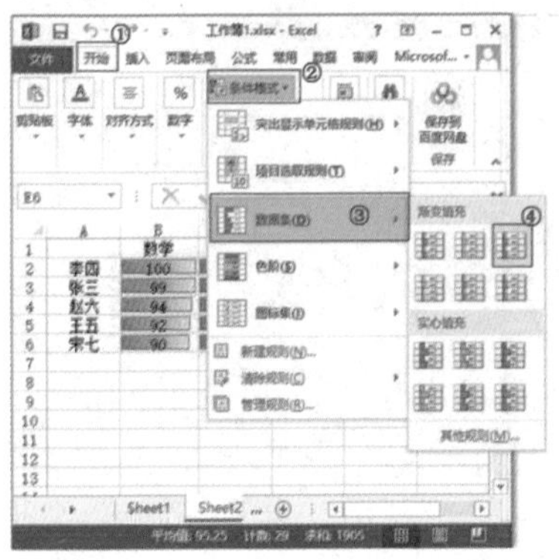

图 9-110

图 9-111

9.8.6 设置单元格样式

设置单元格样式可以丰富表格内容，使表格更美观。下面详细介绍使用单元格样式的操作方法。

第 1 步 选中表格，切换到【开始】选项卡，在【样式】组中单击【单元格样式】按钮，在弹出的下拉菜单中选择一个单元格样式，如图 9-112 所示。

第 2 步 通过以上步骤即可完成设置单元格样式的操作，如图 9-113 所示。

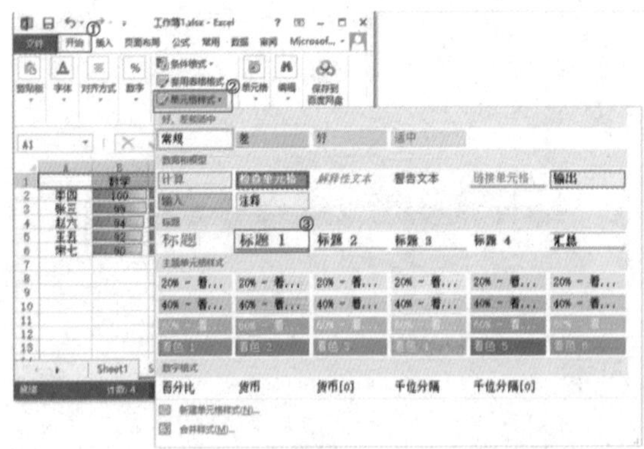

图 9-112

图 9-113

第十章 使用 PowerPoint 2013 制作幻灯片

10.1 认识 PowerPoint 2013

PowerPoint 2013 是 Office 2013 中的重要组成部分，主要用于制作幻灯片。使用 PowerPoint 2013 前，首先要了解它的基本知识。本节将予以详细介绍。

10.1.1 启动 PowerPoint 2013

如果准备使用 PowerPoint 2013 进行演示文稿的编辑，首先需要启动 PowerPoint 2013。下面介绍启动 PowerPoint 2013 的操作方法。

第 1 步 在 Windows 10 系统桌面中，单击【开始】按钮，在弹出的菜单中选择【所有程序】菜单项，如图 10-1 所示。

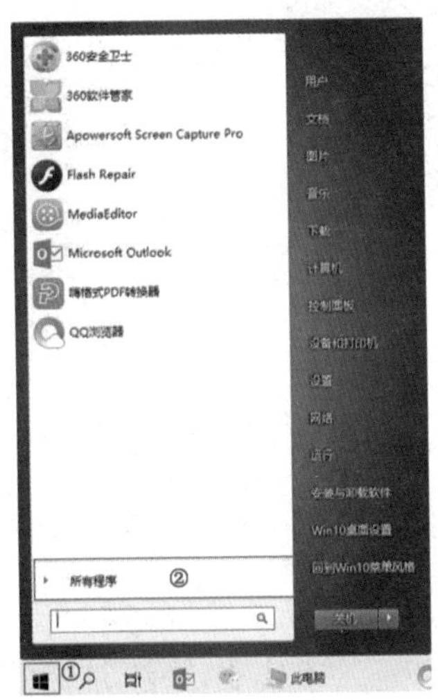

图 10-1

第 2 步 在【所有程序】菜单中，单击 MicrosoftOffice 2013 菜单项，选择 PowerPoint 2013 菜单项，如图 10-2 所示。

第 3 步 进入选择演示文稿模板界面，单击【空白演示文稿】选项，如图 10-3 所示。

第 4 步 通过上述操作即可启动 PowerPoint 2013，如图 10-4 所示。

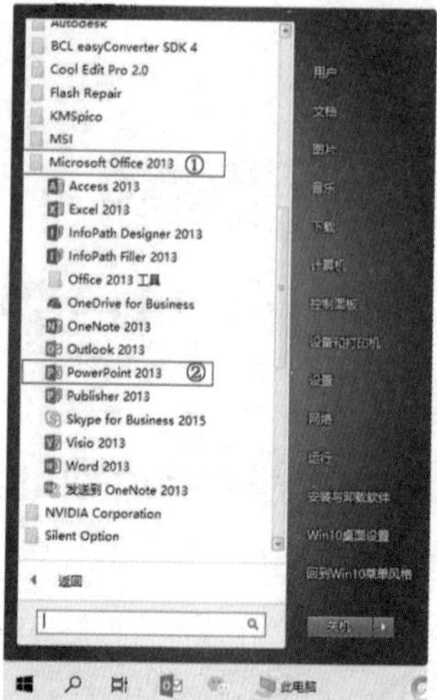

图 10–2

图 10–3

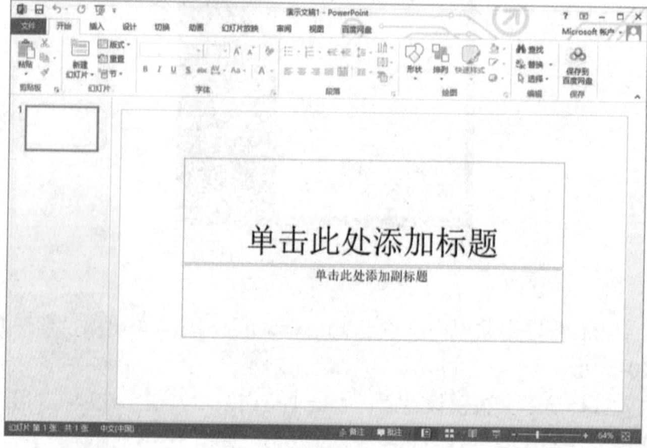

图 10–4

10.1.2 认识 PowerPoint 2013 工作界面

在 Windows 10 系统中，启动 PowerPoint 2013 后即可进入它的工作界面。PowerPoint 2013 的工作界面主要由标题栏、快速访问工具栏、功能区、大纲区、工作区和状态栏等部分组成，如图 10–5 所示。

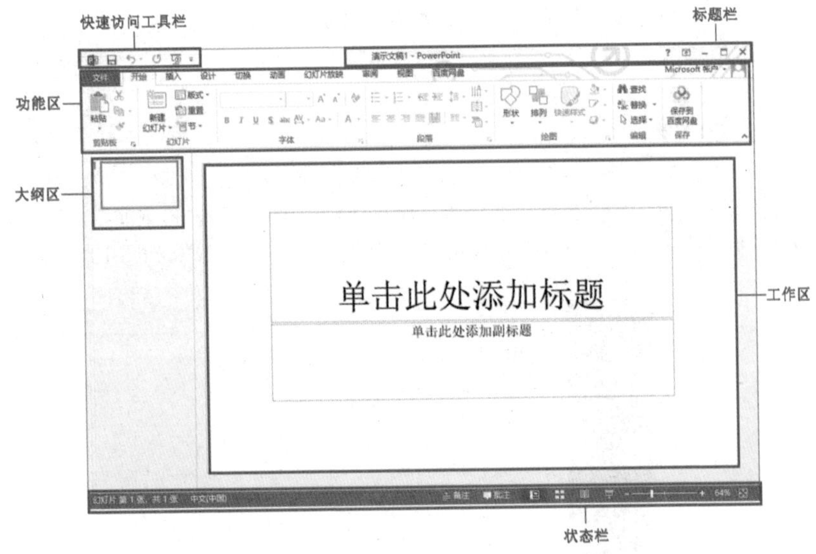

图 10–5

❶标题栏

标题栏位于 PowerPoint 2013 工作界面的最上方，用于显示文档和程序名称。在标题栏从左到右依次为“帮助”按钮、“功能区显示选项”按钮、“最小化”按钮、“最大化”按钮和“关闭”按钮，如图 10–6 所示。

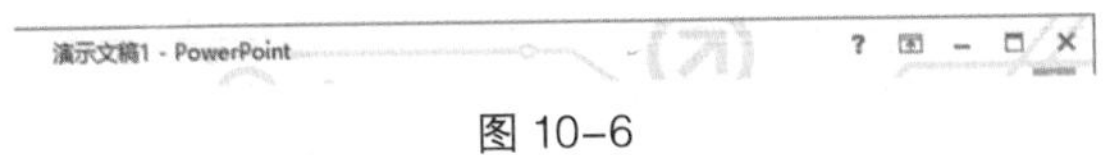

图 10–6

❷ 快速访问工具栏

快速访问工具栏位于 PowerPoint 2013 工作界面的左上方，用于快速执行一些特定操作，如图 10–7 所示。在 PowerPoint 2013 的使用过程中，用户可以根据需要添加或删除快速访问工具栏中的命令选项。

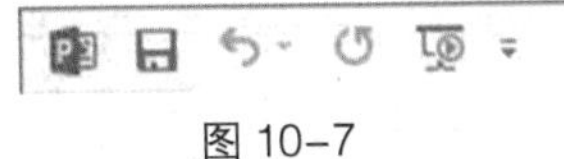

图 10–7

③ 功能区

功能区位于标题栏的下方，默认情况下由 9 个选项卡组成，分别为文件、开始、插入、设计、转换、动画、幻灯片放映、审阅和视图，如图 10-8 所示。

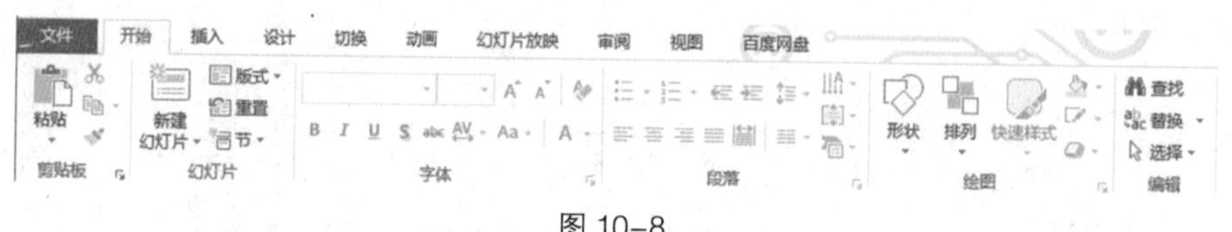

图 10-8

④ Backstage 视图

在功能区切换到“文件”选项卡，可以打开 Backstage 视图。在该视图中，可以管理演示文稿和有关演示文稿的相关数据，如创建、保存和发送演示文稿，检查演示文稿中是否包含隐藏的元数据或个人信息，设置打开或关闭“记忆式键入”等选项，如图 10-9 所示。

图 10-9

⑤ 大纲区

大纲区位于 PowerPoint 2013 工作界面的左侧，用于提示每张幻灯片中的标题和主要内容，如图 10-10 所示。

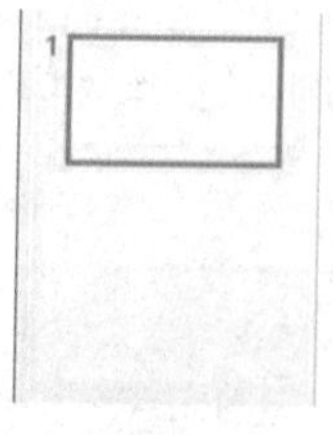

图 10-10

⑥ 工作区

在 PowerPoint 2013 中，文本、图片、视频和音乐等文件的编辑主要在工作区进行，每张声色俱佳的演示文稿均在工作区中显示，如图 10–11 所示。

图 10–11

⑦ 状态栏

状态栏位于 PowerPoint 2013 工作界面的最下方，用于查看页面信息、切换视图模式和调节显示比例等操作，如图 10–11 所示。

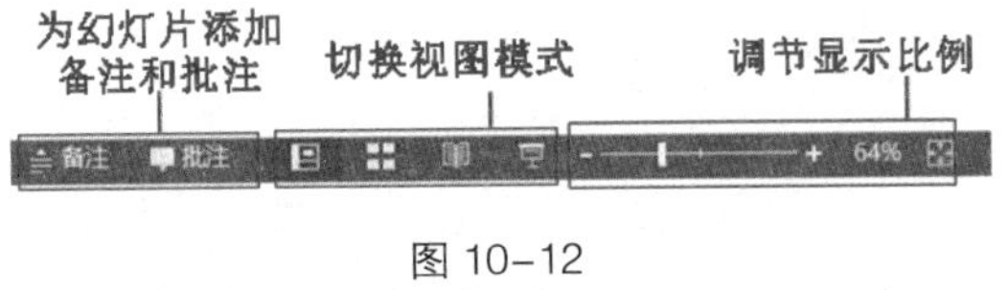

图 10–12

10.1.3 退出 PowerPoint 2013

在 PowerPoint 2013 中完成演示文稿的编辑和保存操作后，如果不准备再使用，单击界面右上角的“关闭”按钮即可退出 PowerPoint 2013 软件，如图 10–13 所示。

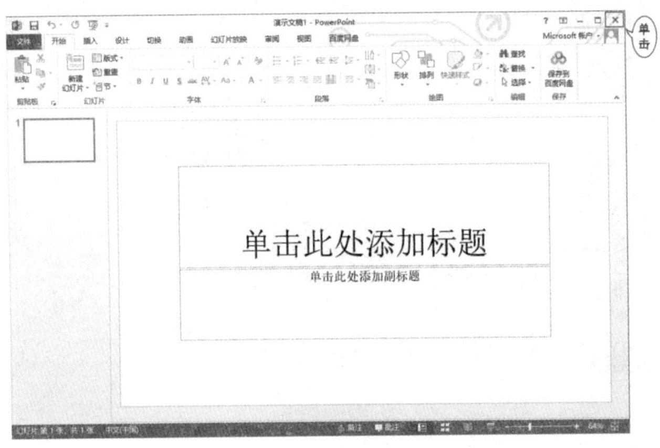

图 10–13

10.2 文稿的基本操作

认识 PowerPoint 2013 的工作界面，掌握启动和退出 PowePoint2013 的操作方法后，接下来可以学习演示文稿的基本操作方法。本节将详细介绍创建演示文稿、保存演示文稿、关闭演示文稿和打开演示文稿的操作方法。

10.2.1 创建演示文稿

启动 PowerPoint 2013 后，系统会自动新建一个名为“演示文稿 1”的空白演示文稿。下面介绍新建演示文稿的操作方法。

第1步 在 PowerPoint 2013 中，切换到【文件】选项卡，如图 10-14 所示。

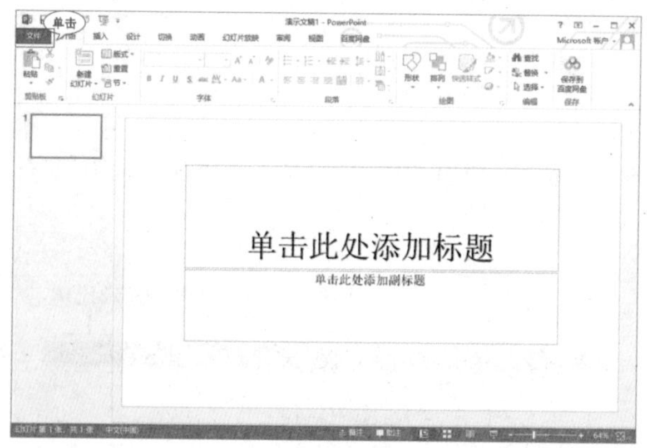

图 10-14

第2步 在 Backstage 视图中，选择【新建】选项，选择准备应用的演示文稿模板，如图 10-15 所示。

图 10-15

第3步 完成建立空白演示文稿的操作，如图 10-16 所示。

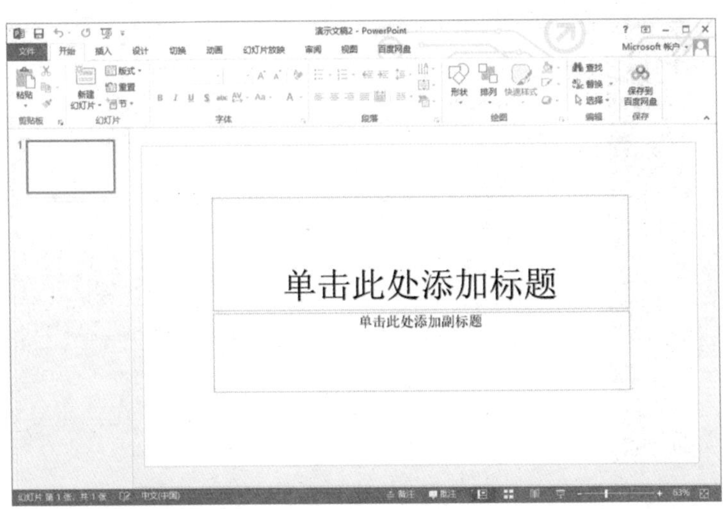

图 10–16

10.2.2 保存演示文稿

在 PowerPoint 2013 中完成演示文稿的创建与编辑操作后，可以将演示文稿保存到电脑中，便于日后进行演示文稿内容的查看与编辑操作。下面详细介绍保存演示文稿的操作方法。

第 1 步 在 PowerPoint 2013 中，切换到【文件】选项卡，如图 10–17 所示。

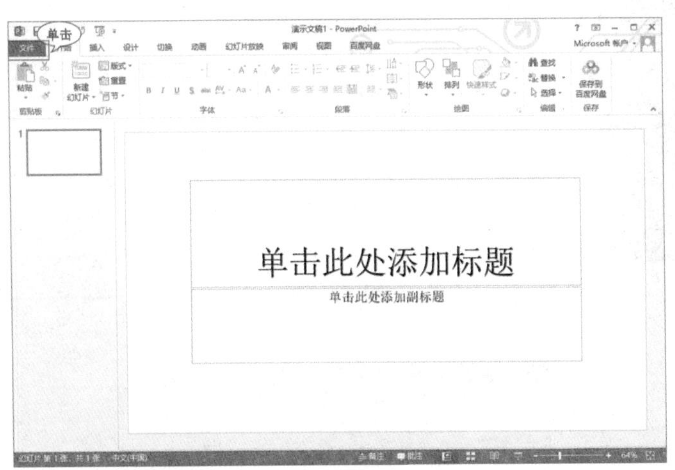

图 10–17

第 2 步 在 Backstage 视图中，选择【另存为】选项，如图 10–18 所示。

第 3 步 单击【浏览】按钮，如图 10–19 所示。

第 4 步 弹出【另存为】对话框，设置保存位置，在【文件名】下拉列表框中输入名称，单击【保存】按钮即可保存演示文稿，如图 10–20 所示。

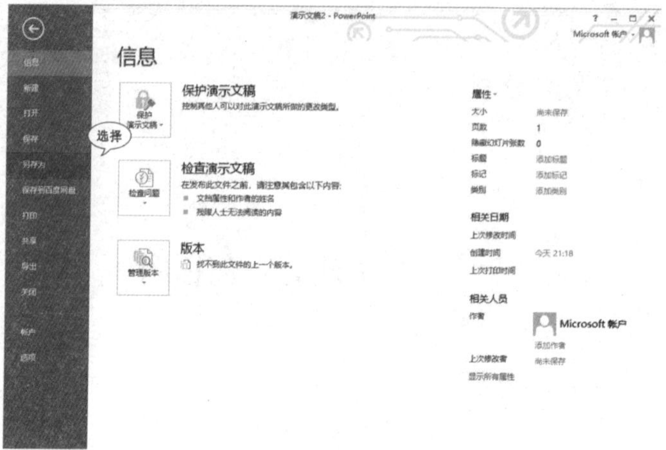

图 10–18

图 10–19

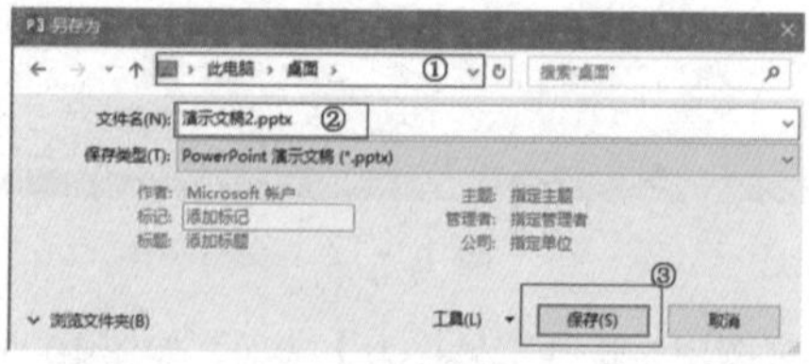

图 10–20

10.2.3　关闭演示文稿

在 PowerPoint 2013 中完成演示文稿的编辑操作后，如果不准备使用该演示文稿，则可关闭它。下面介绍关闭演示文稿的操作方法。

第1步　在 PowerPoint 2013 中，保存演示文稿后切换到【文件】选项卡，如图 10–21 所示。

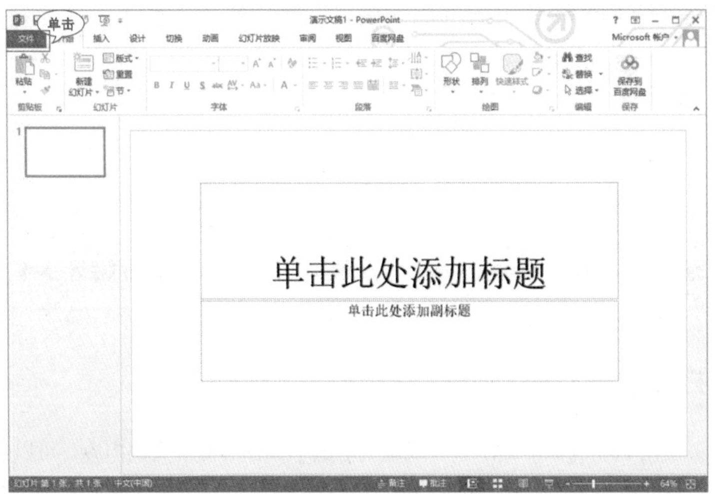

图 10–21

第2步　在 Backstage 视图中，选择【关闭】选项，如图 10–22 所示。

第3步　通过以上步骤即可关闭演示文稿，如图 10–23 所示。

图 10–22

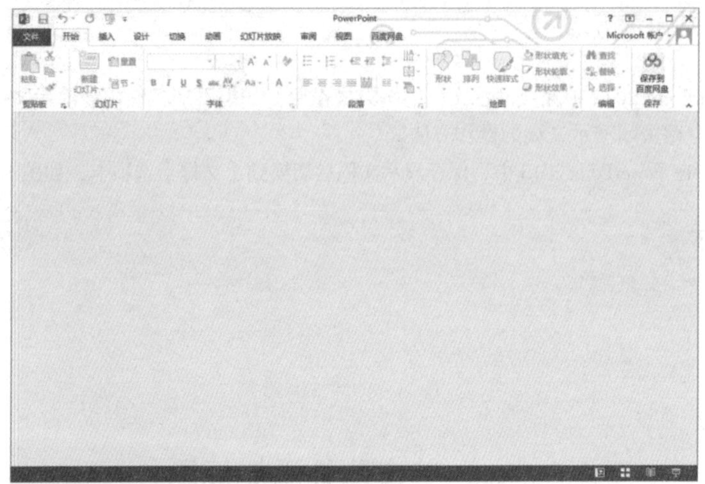

图 10-23

10.2.4 打开演示文稿

如果准备使用 PowerPoint 2013 查看或编辑电脑中保存的演示文稿内容，可以打开演示文稿。下面介绍打开演示文稿的方法。

第1步 在 PowerPoint 2013 中保存演示文稿后，切换到【文件】选项卡，如图 10-24 所示。

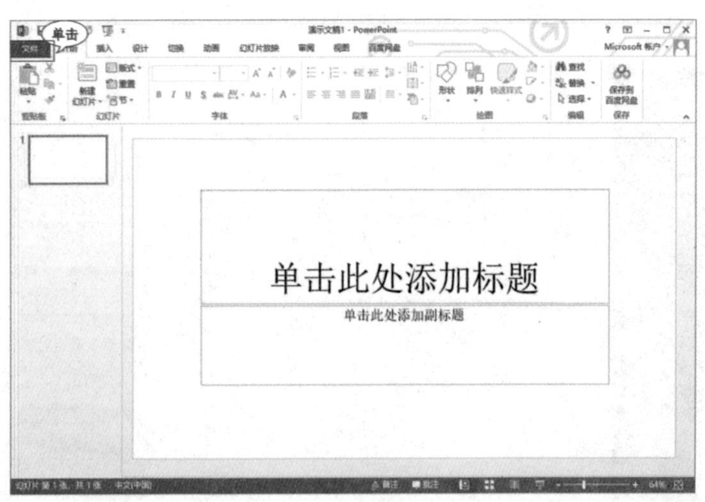

图 10-24

第2步 在 Backstage 视图中，选择【打开】选项，如图 10-25 所示。

第3步 选择【计算机】选项，再单击【浏览】按钮，如图 10-26 所示。

第4步 弹出【打开】对话框，选择文件所在位置，选中准备打开的文件，单击【打开】按钮，即可打开演示文稿，如图 10-27 所示。

图 10-25

图 10-26

图 10-27

10.3 幻灯片的基本操作

如果准备在 PowerPoint 2013 中制作幻灯片，首先需要了解幻灯片的操作方法，如选择幻灯片、插入新幻灯片、移动幻灯片、复制幻灯片和删除幻灯片等。

10.3.1 选择幻灯片

在 PowerPoint 2013 中打开演示文稿后，在大纲区域单击准备选中的幻灯片缩略图选项即可选择幻灯片，如图 10-28 所示。

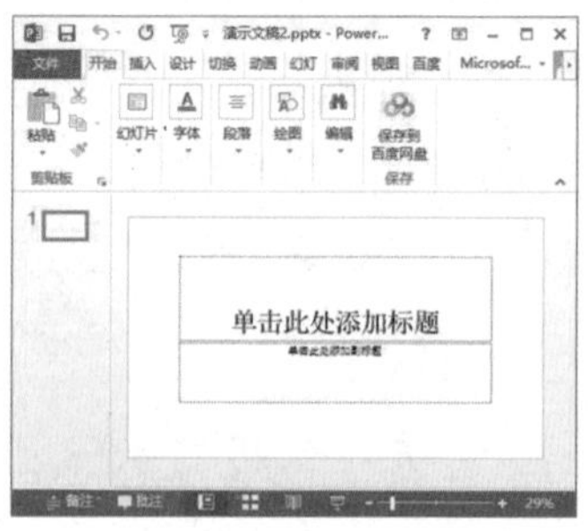

图 10-28

10.3.2 插入新幻灯片

在 PowerPoint 2013 中，插入不同版式的新幻灯片，可使演示文稿内容更完善。下面介绍插入新幻灯片的操作方法。

第1步 启动 PowerPoint 2013，切换到【开始】选项卡，单击【幻灯片】按钮，单击【新建幻灯片】按钮，选择【两栏内容】选项，如图 10-29 所示。

第2步 通过上述操作即可插入新幻灯片，如图 10-30 所示。

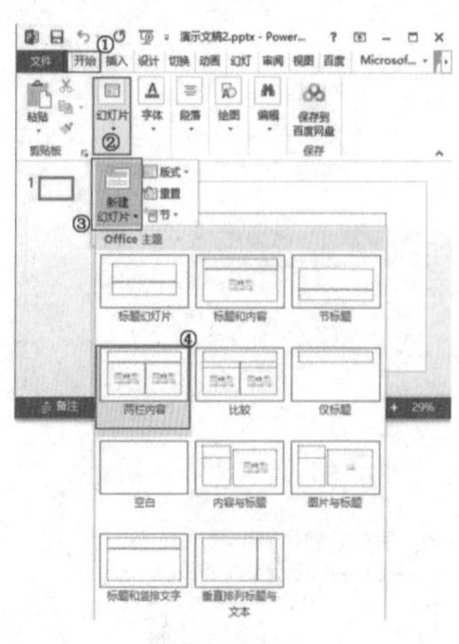

图 10-29

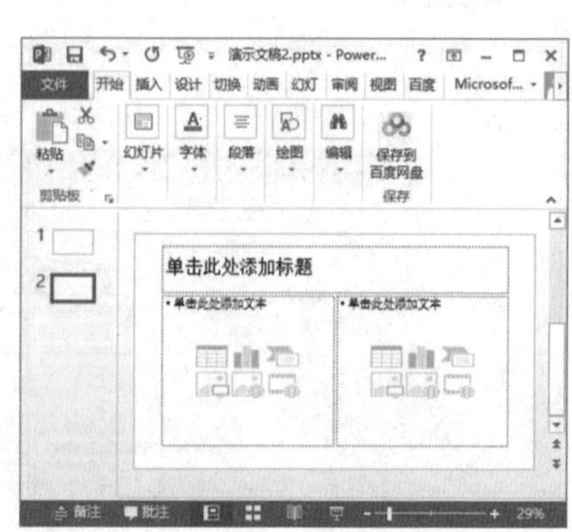

图 10-30

10.3.3 移动和复制幻灯片

在 PowerPoint 2013 中，可以将选中的幻灯片移动到指定位置，还可以为选中的幻灯片创建副本。下面介绍移动和复制幻灯片的操作方法。

第 1 步 在大纲区选中准备移动的幻灯片缩略图，切换到【开始】选项卡，在【剪贴板】组中单击【剪切】按钮，如图 10–31 所示。

图 10–31

第 2 步 选中一张幻灯片缩略图，在【剪贴板】组中单击【粘贴】按钮，如图 10–32 所示。

第 3 步 通过上述操作即可完成移动幻灯片的操作，如图 10–33 所示。

第 4 步 在大纲区选中准备复制的幻灯片缩略图，切换到【开始】选项卡，在【剪贴板】组中单击【复制】按钮，如图 10–34 所示。

第 5 步 选中一张幻灯片缩略图，在【剪贴板】组中单击【粘贴】按钮即可完成复制幻灯片的操作，如图 10–35 所示。

图 10–32

图 10–33

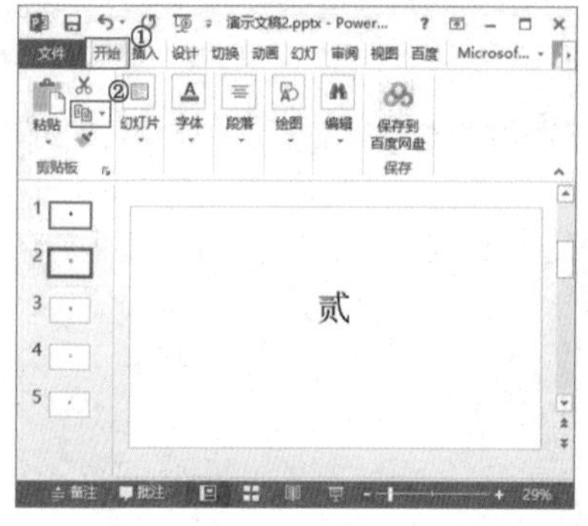

图 10–34

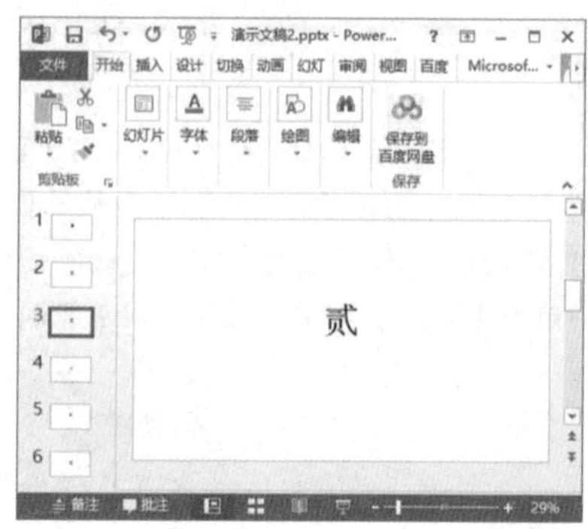

图 10–35

10.3.4　删除幻灯片

在 PowerPoint 2013 中，如果有多余或不需要的幻灯片，可以将其删除。操作方法是：鼠标右键单击准备删除的幻灯片缩略图，在弹出的快捷菜单中，选择【删除幻灯片】菜单项，即可删除选中的幻灯片，如图 10–36 所示。

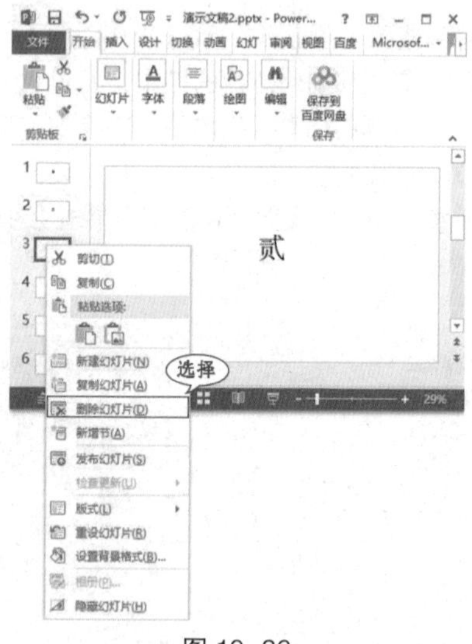

图 10–36

10.4　输入与设置文本

在 PowerPoint 2013 中创建演示文稿后，需要在幻灯片中输入文本，并对文本格式和段落格式等进行设置，从而使演示文稿达到风格独特、样式美观的目的。本节将介绍输入与设置文本的操作方法。

10.4.1 输入文本

默认情况下，PowerPoint 2013 演示文稿包括标题和副标题两种虚线边框标识占位符。单击虚线边框标识占位符中的任意位置即可输入文字。下面详细介绍其操作步骤。

第1步 在大纲区中，选中准备输入文本的幻灯片缩略图，单击准备输入文本的占位符，将光标定位在占位符中，如图 10–37 所示。

第2步 选择合适的输入法输入文本内容，如图 10–38 所示。

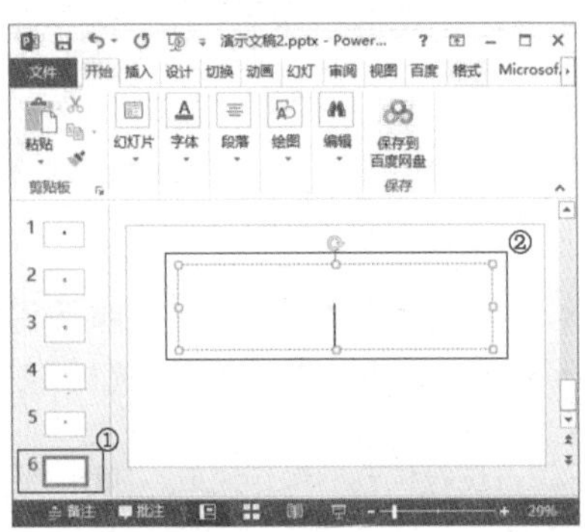

图 10–37

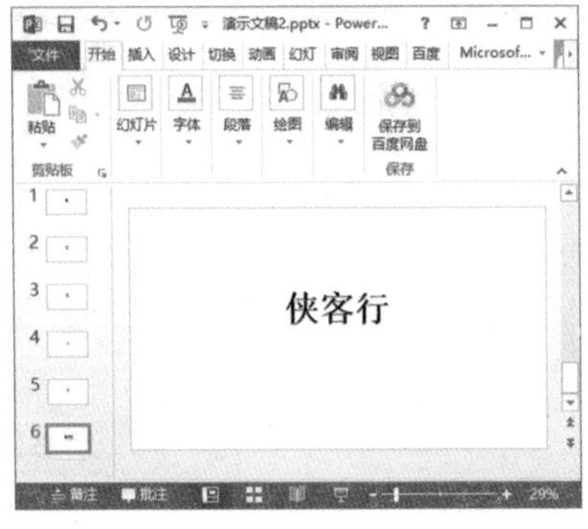

图 10–38

10.4.2 更改虚线边框标识占位符

在虚线边框标识占位符中，不但可以插入文本、图片、图表和其他对象，还可以对其进行更改。更改虚线边框标识占位符，包括调整虚线边框标识占位符的大小和位置。下面介绍更改虚线边框标识占位符的操作方法。

第1步 单击准备调整大小的占位符，此时占位符的各边和各角出现方形和圆形的尺寸控制点。移动鼠标指针至控制点上，此时鼠标变为上下箭头形状，单击并拖动鼠标，如图 10–39 所示。

第2步 调整虚线边框标识占位符大小的操作完成，如图 10–40 所示。

图 10-39

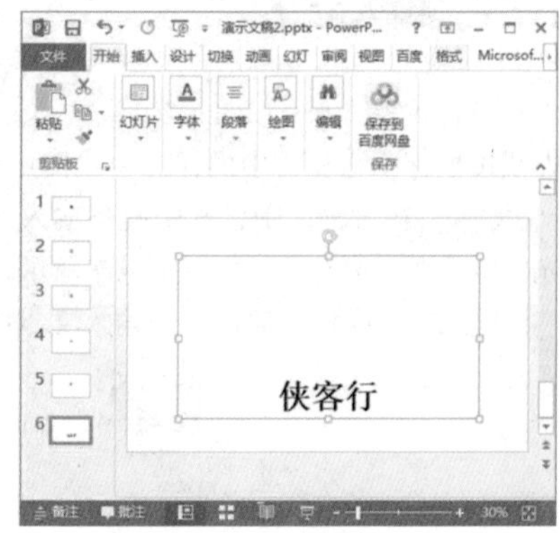

图 10-40

第 3 步 单击准备调整位置的虚线边框标识占位符，此时占位符的各边和各角出现方形和圆形的尺寸控制点。移动鼠标指针至占位符上，此时光标变为✥形状，单击拖动鼠标，如图 10-41 所示。

第 4 步 调整虚线边框标识占位符位置的操作完成，如图 10-42 所示。

图 10-41

图 10-42

10.4.3 设置文本格式

将文本输入幻灯片后，可以根据幻灯片的内容设置文本格式，使文本风格符合演示文稿的主题。下面介绍设置文本格式的操作方法。

第 1 步 选中准备设置格式的文本，切换到【开始】选项卡，单击【字体】按钮，在弹出的下拉菜单中单击【启动器】按钮，如图 10-43 所示。

第 2 步 弹出【字体】对话框，切换到【字体】选项卡，在【中文字体】下拉列表框中选择字体，设置字体的样式、大小和颜色，单击【确定】按钮，如图 10-44 所示。

第 3 步 通过上述方法即可完成设置文本格式的操作，如图 10-45 所示。

图 10-43

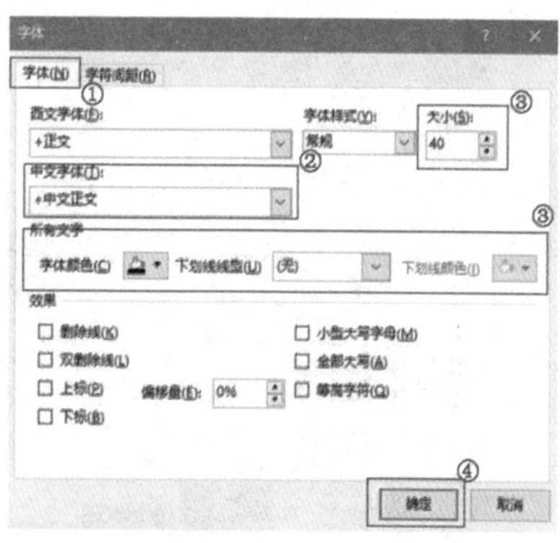

图 10-44

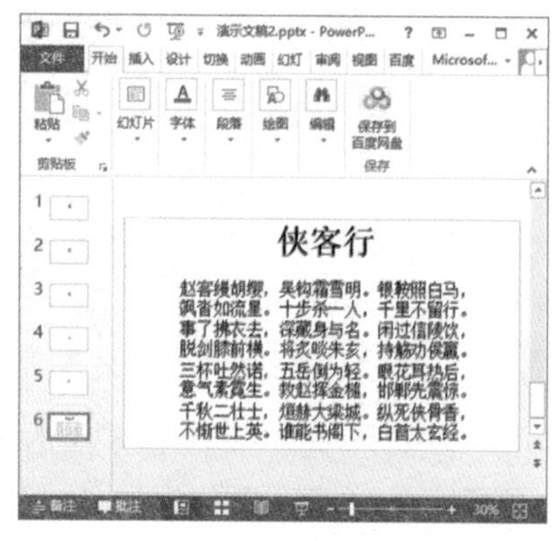

图 10-45

10.5 美化演示文稿

使用 PowerPoint 2013 制作幻灯片后，为了增强幻灯片的显示效果，可以美化幻灯片。本节将介绍美化幻灯片的操作方法。

10.5.1 改变幻灯片背景

在 PowerPoint 2013 演示文稿中，设置幻灯片背景的操作方法如下。

第 1 步 在大纲区单击准备改变背景的幻灯片，切换到【设计】选项卡，单击【主题】按钮，在弹出的下拉菜单中选择一个主题样式，如图 10-46 所示。

第 2 步 通过以上步骤即可完成幻灯片背景的设置，如图 10-47 所示。

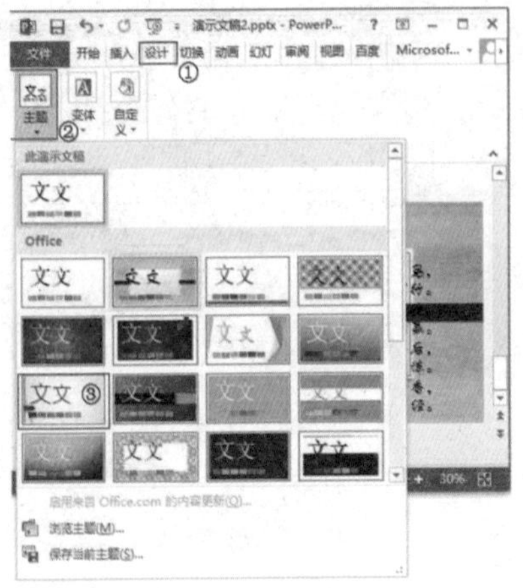

图 10-46

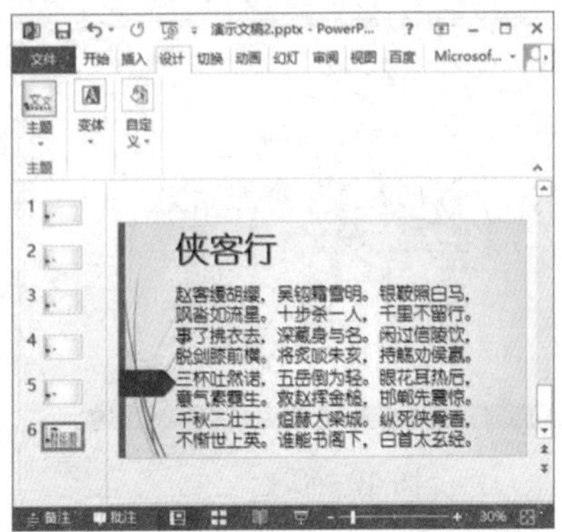

图 10-47

10.5.2 插入图片

在幻灯片中，用户可以根据需要插入图片，达到美化幻灯片的目的。在 PowerPoint 2013 中插入图片的方法非常简单，下面将详细介绍。

第 1 步 启动 PowerPoint 2013，切换到【插入】选项卡，单击【图像】按钮，在弹出的下拉菜单中单击【图片】按钮，如图 10–48 所示。

第 2 步 弹出【插入图片】对话框，选择准备插入图片的所在位置，选中要插入的图片，单击【插入】按钮，如图 10–49 所示。

第 3 步 通过上述操作即可在幻灯片中插入图片，如图 10–50 所示。

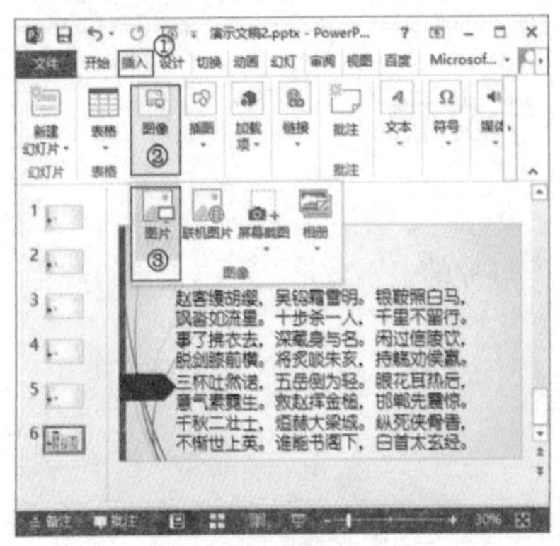

图 10-48

图 10-49

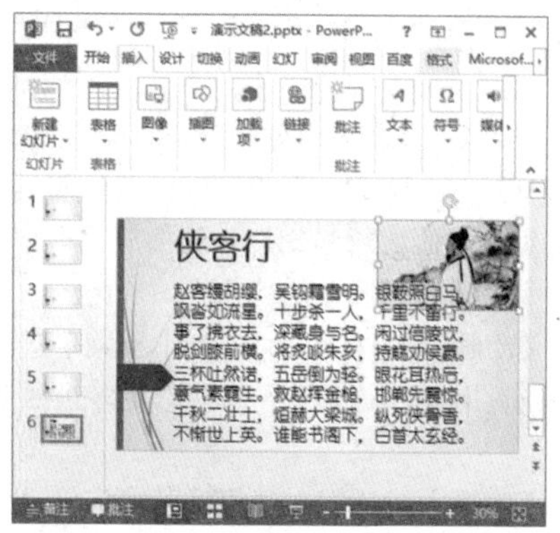

图 10-50

10.6 设置幻灯片的动画效果

制作完演示文稿后，应该学会在幻灯片中添加动画效果。设置幻灯片的动画效果包括选择动画方案和自定义动画，下面分别予以详细介绍。

10.6.1 选择动画方案

动画方案包括缩放、擦除、弹跳、旋转等，用户可以根据需求选择。下面详细介绍选择动画方案的操作步骤。

第 1 步 在大纲区选择准备应用动画方案的幻灯片缩略图，切换到【动画】选项卡，单击【动画】按钮，在弹出的下拉菜单中选择【飞入】动画，如图 10-51 所示。

第 2 步 通过上述操作即可为幻灯片添加“飞入”动画效果，如图 10-52 所示。

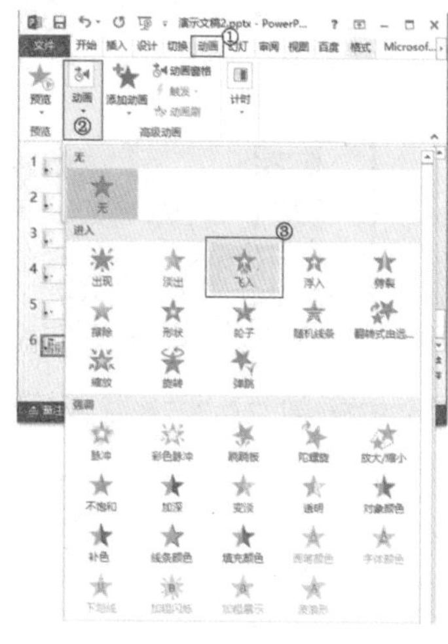

图 10-51

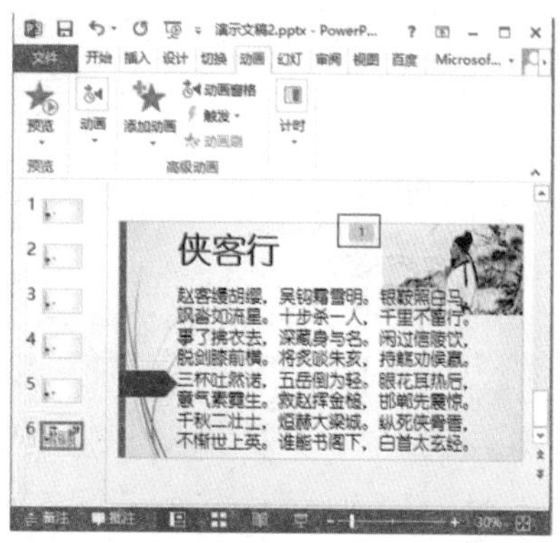

图 10-52

10.6.2 自定义动画

自定义动画可以为文本、图像或者其他对象预设自定义动画效果。在 PowerPoint 2013 中，自定义动画共有 203 种，包括进入、强调、退出、动作路径四类。用户通过自定义动画操作可为对象设置进入、强调和退出动画，增强幻灯片的播放效果。下面详细介绍制作自定义动画的操作方法。

第 1 步 选中准备自定义动画的幻灯片，切换到【动画】选项卡，在【高级动画】组中单击【添加动画】按钮，在弹出的下拉菜单中选择【更多进入效果】菜单项，如图 10-53 所示。

第 2 步 弹出【更改进入效果】对话框，选择准备自定义动画的类型，单击【确定】按钮，如图 10-54 所示。

第 3 步 通过上述步骤即可完成给幻灯片自定义动画的操作，如图 10-55 所示。

图 10-53

图 10-54

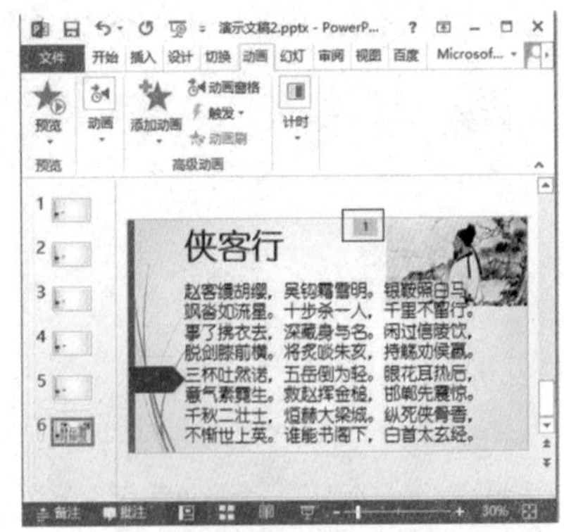

图 10-55

10.7 放映幻灯片

幻灯片动画设置结束后，可以通过放映幻灯片展示。放映幻灯片有多种方式，如从头开始放映、从当前幻灯片开始放映、自定义幻灯片放映等。本节将详细介绍放映幻灯片的方法。

10.7.1 从当前幻灯片开始放映

下面以从当前幻灯片开始放映为实例，详细介绍在 PowerPoint 2013 演示文稿中放映幻灯片的操作步骤。

第1步 选中一张幻灯片，切换到【幻灯片放映】选项卡，在【开始放映幻灯片】组中单击【从当前幻灯片开始】按钮，如图 10-56 所示。

第2步 幻灯片开始从当前页放映，如图 10-57 所示。

文件
开始
插入
设计
切换
动画
幻灯片放映
审阅
视图
百度网盘
从头开始
从当前幻灯片开始
联机演示
自定义幻灯片放映
开始放映幻灯片
设置幻灯片放映
隐藏幻灯片
排练计时
录制幻灯片演示
播放旁白
使用计时
显示媒体控件
设置
监视器
侠客行

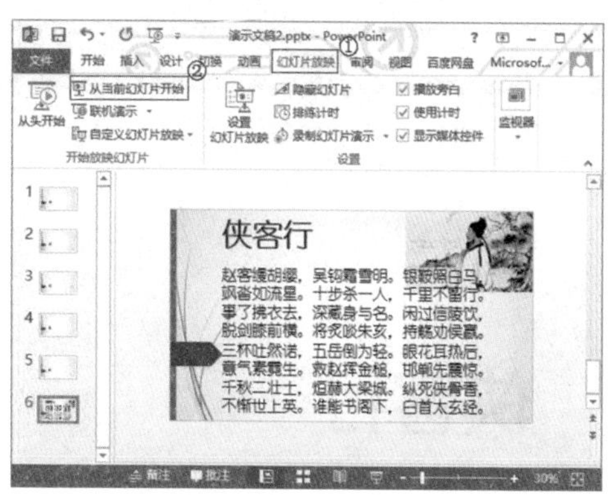

图 10-56

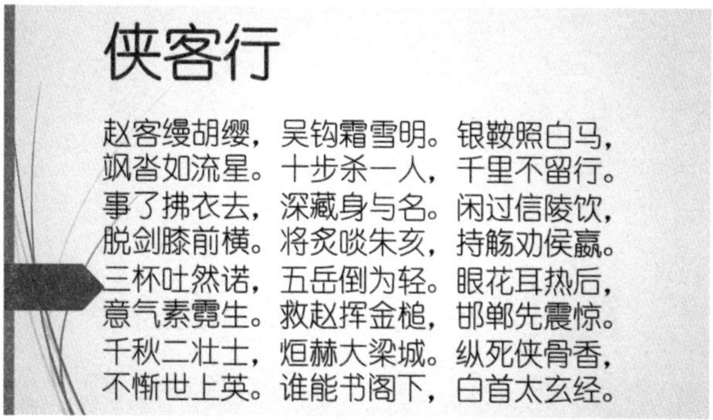

侠客行
赵客缦胡缨，吴钩霜雪明。银鞍照白马，
飒沓如流星。十步杀一人，千里不留行。
事了拂衣去，深藏身与名。闲过信陵饮，
脱剑膝前横。将炙啖朱亥，持觞劝侯嬴。
三杯吐然诺，五岳倒为轻。眼花耳热后，
意气素霓生。救赵挥金槌，邯郸先震惊。
千秋二壮士，烜赫大梁城。纵死侠骨香，
不惭世上英。谁能书阁下，白首太玄经。

图 10-57

10.7.2 从头开始放映幻灯片

除了从当前页放映幻灯片之外，还可以从头放映幻灯片。从头放映幻灯片的方法非常简单，下面介绍其操作。

第1步 选中一张幻灯片，切换到【幻灯片放映】选项卡，在【开始放映幻灯片】组中单击【从头开始】按钮，如图 10–58 所示。

第2步 幻灯片开始从头放映，如图 10–59 所示。

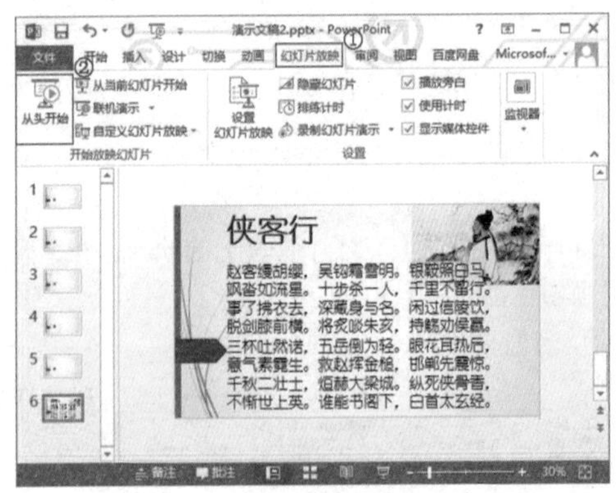

图 10–58

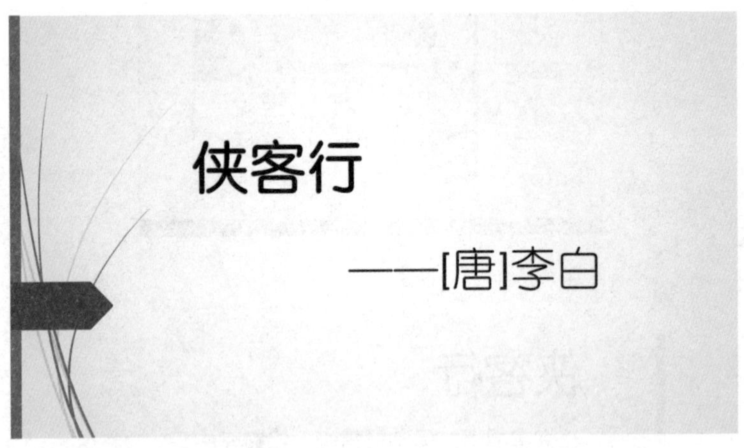

图 10–59

10.8 实践案例与上机指导

通过本章的学习，读者可以掌握 PowerPoint 2013 的基本知识以及一些常见的操作方法。下面通过练习，达到巩固学习、拓展提高的目的。

10.8.1 插入艺术字

在 PowerPoint 2013 中，艺术字具有装饰作用。在幻灯片中插入艺术字，可以美化幻灯片页面。下面介招插入艺术字的操作方法。

第1步 启动 PowerPoint 2013，切换到【插入】选项卡，单击【文本】按钮，在下拉菜单中单击【艺术字】按钮，在弹出的子菜单中选择一个艺术字类型，如图 10-60 所示。

第2步 在幻灯片中插入一个【请在此放置您的文字】文本框，在文本框中输入艺术字内容即可完成插入艺术字的操作，如图 10-61 所示。

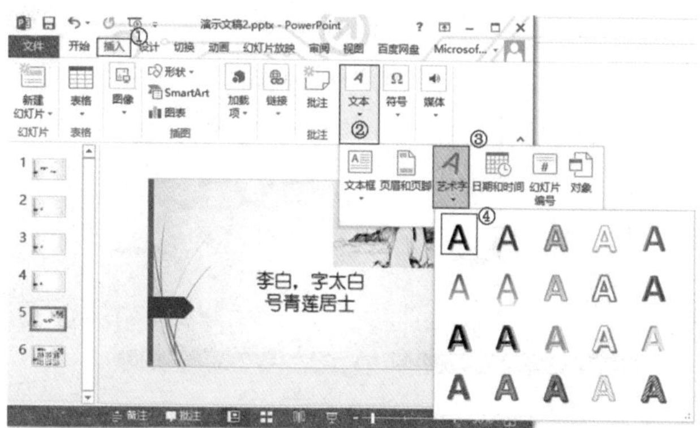

图 10-60

图 10-61

10.8.2 插入声音

在 PowerPoint 2013 中，通过插入声音，可以使演示文稿更加富有感染力，从而达到美化的目的。下面介绍在幻灯片中插入声音的操作方法。

第1步 启动 PowerPoint 2013，切换到【插入】选项卡，单击【媒体】按钮，在弹出的下拉菜单中单击【音频】按钮，在弹出的子菜单中选择【PC 上的音频】菜单项，如图 10-62 所示。

第2步 弹出【插入音频】对话框，选择音频所在文件夹的位置，选择准备添加的音频文件，单击【插入】按钮，如图 10-63 所示。

第3步 在幻灯片中插入了一个喇叭图标。通过以上步骤即可在幻灯片中插入音频，如图 10-64 所示。

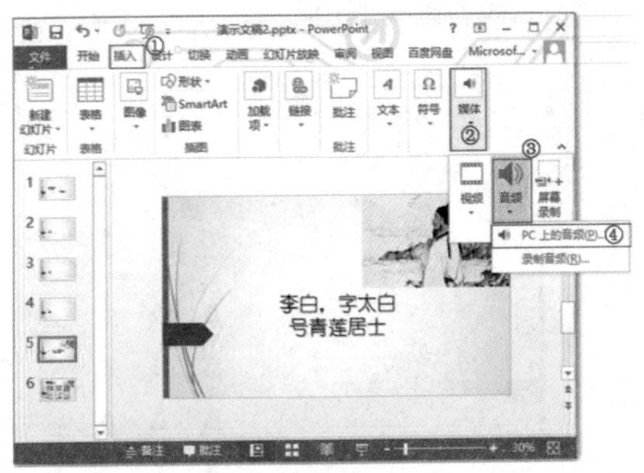

图 10-62

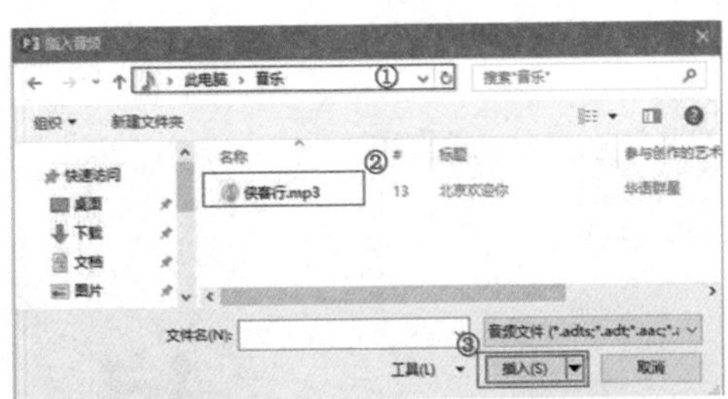

图 10-63

图 10-64

10.8.3 插入视频

使用 PowerPoint 2013 对演示文稿进行编辑时，用户除了可以给幻灯片添加文字、声音和图片对象之外，还可以根据实际需要给幻灯片添加视频影片，完善幻灯片内容，起到美化幻灯片的作用。插入视频的方法非常简单，下面介绍其操作。

第 1 步 启动 PowerPoint 2013，切换到【插入】选项卡，单击【媒体】按钮，在弹出的下拉菜单中单击【视频】按钮，在弹出的子菜单中选择【PC 上的视频】菜单项，如图 10-65 所示。

图 10-65

第 2 步 弹出【插入视频文件】对话框，选择视频所在文件夹的位置，选择准备添加的文件，单击【插入】按钮，如图 10-66 所示。

第 3 步 在幻灯片中插入了一个播放进度控制条。通过以上步骤即可在幻灯片中插入视频，如图 10-67 所示。

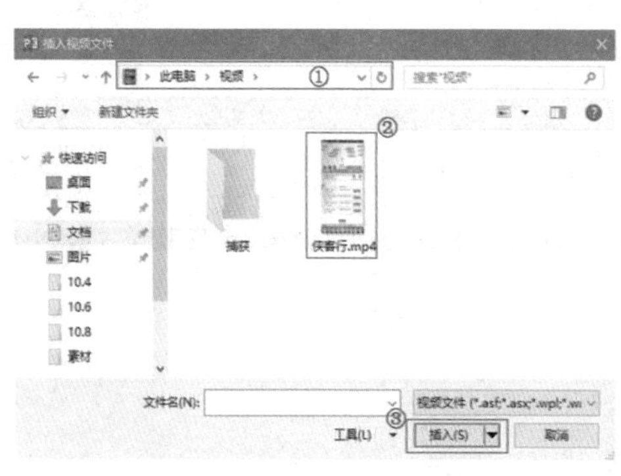

图 10-66

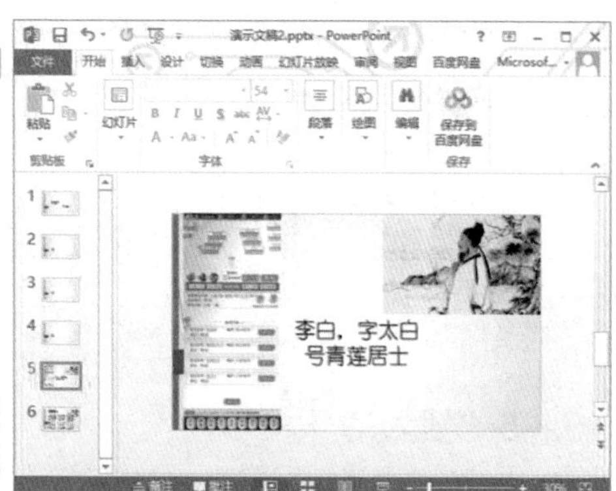

图 10-67

10.8.4 添加幻灯片切换效果

在 PowerPoint 2013 中，使用超链接可以在幻灯片与幻灯片之间切换，增强演示文稿的可视性。下面介绍使用超链接的操作方法。

第1步 选中准备添加超链接的幻灯片，切换到【插入】选项卡，单击【链接】按钮，在弹出的下拉菜单中单击【超链接】按钮，如图 10-68 所示。

图 10-68

第2步 弹出【插入超链接】对话框，选择【本文档中的位置】选项，在【请选择文档中的位置】列表框中选择【幻灯片 4】选项，单击【确定】按钮，如图 10-69 所示。

第3步 通过以上步骤即可在幻灯片中插入超链接，如图 10-70 所示。

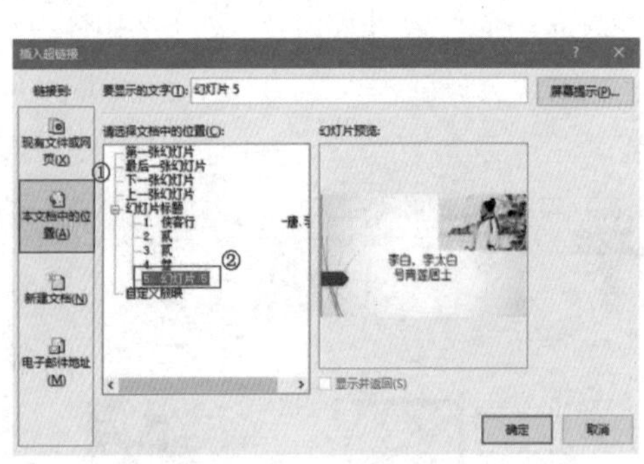

图 10-69

图 10-70

10.8.5 插入动作按钮

制作幻灯片时，有时候需要给幻灯片添加动作按钮，播放幻灯片时只需单击动作按钮就可以达到想要的效果。在 PowerPoint 2013 中，给幻灯片添加动作按钮的操作方法如下。

第1步 选中准备添加动作按钮的幻灯片，切换到【插入】选项卡，单击【链接】按钮，单击【动作】按钮，如图 10–71 所示。

第2步 单击幻灯片任意位置，弹出【操作设置】对话框，切换到【单击鼠标】选项卡，选中【超链接到】单选按钮，单击【确定】按钮，如图 10–72 所示。

第3步 通过以上步骤即可在幻灯片中插入动作按钮，如图 10–73 所示。

图 10–71

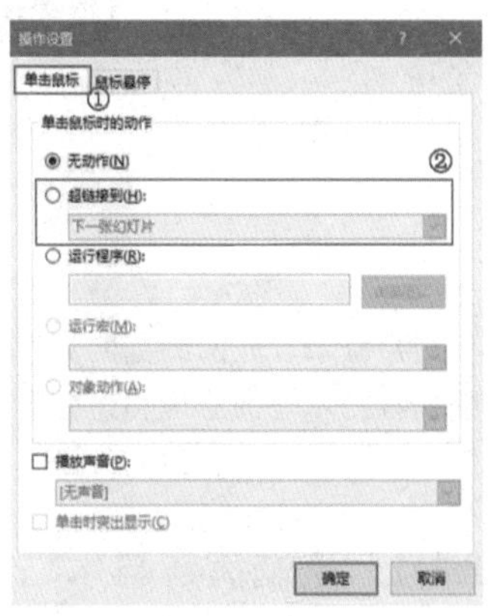

图 10–72

图 10–73

第十一章
电脑安全与病毒防范

11.1 认识电脑病毒与木马

用户登录互联网浏览网页时，可能会感染电脑病毒使系统遭受破坏。本节将介绍感染电脑病毒与木马的原理和途径、电脑中病毒或木马后的表现，以及常用的杀毒软件等相关知识。

11.1.1 电脑病毒与木马的介绍

电脑病毒是编制者在电脑程序中插入的破坏其功能或者数据的代码，是影响电脑使用、能自我复制的一组电脑指令或者程序代码。它就像生物病毒一样，具有自我繁殖、互相传染以及激活再生等生物病毒特征，有独特的复制能力，能够快速蔓延，又常常难以根除，把自身附着在各种类型的文件上。当文件被复制或从一个用户传送到另一个用户时，它们就会随同文件一起蔓延开来。

木马程序通常又称木马或恶意代码等，是指潜伏在电脑中，可受外部用户控制以窃取本机信息或者控制权的程序。木马原指特洛伊木马，出自希腊神话中的特洛伊木马传说。木马程序带来很多危害，如占用系统资源、降低电脑效能、危害本机信息安全（盗取 QQ 账号、游戏账号甚至银行账号），将本机作为工具攻击其他设备等。木马程序是现在比较流行的病毒文件。与一般的病毒不同，它不会自我繁殖，也不刻意地感染其他文件，通过伪装自身吸引用户下载执行，向施种木马者提供打开被种者电脑的门户，使施种者可以任意毁坏、窃取被种者的文件，甚至运程操控被种者的电脑。

木马程序有很多种类，下面简单介绍几种比较常见的木马程序。

❶网络游戏木马

网络游戏木马通常采用记录用户键盘输入等方法获取用户的密码和账号。窃取到的信息一般通过发送电子邮件或提交远程脚本程序的方式发送给木马施种者。

❷ 网银木马

网银木马是针对网上交易系统编写的木马病毒，其目的是盗取用户的卡号、密码，甚至安全证书。此类木马种类数量虽然比不上网游木马，但其危害更加直接，受害用户的损失更加惨重。

❸ 通信软件木马

通过即时通信软件自动发送含有恶意网址的消息，目的在于让收到消息的用户点击网址中毒，中毒后又会向更多好友发送病毒消息。

❹ 网页点击类木马

网页点击类木马会恶意模拟用户点击广告等动作，在短时间内可以产生数以万计的点击量。病毒作者的编写目的一般是赚取高额的广告推广费用。此类病毒的技术简单，一般只是向服务器发送 HTTP GET 请求。

❺ 下载类木马

这种木马程序的体积一般很小，其功能是从网络上下载其他病毒程序或安装广告软件。由于体积很小，下载类木马更容易传播，速度也更快。

11.1.2 感染原理与感染途径

病毒的感染原理是病毒依附在软盘、硬盘等存储介质中构成传染源。病毒传染的媒介由工作环境决定。病毒激活是将病毒放入内存，并设置触发条件。触发条件是多样化的，可以是时钟、系统的日期、用户标识符，也可以是系统的一次通信等。条件成熟，病毒就开始自我复制到传染对象中，进行各种破坏活动等。

电脑病毒具有自己的传播途径，下面予以详细介绍。

（1）通过网络传播：随着 Internet 技术的发展，越来越多的人利用网络资源，如下载资料。在下载资料的同时，病毒也会隐藏其中，进而附着在电脑中的文件，破坏电脑系统或数据。

（2）通过移动存储介质传播：如果用户在电脑中插入了感染病毒的存储介质，如 U 盘、光盘或移动硬盘等，运行这些介质时就会将病毒传播到电脑中。为了防止存储介质将病毒传播到电脑中，运行存储介质前应该对其杀毒或在电脑中启动实时监测程序。

11.1.3 常用的杀毒软件

目前，网络上的杀毒软件种类繁多，用户可以根据需要选择。本节对使用人数较多的杀毒软件进行简单的介绍。

❶ 360 杀毒软件

360 杀毒是 360 安全中心出品的一款免费的云安全杀毒软件。它具有查杀率高、资源占用少、升级迅速等优点：零广告、零打扰、零胁迫，一键扫描，能够快速、全面地诊断系统安全状况和健康程度，并进行精准修复。

360 杀毒软件包括以下功能。

（1）实时防护：在文件被访问时对文件进行扫描，及时拦截活动的病毒，对病毒进行免疫，防止系统敏感区域被病毒利用。发现病毒时，及时通过提示窗口警告用户，迅速处理。

（2）主动防御：包含 1 层隔离防护、5 层入口防护、7 层系统防护加上 8 层浏览器防护，全方位、立体化阻止病毒、木马和可疑程序入侵。还会跟踪分析病毒入侵系统的链路，锁定病毒最常利用的目录、文件、注册表位置，阻止病毒，免疫流行病毒。

（3）广告拦截：可以精准拦截各类网页广告、弹出式广告、弹窗广告等，为用户营造干净、健康、安全的上网环境。

❷ 腾讯电脑管家

腾讯电脑管家是腾讯公司推出的一款免费安全软件，它能有效预防和解决电脑上常见的安全风险，拥有云查杀木马、系统加速、漏洞修复、实时防护、网速保护、电脑诊所、健康小助手等功能。同时，首创“管理＋杀毒”2合1的开创性功能，依托管家云查杀和第二代自研反病毒引擎“鹰眼”、小红伞管家系统修复引擎和金山云查杀引擎，拥有QQ账号全景防卫系统，针对网络钓鱼欺诈及盗号打击方面，有更加出色的表现，在安全防护及病毒查杀方面的能力已达到国际一流水平，能够全面保障电脑安全。

11.2 360杀毒软件应用

360杀毒软件是一款免费杀毒软件，功能非常强大，占用系统资源极低，可以实时保护系统安全。本节将详细介绍使用360查杀病毒的操作方法。

11.2.1 全盘扫描

360杀毒具有强大的病毒扫描能力，除普通病毒、网络病毒、电子邮件病毒、木马之外，对于间谍软件、Rootkit等恶意软件也有极为优秀的检测及修复能力。下面详细介绍其全盘扫描功能的具体操作方法。

第1步 启动360杀毒软件，在360杀毒界面中单击【全盘扫描】按钮，如图11-1所示。

图11-1

第 2 步 开始扫描，扫描完成后单击【立即处理】按钮，如图 11–2 所示。

第 3 步 完成处理，会显示“已成功处理所有发现的项目！”，单击【确定】按钮即可完成 360 杀毒软件的全盘扫描，如图 11–3 所示。

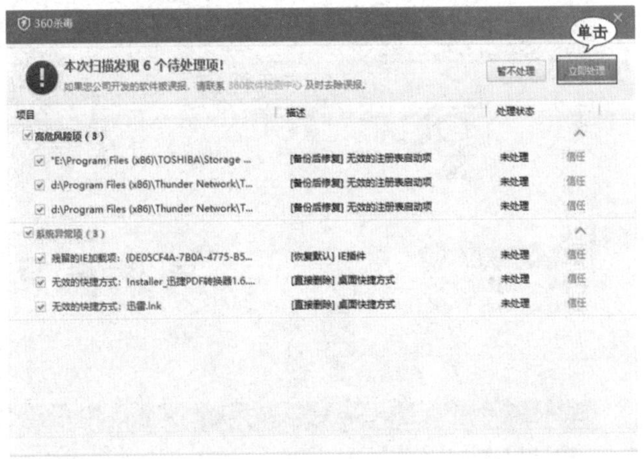

图 11–2

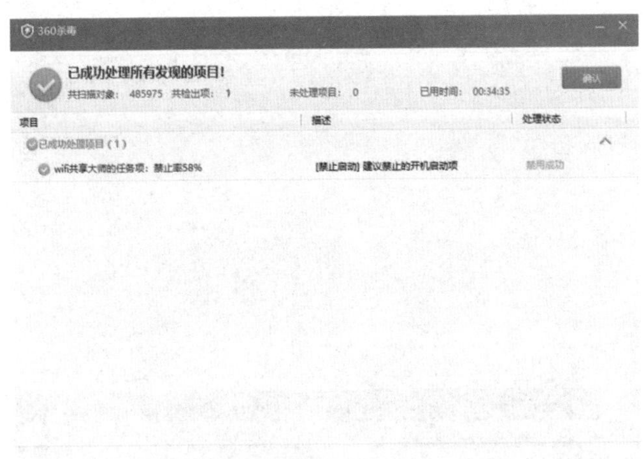

图 11–3

11.2.2 快速扫描

使用 360 杀毒软件的快速扫描系统的方法非常简单，下面详细介绍其操作方法。

第 1 步 启动 360 杀毒软件，在 360 杀毒界面中单击【快速扫描】按钮，如图 11–4 所示。

第 2 步 开始扫描，扫描完成后出现“本次扫描发现 1 个待处理项！”，选中待处理项目，单击【立即处理】按钮，如图 11–5 所示。

第 3 步 完成处理，会显示“已成功处理所有发现的项目！”，单击【确定】按钮即可完成 360 杀毒快速扫描，如图 11–6 所示。

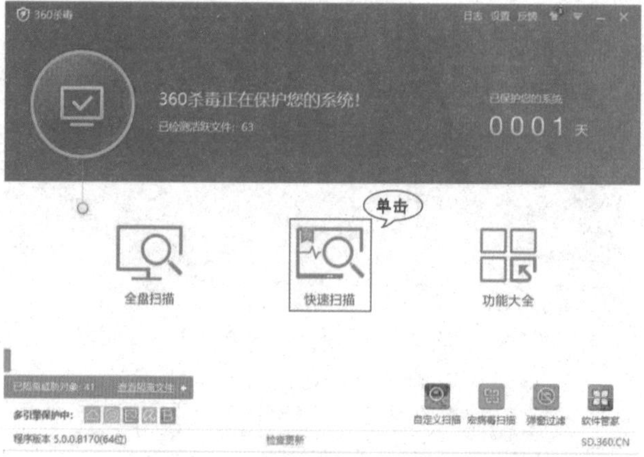

图 11-4

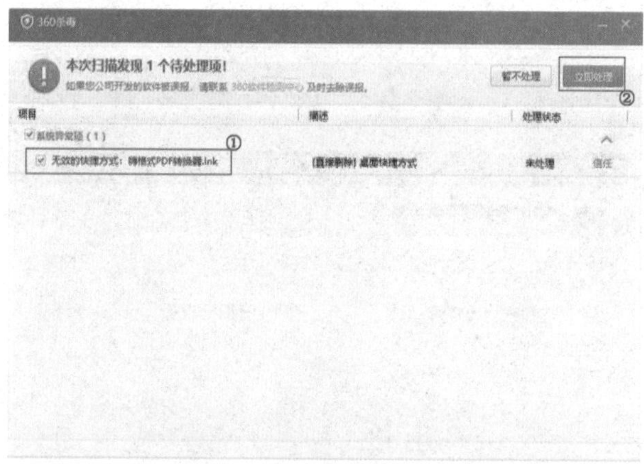

图 11-5

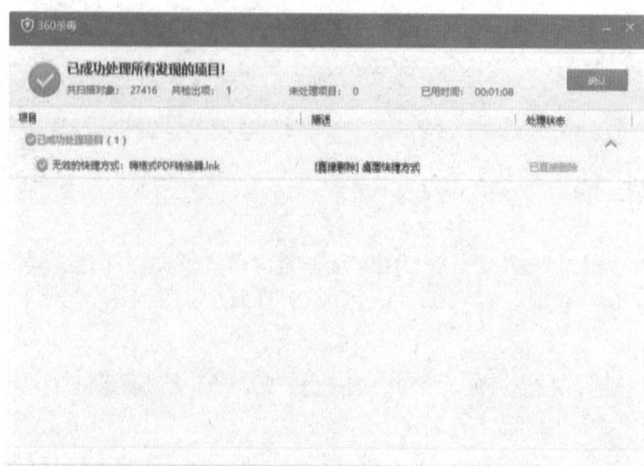

图 11-6

11.2.3 宏病毒扫描

360 杀毒软件推出 Office 宏病毒扫描“专杀”，可全面查杀寄生在 Excel、Word 等文档中的 Office 宏病毒，查杀能力处于行业领先地位。使用 360 杀毒软件的宏病毒扫描功能的方法非常简单，下面详细介绍其操作。

第1步 启动 360 杀毒软件，在 360 杀毒界面中单击【宏病毒扫描】按钮，如图 11-7 所示。

图 11-7

第2步 弹出【360 杀毒】对话框，显示“扫描前请保存并关闭已打开的 Office 文档”，单击【确定】按钮，如图 11-8 所示。

第3步 完成扫描，显示“本次未发现任何安全威胁！”，单击【返回】按钮可完成 360 杀毒软件宏病毒扫描，如图 11-9 所示。

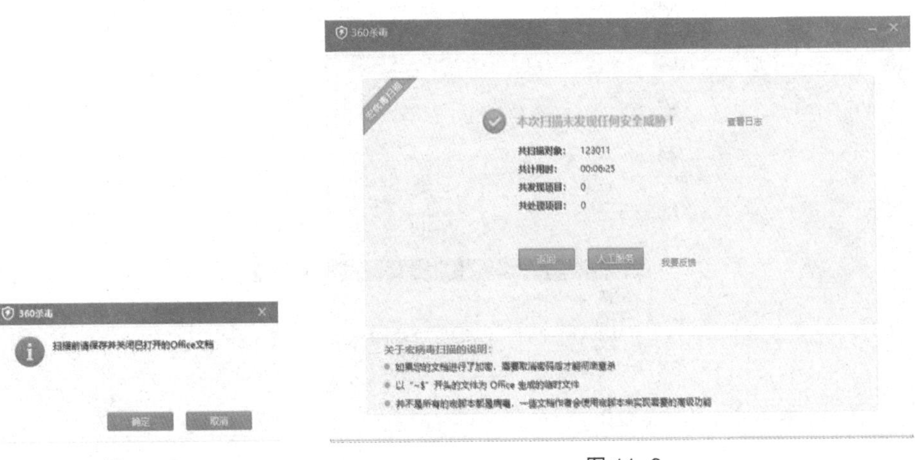

图 11-8

图 11-9

11.2.4 弹窗过滤

使用 360 杀毒弹窗过滤功能的方法非常简单，下面详细介绍其操作。

第1步 启动 360 杀毒软件，在 360 杀毒界面中单击【弹窗过滤】按钮，如图 11-10 所示。

第2步 进入弹窗过滤界面，选择【添加弹窗】选项，如图 11-11 所示。

第3步 弹出【360 弹窗过滤器】对话框，选中【智能方案】，单击【确认过滤】按钮，通过以上步骤即可完成弹窗过滤的设置，如图 11-12 所示。

图 11-10

图 11-11

图 11-12

第十二章 电脑组装教程

组装电脑就是根据自己的需求选择硬件，将所有的电脑硬件组装到一起，也是所谓的DIY 电脑。组装电脑的最大特点就是搭配自由，可按照需求来搭配，性价比十足。

12.1 常规组装流程

第1步 安装 CPU，注意需要与主板针脚一致。
第2步 安装散热器，插好供电线。
第3步 安装内存，注意接口。
第4步 安装显卡，插好供电线（无需供电请忽视）。
第5步 安装硬盘，插好 SATA3 线及 SATA 供电线。
第6步 接线，完成连接所有供电线与机箱跳线等。
第7步 开启电脑测试，安装系统。

12.2 CPU 安装

第1步 取出 CPU 和主板这两个硬件，如图 12-1、12-2 所示。

图 12-1

图 12-2

CPU 与主板的安装，一定要注意它们都有相应的防呆缺口，主要是防止装机时将 CPU 安装反了。将 CPU 轻放在主板的 CPU 插槽中，动作一定要轻，避免不小心将针脚弄弯。

第 2 步 用力压下主板插槽的拉杆，打开 CPU 插槽的盖子，如图 12-3 所示。

图 12-3

第 3 步 将 CPU 放入主板的 CPU 插槽，注意 CPU 和主板 CPU 插槽有防呆缺口，CPU 安装反了是放不进去的，如图 12-4 所示。

图 12-4

第 4 步 压下拉杆，将拉杆恢复到之前的位置，完成 CPU 的安装，这时上面黑色的盖子随之脱离，如图 12-5 所示。

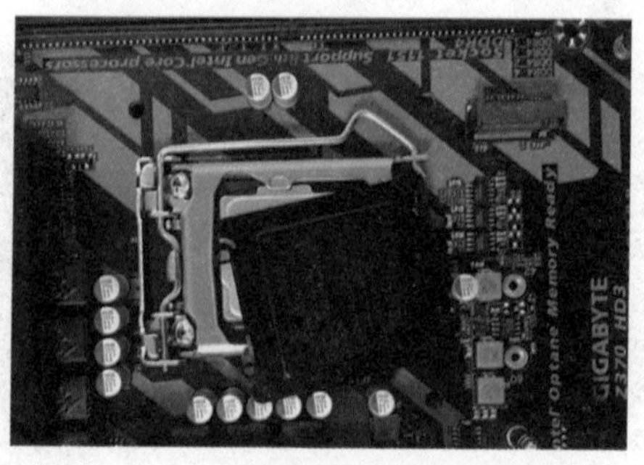

图 12-5

第 5 步 CPU 已经安装完成。黑色的 CPU 上面的盖子主要是在没有安装之前防止 CPU 插槽的针脚被碰到，安装完毕后可以丢弃，如图 12-6 所示。

图 12-6

12.3 内存安装

第 1 步 取出内存条，如图 12-7 所示。

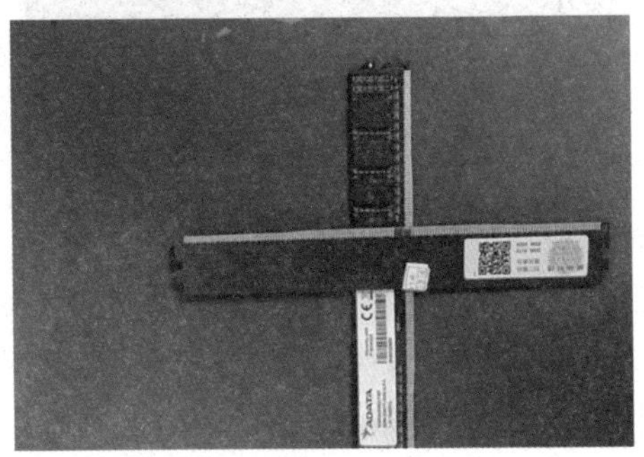

图 12-7

第 2 步 将内存条安装到主板内存插槽中。一般情况下，内存条不会插反，它有防呆缺口。找到主板上的内存插槽，将两侧卡扣向外打开，如图 12-8 所示。

图 12-8

第3步 将内存条插入主板，防呆缺口与主板的防呆处对应，如图 12-9 所示。

图 12-9

第4步 用力压下内存条，将内存条完全插入主板的内存条插槽，观察内存条的金手指部分完全插入以及两侧的卡扣复位即可，如图 12-10 所示。

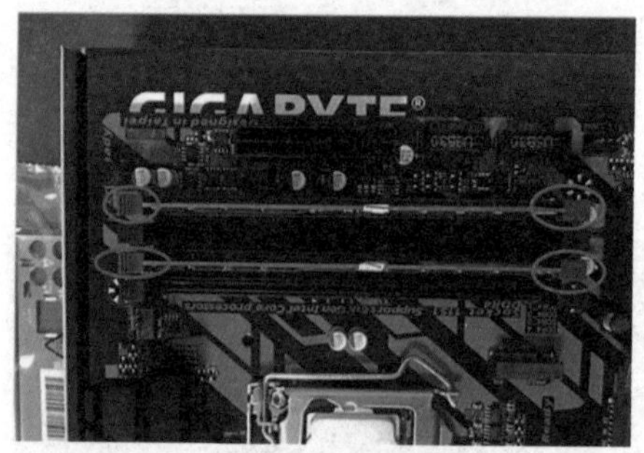
图 12-10

12.4 CPU 散热器安装

由于用户选择的 CPU 散热器不同，请按照 CPU 散热器中提供的说明书图解来安装。这里以九州风神玄冰 400 这款 CPU 散热器为例。

第1步 将 CPU 散热器的圆形底座对应主板四周孔位插入，如图 12-11 所示。

图 12-11

第 2 步 将四颗黑色塑料钉子分别组件，插入进行固定，如图 12-12、12-13 所示。

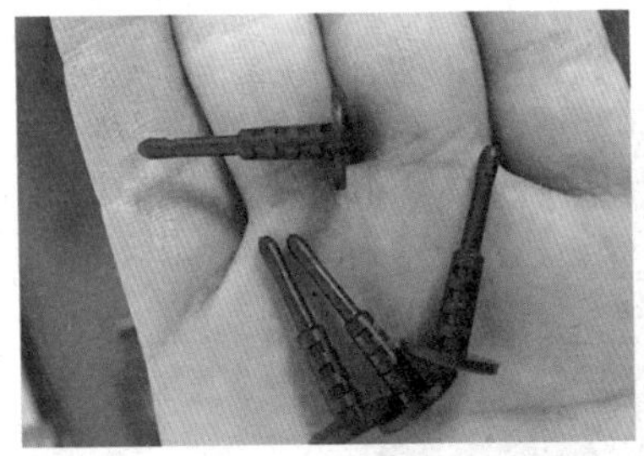

图 12-12

图 12-13

第 3 步 将 CPU 散热器底部的贴纸去除，如图 12-14、12-15 所示。

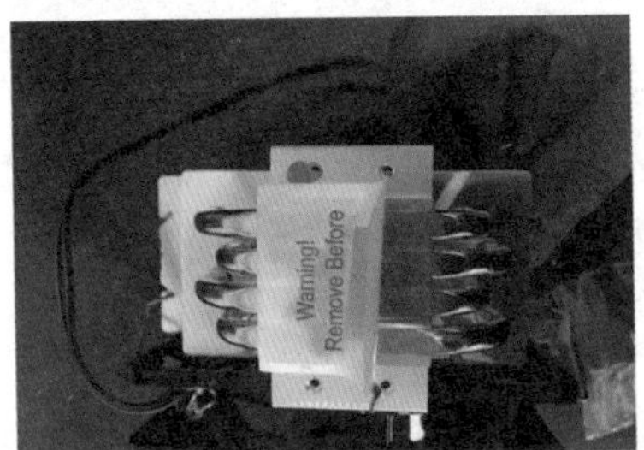

图 12-14

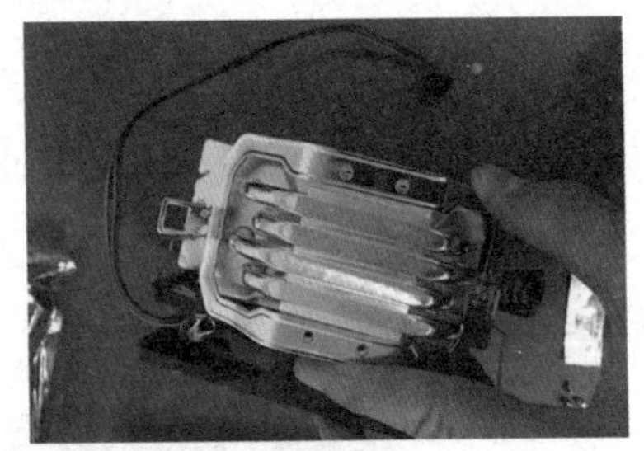

图 12-15

第 4 步 将散热器的四颗小螺丝固定架放到散热器底部，如图 12-16、12-17 所示。

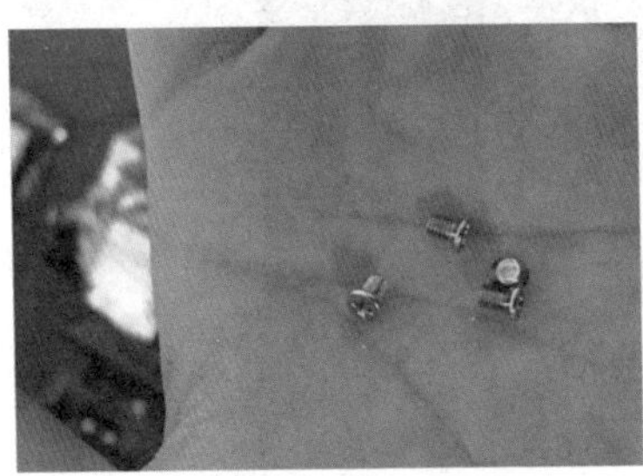

图 12-16

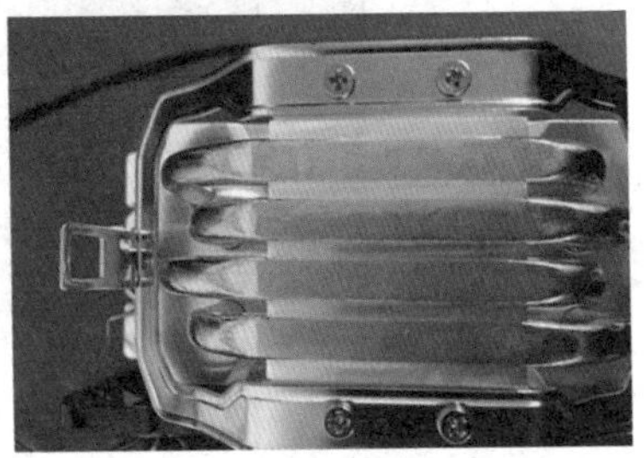

图 12-17

第 5 步 将导热硅脂适量涂抹在 CPU 中心位置，注意导热硅脂不宜过多，如图 12-18、12-19 所示。

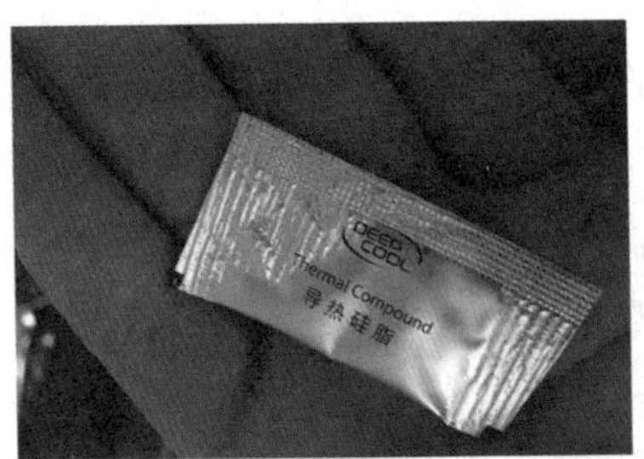

图 12-18

图 12-19

第 6 步 将 CPU 散热器上的供电接口插入主板标注 CPU_FAN 供电插口上，如图 12-20 所示。

图 12-20

12.5 机械硬盘安装

第 1 步 取出机械硬盘，如图 12-21 所示。

图 12-21

注意：固态硬盘的安装方法大同小异，连接线连接方法也一致。如果是 M.2 固态硬盘，方法更简单，无须连接线，直接插入主板的 M.2 接口，拧上螺丝即可。

第 2 步 拆掉机箱的两边侧板，找到机箱上的机械硬盘位置，如图 12-22 所示。

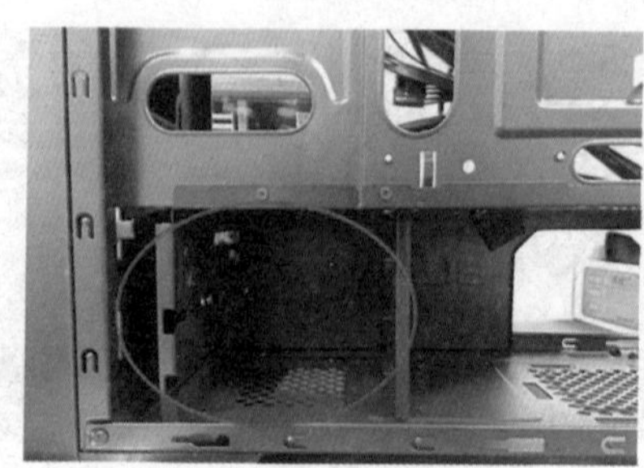

图 12-22

第3步 将机械硬盘插入机箱的硬盘仓位，用手拧螺丝固定机械硬盘两侧，等待连接 sata 传输线和 sata 供电线，如图 12-23 所示。

图 12-23

12.6 电源安装

第1步 拿出电脑电源，找到机箱的电源仓位，如图 12-24、12-25 所示。

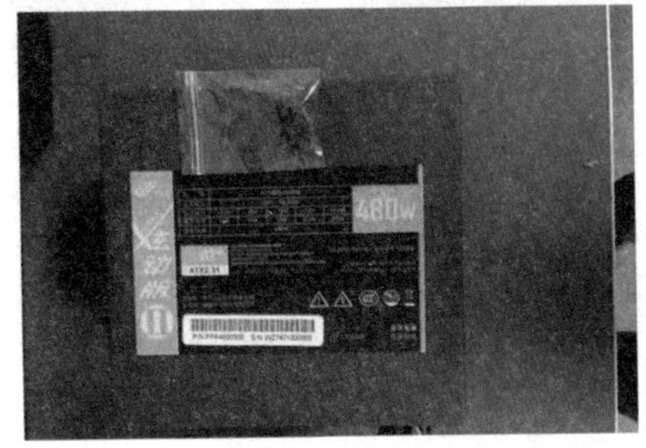

图 12-24

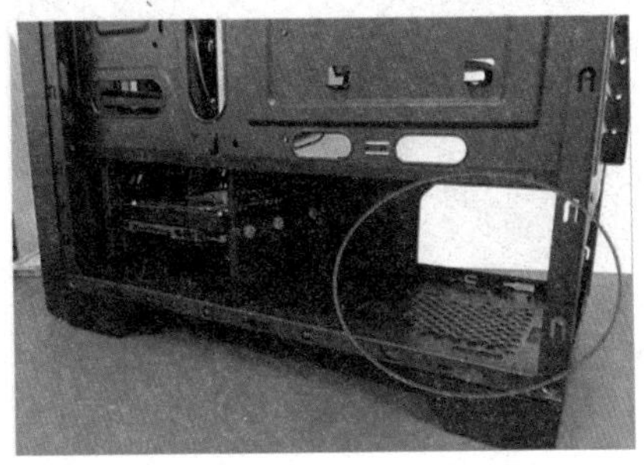

图 12-25

第2步 找到电源的专用螺丝，将电源风扇的一面对下，放入电源仓位后，使用四颗大号螺丝固定，如图 12-26、12-27 所示。

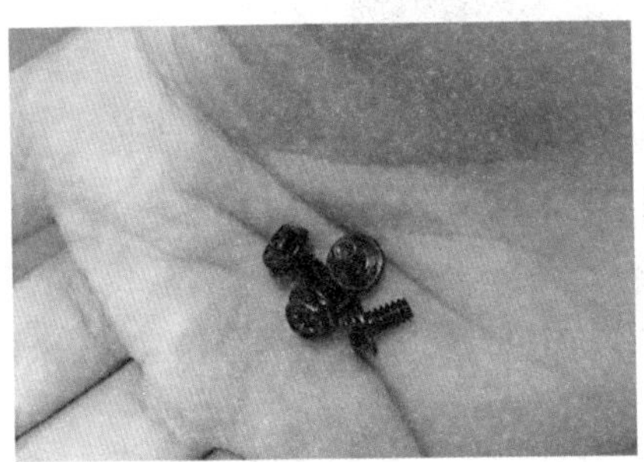

图 12-26

图 12-27

12.7 主板安装

第1步 取出主板挡板，如图 12-28 所示。

图 12-28

第2步 将主板的挡板安装到挡板所在安装位置中，注意挡板的方向，需要对应主板的接口，如图 12-29、12-30 所示。

图 12-29

图 12-30

第3步 安装铜螺柱，需要与主板的安装孔位一致，如图 12-31 所示。

图 12-31

第4步 将安装好的 CPU、内存条、散热器的主板放入机箱，对应铜螺柱的位置，将主板固定在机箱上，如图 12-32、12-33 所示。

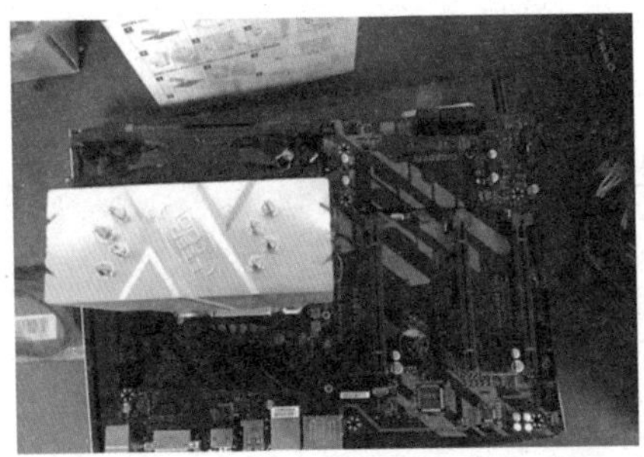

图 12-32

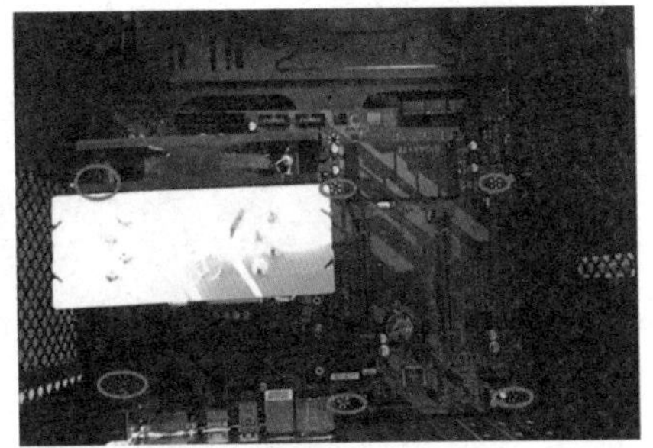
图 12-33

12.8 固态硬盘安装

第1步 取出固态硬盘，如图 12-34 所示。

图 12-34

第2步 找到机箱上安装固态硬盘的孔位，将固态硬盘背部孔位对准机箱的四个孔位固定，如图 12-35、12-36 所示。

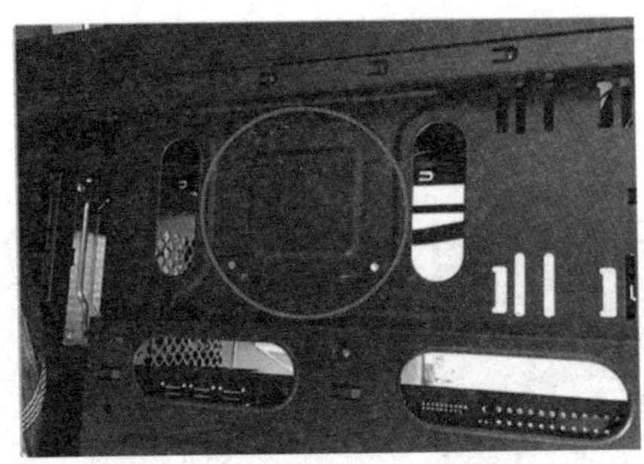
图 12-35

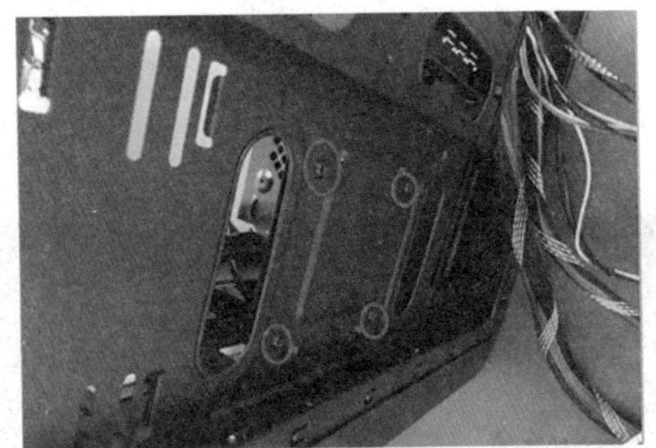
图 12-36

12.9 跳线连接

第1步 找到CPU供电线，插入主板右上角处的CPU供电接口上，CPU供电线上会标注“CPU”，千万不要和显卡接口混淆，如图12-37、12-38所示。

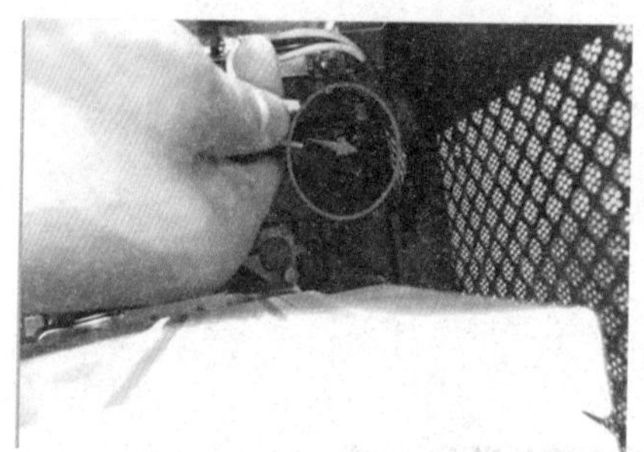

图 12-37

图 12-38

第2步 找到主板上标注的USB 3.0接口接入USP跳线，如图12-39、12-40所示。

图 12-39

图 12-40

第3步 找到机箱上的AUDID音频接口，主板与连接线上会有AUDID的标注，直接插入，如图12-41、12-42、12-43所示。

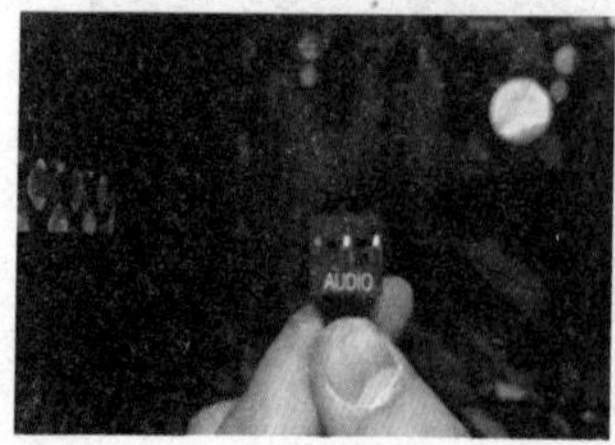

图 12-41

图 12-42

图 12-43

第4步 找到机箱跳线的 USB 连接线，主板和连接线上均会标注 USB，优先接 USB_1 位置，如图 12–44、12–45、12–46 所示。

图 12–44

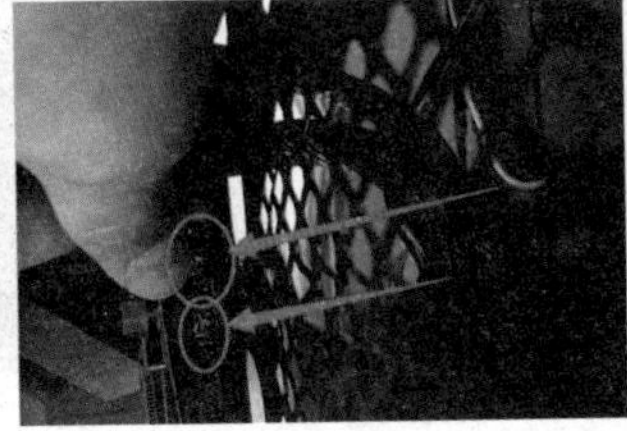

图 12–45

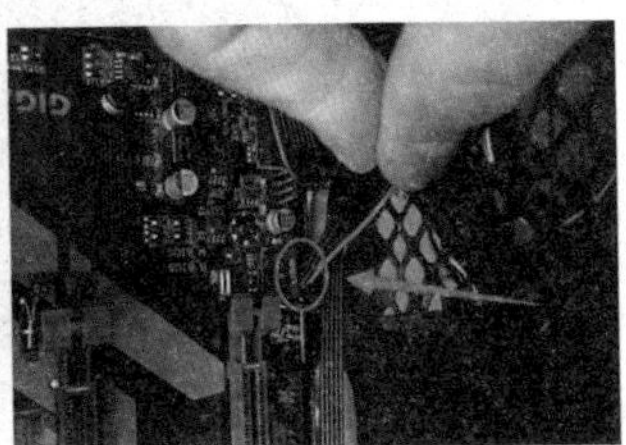

图 12–46

第5步 找到 H.D.DLED、PPower LED、Power SW、RESET SW 这几个单独的机箱跳线，主板上会有与连接线同样的标注，彩色的线为正极，白色的线为负极，负极一般靠右边。如图 12–47、12–48、12–49、12–50 所示，按照主板的跳线标注对应插入。

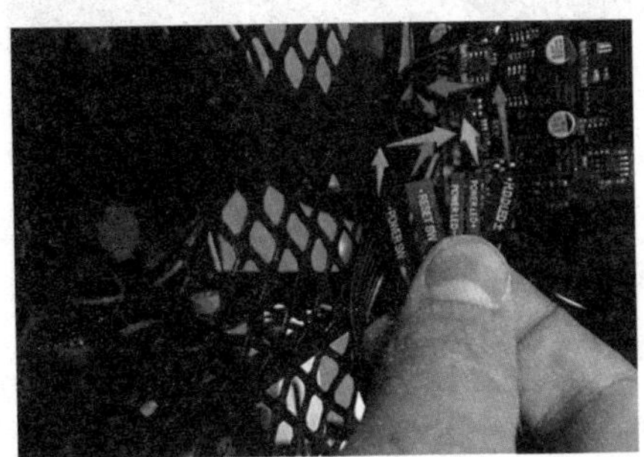

图 12–47

图 12–48

图 12–49

图 12–50

注：由于每个主板的型号不同，跳线的接法也会有所不同，对应主板的标注连接即可，注意正负极。

第6步 1. 找到电源上的 sata 供电线连接，如图 12–51、12–52 所示。

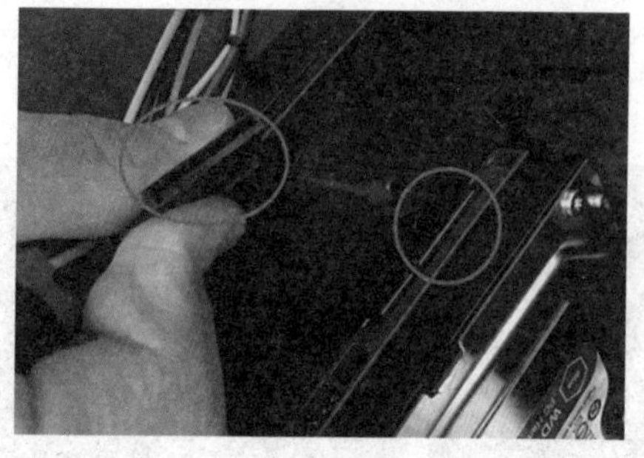
图 12-51

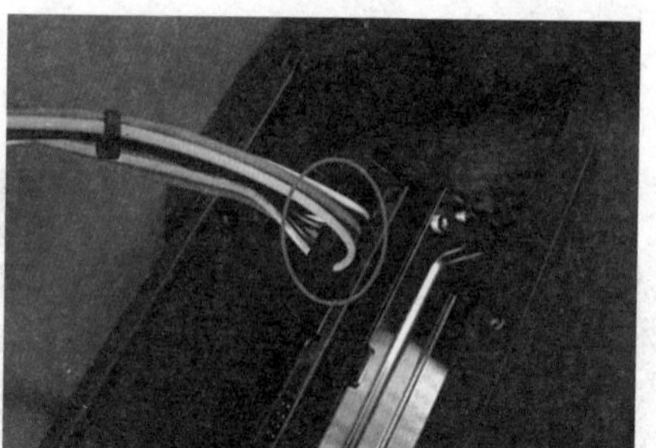
图 12-52

2. 找到 SATA 接口的机械硬盘或者固态硬盘 sata 供电线连接，如图 12-53、12-54 所示。

图 12-53

图 12-54

3. 将 SATA 线的另一头连接主板的 SATA 接口，如图 12-55 所示。

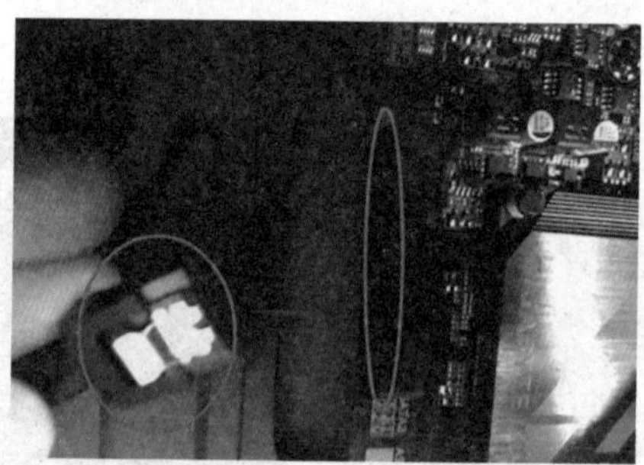
图 12-55

12.10 独立显卡安装

第1步 取出独立显卡，找到主板的 PCI-E 显卡插槽，如图 12-56、12-57 所示。

图 12-56

图 12-57

第 2 步 将显卡插入主板的显卡插槽，如图 12-58 所示。

图 12-58

第 3 步 将显卡的金手指完全插入主板显卡插槽之后，找到 PCI-E 的供电线，一般接口上会有标注。显卡是 6Pin 供电的，可插入 6Pin 供电接口，如图 12-59、12-60 所示。

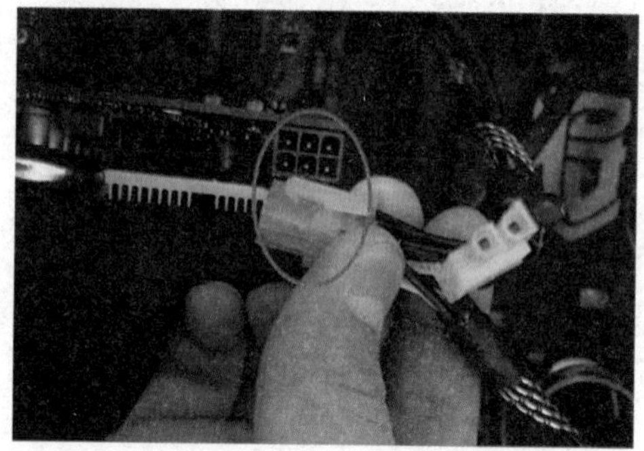

图 12-59

图 12-60

12.11 组装完成

将组装完成的电脑主机连接显示器。需要注意的是，有独立显卡的主机，要将显示器连接到独立显卡的显示接口上，不能连接主板上的显示接口。安装键盘、鼠标后，可以进行点亮，安装系统。

图 12-61